"十三五"国家重点图书出版规划项目

能源与环境出版工程（第二期）

总主编 翁史烈

环境健康科学

Environment and Health Science

袁 涛 编著

上海交通大学出版社
SHANGHAI JIAO TONG UNIVERSITY PRESS

内容提要

本书是"能源与环境出版工程"丛书之一。内容涵盖了学科发展、学科理论、学科应用等,具体包括水与健康、大气与健康、土壤与健康、物理因素与健康、职业环境与健康、室内环境与健康、环境新污染物与健康、化学污染物的安全性与环境健康危险度评价、环境健康预测原理与方法以及环境与健康促进策略。

本书作者在中国大学 MOOC 网站建设有同步微课视频。本书可供环境类专业师生教学之用,可作为环保、公共卫生等相关机关、企业的培训材料,也可供对环境与健康感兴趣的人士阅读。

图书在版编目(CIP)数据

环境健康科学/ 袁涛编著. —上海:上海交通大
学出版社,2019(2024 重印)
能源与环境出版工程
ISBN 978 - 7 - 313 - 22044 - 8

Ⅰ. ①环… Ⅱ. ①袁… Ⅲ. ①环境影响-健康-研究
Ⅳ. ①X503.1

中国版本图书馆 CIP 数据核字(2019)第 217430 号

环境健康科学

HUANJING JIANKANG KEXUE

编　　著:袁　涛

出版发行:上海交通大学出版社　　　　　地　　址:上海市番禺路 951 号
邮政编码:200030　　　　　　　　　　电　　话:021 - 64071208
印　　制:常熟市文化印刷有限公司　　　经　　销:全国新华书店
开　　本:710 mm×1000 mm　1/16　　印　　张:15.5
字　　数:283 千字
版　　次:2019 年 12 月第 1 版　　　　　印　　次:2024 年 7 月第 2 次印刷
书　　号:ISBN 978 - 7 - 313 - 22044 - 8
定　　价:59.00 元

能源与环境出版工程
丛书学术指导委员会

能源与环境出版工程
丛书编委会

本书编委会

主　编

袁　涛

副主编

申哲民　马煜宁

编　者（以姓氏笔画排序）

马煜宁　申哲民　刘亚伟　李　丹　李佳凡

金一卉　敖俊杰　袁　涛　高　礼　高晓平

总　　序

　　能源是经济社会发展的基础,同时也是影响经济社会发展的主要因素。为了满足经济社会发展的需要,进入 21 世纪以来,短短 10 余年间(2002—2017 年),全世界一次能源总消费从 96 亿吨油当量增加到 135 亿吨油当量,能源资源供需矛盾和生态环境恶化问题日益突显,世界能源版图也发生了重大变化。

　　在此期间,改革开放政策的实施极大地解放了我国的社会生产力,我国国内生产总值从 10 万亿元人民币猛增到 82 万亿元人民币,一跃成为仅次于美国的世界第二大经济体,经济社会发展取得了举世瞩目的成绩!

　　为了支持经济社会的高速发展,我国能源生产和消费也有惊人的进步和变化,此期间全世界一次能源的消费增量 38.3 亿吨油当量中竟有 51.3% 发生在中国! 经济发展面临着能源供应和环境保护的双重巨大压力。

　　目前,为了人类社会的可持续发展,世界能源发展已进入新一轮战略调整期,发达国家和新兴国家纷纷制定能源发展战略。战略重点在于:提高化石能源开采和利用率;大力开发可再生能源;最大限度地减少有害物质和温室气体排放,从而实现能源生产和消费的高效、低碳、清洁发展。对高速发展中的我国而言,能源问题的求解直接关系到现代化建设进程,能源已成为中国可持续发展的关键! 因此,我们更有必要以加快转变能源发展方式为主线,以增强自主创新能力为着力点,深化能源体制改革、完善能源市场、加强能源科技的研发,努力建设绿色、低碳、高效、安全的能源大系统。

　　在国家重视和政策激励之下,我国能源领域的新概念、新技术、新成果不断涌现;上海交通大学出版社出版的江泽民学长著作《中国能源问题研究》(2008 年)更是从战略的高度为我国指出了能源可持续的健康发展之路。为了"对接国家能源可持续发展战略,构建适应世界能源科学技术发展趋势的能源科研交流平台",我们策划、组织、编写了这套"能源与环境出版工程"丛书,其目的在于:

一是系统总结几十年来机械动力中能源利用和环境保护的新技术和新成果;

二是引进、翻译一些关于"能源与环境"研究领域前沿的书籍,为我国能源与环境领域的技术攻关提供智力参考;

三是优化能源与环境专业教材,为高水平技术人员的培养提供一套系统、全面的教科书或教学参考书,满足人才培养对教材的迫切需求;

四是构建一个适应世界能源科学技术发展趋势的能源科研交流平台。

该学术丛书以能源和环境的关系为主线,重点围绕机械过程中的能源转换和利用过程以及这些过程中产生的环境污染治理问题,主要涵盖能源与动力、生物质能、燃料电池、太阳能、风能、智能电网、能源材料、能源经济、大气污染与气候变化等专业方向,汇集能源与环境领域的关键性技术和成果,注重理论与实践的结合,注重经典性与前瞻性的结合。图书分为译著、专著、教材和工具书等几个模块,其内容包括能源与环境领域的专家最先进的理论方法和技术成果,也包括能源与环境工程一线的理论和实践。如忻建华、钟芳源等撰写的《燃气轮机设计基础》是经典性与前瞻性相统一的工程力作;黄震等撰写的《机动车可吸入颗粒物排放与城市大气污染》和王如竹等撰写的《绿色建筑能源系统》是依托国家重大科研项目的新成果和新技术。

为确保这套"能源与环境出版工程"丛书具有高品质和重大的社会价值,出版社邀请了杜祥琬院士、黄震教授、王如竹教授等专家,组建了学术指导委员会和编委会,并召开了多次编撰研讨会,商谈丛书框架,精选书目,落实作者。

该学术丛书在策划之初,就受到了国际科技出版集团 Springer 和国际学术出版集团 John Wiley & Sons 的关注,与我们签订了合作出版框架协议。经过严格的同行评审,截至 2018 年初,丛书中已有 9 本输出至 Springer,1 本输出至 John Wiley & Sons。这些著作的成功输出体现了图书较高的学术水平和良好的品质。

"能源与环境出版工程"丛书从 2013 年底开始陆续出版,并受到业界广泛关注，取得了良好的社会效益。从 2014 年起，丛书已连续 5 年入选了上海市文教结合"高校服务国家重大战略出版工程"项目。还有些图书获得国家级项目支持，如《现代燃气轮机装置》《除湿剂超声波再生技术》(英文版)、《痕量金属的环境行为》(英文版)等。另外，在图书获奖方面，也取得了一定成绩，如《机动车可吸入颗粒物排放与城市大气污染》获"第四届中国大学出版社优秀学术专著二等奖"；《除湿剂超声波再生技术》(英文版)获中国出版协会颁发的"2014 年度输出版优秀图书奖"。2016 年初，"能源与环境出版工程"(第二期)入选了"十三五"国家重点图书出版规划项目。

希望这套书的出版能够有益于能源与环境领域人才的培养，有益于能源与环境领域的技术创新，为我国能源与环境的科研成果提供一个展示的平台，引领国内外前沿学术交流和创新并推动平台的国际化发展！

翁史烈

2018 年 9 月

前　　言

环境与健康问题一直受到各国政府和公众的广泛关注。随着社会经济的发展、科学认识的深入、公众健康意识和需求的提高，新的环境与健康问题不断出现。此外，环境健康科学是一门新兴的学科，具有环境科学和预防医学交叉的特性，同时对环境健康管理实践也提出了一定的要求。虽然国内外很多院校都开设环境与健康课程，但环境与健康相关教材依然处于发展阶段。

环境健康问题涉及生态环境保护、公共卫生、临床医疗等众多学科，由于我国环境健康工作起步较晚，因此环境健康交叉学科人才的培养相对薄弱。本书旨在探索适合未来环境健康学科发展的教材，编排内容考虑到学科交叉特性，兼具基础和应用特色，同时引入相关研究成果，可满足本科生基础教学和研究生拓展教学的需要。

由于环境健康科学具有多学科交叉的特点，本书各章节由不同专业背景的人员结合自己相关科研背景进行编写。本书第1章由申哲民编写，主要介绍学科基本概念和相关理论；第2～4章分别由马煜宁、袁涛、李佳凡编写，从不同环境介质角度介绍环境与健康关系；第5～7章分别由李丹、袁涛、李佳凡编写，从物理因素、职业环境、室内环境等方面介绍环境与健康的相关知识；第8～10章由高礼、敖俊杰、高晓平、金一卉编写，分别介绍环境新污染物与健康、环境健康危险度评价、环境健康预测相关理论与技术发展；第11章由刘亚伟和申哲民编写，从环境健康工作管理角度介绍相关策略和基本方法。全书由袁涛统稿，并由广东工业大学环境健康与污染控制研究院余应新教授进行了细致深入的审阅。在编写过程中，全体编者和审阅专家均付出了艰辛的努力，在此一并表示衷心的感谢。

本书编排考虑到学科交叉特性，兼具基础和应用特色，也可作为环保、公共卫生等相关机关、企业的培训材料，以及相关在线课程的辅助教材和大众科普阅读资料(作者在中国大学 MOOC 网站建设有同步微课视频)。因编者水平有限，书中难免存在不少缺点和错误，恳请相关专家和各位读者批评和指正，以使本书不断丰富和完善。

袁　涛

2019 年 6 月于上海交通大学

目　　录

第1章 绪 论

近年来,环境科学学科的蓬勃发展使其各分支逐渐形成和成熟,分支也日益明确。环境健康科学是环境科学的重要分支之一,也是公共卫生和预防医学的重要组成部分。环境健康科学研究环境中的物理、化学、生物、社会及心理因素与人体健康及其生活质量的关系,揭示环境因素对健康影响的发生、发展规律,为充分利用有利于人群健康的环境因素,消除和改善不利的环境因素提出卫生要求和预防措施,并配合有关部门做好环境立法、卫生监督以及环境保护工作。

环境健康科学的研究内容很多,范围也很广,并且随着时代的不同,其研究的侧重点也有所不同,概括起来有以下几个方面: ① 水体、大气、土壤与健康;② 物理因素与健康;③ 职业环境与健康;④ 室内环境与健康;⑤ 环境新污染物与健康;⑥ 化学污染物的安全性与环境健康危险度评价;⑦ 环境健康预测原理与方法;⑧ 环境与健康促进策略。

1.1 环境学基础

随着环境与健康领域相关学科的发展,人们以前主要关注一般的生活环境、工作环境、居住环境以及娱乐环境与人体健康的关系。近年来,人们逐渐从生态学的角度认识环境,从致病因子、环境以及人们本身之间的相互关系认识人类的健康与疾病的发生和发展规律。

1.1.1 环境的含义

环境(environment)是指围绕着某一事物(通常称其为主体)并对该事物会产生某些影响的所有外界事物(通常称其为客体),即某个主体周围的所有外部空间、条件和状况的总和。

环境既包括以大气、水、土壤、植物、动物、微生物等为内容的物质因素,也包括以观念、制度、行为准则等为内容的非物质因素;既包括自然因素,也包括社会因素;既包括非生命体形式,也包括生命体形式。

《中华人民共和国环境保护法》中对环境阐述如下：环境是指影响人类生存和发展的各种天然的和经过人工改造的自然因素的总体，包括大气、水、海洋、土地、矿藏、森林、草原、湿地、野生生物、自然遗迹、人文遗迹、自然保护区、风景名胜区、城市和乡村等。

根据环境属性，通常将环境分为自然环境和人工环境。自然环境是指未经过人的加工改造而天然存在的环境，是客观存在的各种自然因素的总和。自然环境按环境要素又可分为大气环境、水环境、土壤环境、地质环境和生物环境等，主要就是指地球的五大圈——大气圈、水圈、土圈、岩石圈和生物圈。人工环境是指为了满足人类的需要，在自然物质的基础上，通过人类长期有意识的社会劳动，加工和改造自然物质，创造物质生产体系，积累物质文化等所形成的环境体系。人工环境是由于人类活动而形成的环境要素，它包括由人工形成的物质能量和精神产品以及人类活动过程中所形成的人与人的关系，后者也称为社会环境。这种人为加工形成的生活环境包括住宅的设计和配套、公共服务设施、交通、电信、供水、供气、绿化面积等。人工环境和自然环境的区别主要在于人工环境对自然物质的形态做了较大的改变，使其失去了原有的面貌。

1.1.2　人类与环境

人与环境之间存在着相互作用，环境因素可对人体健康产生影响，同时人体也可对环境因素的作用做出反应。作为生态系统的一部分，人类与环境之间不断进行着物质、能量和信息的交换，两者之间保持着动态平衡。

1.1.2.1　人类是环境的产物

自然环境是人类生存和繁衍的物质基础。根据科学测定，人体血液中的60多种化学元素含量与岩石中这些元素含量的分布规律是一致的，这说明人类通过新陈代谢与周围的环境进行物质交换，使体内各种化学元素的平均含量与地壳的平均含量相适应。因此，人类是环境的产物，他们从内部调节自己的适应性，与不断变化着的地壳物质保持平衡关系。

正是大自然丰富的自然资源和优美的环境为人类的繁衍生息提供营养和条件，才使人类发展、壮大。

1.1.2.2　人类与环境的相互作用

人类不仅是环境的产物，也是环境的改造者。人类为了生存、发展，从自然环境中获取所需要的氧气、水分和食物，以提供身体活动的能量、生长发育和代谢更新的原料。人类在向环境索取资源的同时，也逐渐对环境产生深远的影响。

在人类早期，由于人口稀少及能力有限，人类的生存主要利用自然界现成的食物，如动物、植物的果实、树叶等，此时对环境没有明显的影响和破坏。在相当长的时间里,自然条件主宰着人类的命运。

到了农耕时代,人类学会了耕种粮食,开始了刀耕火种、毁林开荒,这在一定程度上破坏了原有的自然环境。但由于当时生产力还很低下,科学、医疗水平不高,人均寿命较短,人口数量不多,因此对环境的影响十分有限。

然而,随着人类生活条件逐渐改善,人口数量不断增加,人工生态系统的范围日益扩大,致使自然生态系统不断缩小。从人类开始开采矿石、使用化石燃料以来,人类的活动范围开始侵入岩石圈。人类开垦荒地、平整梯田,尤其是自工业革命以来,大规模地开采矿石,破坏了自然界的元素平衡。自 20 世纪后半叶,伴随人类工农业蓬勃发展,大量开采水资源,过量使用化石燃料,并向水体和大气中排放大量的废水、废气,造成大气圈和水圈的质量恶化。

然而,人类健康的基础是健康的生态系统,它是人类生存和发展的物质基础。当生态环境出了问题,人类还能"独善其身"吗? 环境的恶化必将导致人类健康受损,甚至生存也受到威胁。恩格斯曾经说过,我们不要过分陶醉于我们对自然界的胜利。对于每一次这样的胜利,自然界都报复了我们。每一次胜利,在第一步都确实取得了我们预期的结果,但是在第二和第三步却有了完全不同的、出乎预料的影响,以至常常把第一个结果抵消了。现实正是如此。人类在不断地遭到环境的报复,今天我们正在吞食着人类盲目开发、破坏环境的恶果。

人类走到今天,所面临的生态环境问题已经发展到了区域性的环境污染和大规模的生态破坏,而且出现了温室效应、臭氧层破坏、酸雨、物种灭绝、土地沙漠化、森林锐减等大范围甚至全球性的环境危机,严重威胁着全人类的生存和发展。而且生态环境一旦遭到破坏,需要几倍的时间乃至几代人的努力才能恢复,甚至永远不能恢复。人类为恢复和改善已经恶化的环境,必须做长期不懈的努力,其任务是十分艰巨的。人类赖以生存的环境系统已经频频亮出"黄牌",人类如再不清醒,终将被罚出"场"外。到那时,尽管人类为子孙后代留下数以亿计的财富,但由于前人"愚蠢"的行为,毁掉了后人生存的环境条件,再多的财富又有什么用呢? 到那时,洁净的水、空气都将成为奢侈品。

1.1.3　环境问题

环境系统中的各种能量和物质的流动及转化都是紧密联系的,平衡环境系统的最基本条件就是能量流动和物质循环收支平衡。当然,在一定范围内环境系统是能够自我调节的,当能量流动和物质循环遭受破坏而使环境失去平衡与稳定的状态时,环境系统会自身渐次复原或者重新建立新的平稳状态。而当外部压力超过系统保持平衡的节点时,能量流动和物质循环就会发生根本的断裂而导致系统失衡,就会产生环境问题,甚至环境危机。

因此,所谓环境问题是指由于自然因素或人类活动作用于人们周围的环境,使得环境的构成与状态发生变化,环境质量下降,从而对人类的生产、生活及健康产生影响的问题。需要强调的是,当今世界性的环境问题并不是由自然因素引发的能量流动和物质循环的断裂而产生的"原生"问题,而是由人为因素造成的"次生"问题。

原生环境问题是指自然演变和自然灾害引起的问题,如地震、洪涝、干旱、台风、崩塌、滑坡、泥石流等。次生环境问题是由人类活动引起的,一般又分为环境污染和生态破坏两大类。如乱砍滥伐引起的森林植被的破坏,过度放牧引起的草原退化,大面积开垦草原引起的沙漠化和土地沙化,工业生产造成大气、水环境恶化等。

由于人类认知能力和科学技术水平的限制,在改造环境的过程中常常产生意料不到的后果,造成对环境的污染和破坏,因此我们面临的环境问题主要是次生环境问题。到目前为止已经威胁人类生存并已被人类认识到的环境问题主要有全球变暖、臭氧层破坏、酸雨、淡水资源危机、能源短缺、森林资源锐减、土地荒漠化、物种加速灭绝、垃圾成灾、有毒化学品污染等众多方面。

1.1.3.1 环境问题由来

环境问题自古有之,除了自然灾害之外,大多是随着经济与社会的发展而产生的。人类通过劳动将自身从自然界提升出来,经过了数万年的历史。人类社会在原始文明和农业文明的漫长历史中对自然界的影响并不大,人和自然基本处于和谐状态。但近现代工业文明的发展给人类创造巨大社会财富的同时,也极大地破坏了自然环境,造成大面积乃至全球性的生态危机,成为当今困扰人类社会的严重问题。

1.1.3.2 环境问题特点

当代环境问题不同于历史环境问题,具有如下新特征。

1) 全球性

早期的环境问题尽管在许多国家和地区程度不等地发生,但就其性质、范围以及影响来看仍属于局部地域,造成的影响也仅是针对特定的区域,对全球环境尚未构成威胁。而当代环境问题则不然。全球经济一体化后,国家间的环境安全如同经济安全一样,也是超越国界、紧密相关的。例如,南极企鹅、北极海豹的身上都被检测出杀虫剂 DDT 这种有毒物质,而且在大部分国家禁用这种杀虫剂之后,它在动物体内的含量却一直没有下降;在人迹罕至的珠穆朗玛峰积雪中也能查出禁用农药的成分。这说明,有些环境问题在世界各地的每个大洲、大洋都普遍发生。此外环境污染和生态破坏的速度惊人,并蔓延到整个地球,形成环境危机,危害涉及全人类。例如,温室效应、臭氧层破坏、大规模物种灭绝、土地沙漠化、水源和海洋资源危机、危险性废弃物污染等,已经遍布整个地球生态圈,包括大气圈、水圈和土壤圈。

2) 严重性

与经济安全相同,环境安全也成为人类社会安全的重要组成部分。从全球情况来看,自然环境系统已经处于崩溃的边缘,特别在发展中国家尤为突出,主要表现在如下方面。

(1) 大气污染。工业现代化急剧消耗了过多煤炭、石油和天然气,由此向大气排入的二氧化碳、甲烷等温室气体逐年上升,大气的温室效应也随之增强,引起全球气候变暖等一系列影响。气候变暖直接的后果是海平面上升,致使许多小岛屿国家的领土正逐年缓慢减少甚至消失。作为地球"保护伞"的臭氧层受到人类活动排放的大量氯氟烃类物质的破坏。人类活动还导致硫氧化物和氮氧化物增加而产生酸雨。酸雨对环境的影响是多方面的,会使土壤酸化,危害植物的生长;会使河流湖泊酸化,造成水生生物的减少或绝迹;会使建筑材料和工业设备遭受腐蚀而缩短使用寿命。

(2) 森林锐减。按照联合国粮农组织的报告,目前森林正以平均每年 73 000 km^2 的速度消失。森林的减少削弱了它涵养水源的功能,导致物种减少和水土流失,对二氧化碳吸收的减少又进一步加剧了温室效应。

(3) 生物多样性减少。近百年来,地球上的各种生物和生态系统因为人类对环境资源的不合理开发与污染而受到了极大冲击,生物多样性受到了很大的损害。据相关学者统计,每年全世界至少有五万种生物物种灭绝。

(4) 水资源污染。由于工农业及生活污水以及大量化学废弃物的随意排放,超出了环境本身的自净能力,严重污染了海水、湖泊、地下水,使水这一人类生产、生活必需的物质成为"危险品"。

3) 不可逆性

不同层次的生态系统存在于人类生存的自然环境中,这些相对独立的生态系统之间又有一定的联系,共同组成一个看似复杂而实际有序的层级结构系统。生态系统属于开放系统,与外界有能量流动和物质交换。在交换过程中生态环境受外界干扰的自我调控机制有一定的限度,如果超过生态承载能力阈值就意味着生态系统的稳定性和有序性遭到破坏,通常会造成不可逆的后果。由于科学和技术的进步,人类具有大规模干预环境的能力,改变了环境中经过长期演化形成的物理、化学和生物过程,而有些过程具有不可逆性,或者确切地说在"人类时间"内不可逆(人类时间是比地质时间短暂得多的时间维度)。例如,人们可以重新造林,但是人工林中的植物、动物、微生物以及土壤无论如何也不能恢复到原始森林的面貌;热带海洋的珊瑚礁消失以后,很难在投放的人工珊瑚礁上重建生物多样性;黄土高原水土严重流失,那些千沟万壑的地面难以复原;已经灭绝的物种绝不可能再出现,等等。

4) 不可预见性

环境的变化是一个巨大的、长期的过程,难以在实验室中进行模拟。例如,农药 DDT 被证明具有良好的杀虫特性,但大规模地使用了几十年后,人们才发现它能够进入食物链,损害动物和人类的健康;氟利昂(氟氯化碳)具有优异的化学性能,广泛使用在各种小喷雾器中,直至几十年后人们才认识到它是破坏臭氧层的元凶;还有,二氧化碳作为一种常见的气体,大量排放引起全球变暖,这也是跟踪观察几十年后才发现的结果。许多天然并不存在的物质如 DDT、多氯联苯、氟利昂等被人工合成后,扩散于环境中,对生态系统和人类社会产生了不利的影响。

5) 复杂性

早期的污染来源单一,可以通过污染源调查治理来解决。而当前的环境问题污染源众多,分布广泛,人类的生产生活过程源源不断地带来污染物,而且无论经济发达国家或发展中国家都不能幸免,这极大地增加了解决问题的难度。

1.1.3.3 环境污染

环境污染(environmental pollution)是指人类直接或间接地向环境排放超过其自净能力的物质或能量,从而使环境的质量降低,出现对人类的生存与发展以及生态系统造成不利影响的现象。自然情况下,大气中也会有粉尘、二氧化硫等有害气体排放而造成大气污染,如火山喷发。但通常情况下,环境污染是由人类活动造成的。人类活动之所以会造成环境污染,是因为人类与其他生物有一个根本差别,即人类除了进行自身的生产外,还进行更大规模的物质生产,使得人类活动的强度远远大于其他生物。人为原因对环境造成污染主要表现在如下方面。

(1) 滥采滥用、不合理地利用自然资源。如滥伐森林破坏生态平衡,滥垦草原造成土壤沙化,滥采滥用矿产资源导致环境破坏等。

(2) 任意排放有害物质。如排放大量废气、废水、固体废物等。

(3) 生产生活高度集聚化。如城市发展引发的一系列环境问题,包括汽车尾气、噪声、生活垃圾、人口膨胀、住房、交通拥堵等。

(4) 不合理工程建设。如一些水利工程破坏生态环境。

环境污染极大地破坏了大自然的环境,威胁人类生存、健康与可持续发展,甚至会导致生态灾难。20 世纪 30 年代至 60 年代,工业发达国家相继出现了震惊世界的"八大公害"事件,环境污染造成在短期内人群大量发病和死亡。这些由工业污染造成的悲剧给人们留下了惨痛的记忆和教训。

1) 马斯河谷事件

马斯河谷是比利时境内马斯河旁一段长 24 km 的河谷地段。这一段河谷中部低洼,两侧有百米的高山对峙,使河谷地带处于狭长的盆地之中。马斯河谷地区是一个重要的工业区,建有 3 家炼油厂、3 家金属冶炼厂、4 家玻璃厂和 3 家炼锌厂,还有电力、硫酸、化肥厂和石灰窑炉,工业区全部处于狭窄的盆地中。1930 年 12 月 1 日至 15 日,整个比利时大雾笼罩,气候反常。由于特殊的地理位置,马斯河谷上空出现了很强的逆温层,抑制了烟雾的升腾,使大气中烟尘积存不散,并在逆温层下积蓄起来。在这种逆温层和大雾的作用下,马斯河谷工业区内 13 家工厂排放的大量烟雾弥漫在河谷上空无法扩散,有害气体在大气层中越积越厚,其积存量接近危害健康的极限。第三天开始,在二氧化硫(SO_2)和其他几种有害气体以及粉尘污染的综合作用下,河谷工业区有上千人发生呼吸道疾病,症状表现为胸疼、咳嗽、流泪、咽痛、声嘶、恶心、呕吐、呼吸困难等。一个星期内就有 60 多人死亡,是同期正常死亡人数的十多倍。其中以心脏病、肺病患者死亡率最高。许多家畜也未能幸免,纷纷死去。

2) 多诺拉事件

多诺拉事件发生在美国宾夕法尼亚州多诺拉镇。由于该镇处于河谷,而且工厂过多,在 1948 年 10 月 26 日至 31 日,大部分地区受反气旋和逆温控制,加上连日持续有雾,使大气污染物在近地层积累。二氧化硫及其氧化作用的产物与大气中尘粒结合是致害因素,发病者 5 911 人,占全镇人口的 43%。症状是眼痛、喉痛、流鼻涕、干咳、头痛、肢体酸乏、呕吐、腹泻,死亡 17 人。

3) 洛杉矶光化学烟雾事件

该事件是世界有名的公害事件之一,20 世纪 40 年代初期发生在美国洛杉矶市。全市 250 多万辆汽车每天消耗汽油约 1 600 万升,向大气排放大量碳氢化合物、氮氧化物、一氧化碳。该市临海依山,处于 50 km 长的盆地中,汽车排出的废气在日光作用下,形成以臭氧为主的光化学烟雾。这种烟雾中含有臭氧、氧化氮、乙醛和其他氧化剂,滞留在市区久久不散。在 1952 年 12 月的一次光化学烟雾事件中,洛杉矶市 65 岁以上的老人死亡 400 多人。1955 年 9 月,由于大气污染和高温,短短两天之内,65 岁以上的老人又死亡 400 余人,许多人出现眼睛痛、头痛、呼吸困难等症状。这使得洛杉矶市被称为"美国的烟雾城"。

4) 伦敦烟雾事件

1952 年 12 月 4 日至 9 日,伦敦上空受高气压控制,大量工厂生产和居民燃煤取暖排出的废气难以扩散,积聚在城市上空。同时,英国大部处于高气压控制之下,多下沉气流,污染物难以向高层大气扩散,导致污染物浓度持续上升。燃煤产生的粉尘表面会吸附大量的水,成为形成烟雾的凝聚核,这样便形成了浓雾。另外燃煤粉尘中含有三氧化二铁成分,可以催化另一种来自燃煤的污染物二氧化硫氧化生成三氧化硫,进而与吸附在粉尘表面的水化合生成硫酸雾滴。这些硫酸雾滴吸入呼吸系统后会产生强烈的刺激作用,使体弱者发病甚至死亡。许多人出现胸闷、窒息等不适感,发病率和病死率急剧增加。据英国官方的统计,在大雾持续的5天时间里,丧生者超过5 000人,在大雾过去之后的两个月内超过8 000人相继死亡。

5)四日市事件

该事件于1961年发生在日本四日市。1955年以来,四日市相继兴建了三座石油化工联合企业,在其周围又挤满了三菱石化等十余个大厂和一百余个中小企业。石油冶炼和工业燃油产生的废气严重污染了城市空气,全市工厂年排出二氧化硫和粉尘总量达1.3×10^5 t,大气中二氧化硫浓度超出容许标准的5~6倍。在四日市上空500 m厚的烟雾中还漂浮着许多种毒气和有毒金属粉尘。重金属微粒与二氧化硫形成硫酸烟雾。由于大气污染,造成不少人患上了支气管哮喘、慢性支气管炎、哮喘性支气管炎和肺气肿等呼吸系统疾病,这些病统称为"四日市哮喘"。1961年四日市哮喘大发作,患者中慢性支气管炎占25%,支气管哮喘占30%,哮喘性支气管炎占40%,肺气肿和其他呼吸系统疾病占5%。1964年连续三天烟雾不散,哮喘病患者开始死亡。1967年一些患者因不堪忍受痛苦而自杀。1972年,四日市哮喘病患者达817人,死亡超过10人。由于日本各大城市普遍使用高硫重油,致使四日市哮喘已蔓延全国。

6)米糠油事件

米糠油是由稻谷加工过程中得到的副产品米糠通过压榨法或浸出法制取的一种稻米油。1968年3月,日本爱知县米糠油工厂在生产时混入了多氯联苯,这种食用油被销售到日本各地,受害者达1.3万人。患者初期症状是痤疮样皮疹、指甲发黑、皮肤色素沉着、眼结膜充血等,重者恶心、呕吐、肌肉痛、咳嗽不止,甚至死亡。据统计,米糠油事件患病者超过5 000人,死亡16人。

7)水俣病事件

该事件于1953—1956年发生在日本熊本县水俣镇。从1949年起,位于日本熊本县水俣镇的日本氮肥公司开始制造氯乙烯和醋酸乙烯。由于制造过程要使用含汞(Hg)的催化剂,大量的汞便随着工厂未经处理的废水排放到了水俣湾。含甲基汞的工业废水污染水体,被水生生物食用后在体内转化成甲基汞,这种物质通过鱼虾进入人体和动物体内后,会侵害脑部和身体的其他部位,引起脑萎缩、小脑平衡系统破坏等多种危害,毒性极大。在日本,食用了水俣湾中被甲基汞污染的鱼虾人数达数十万。1972年日本环境厅公布:水俣湾和新县阿贺野川下游有汞中毒者283人,其中60人死亡。

8)痛痛病事件

该事件于1955—1972年发生在日本富山县神通川流域。1955年,在日本神通川沿岸的一些地区出现了一种怪病,开始时人们只是在劳动之后感到腰、背、膝等关节处疼痛。原来是因为在日本富山县,当地居民同饮一条称为神通川河的水,并用河水灌溉两岸的庄稼。后来日本三井金属矿业公司在该河上游修建了一座炼锌厂。炼锌厂排放的废水中含有大量的镉,整条河都被炼锌厂的含镉污水污染,河水、稻米、鱼虾中富集大量的镉,然后又通过食物链,使这些镉进入人体富集下来,使当地的人们得了一种奇怪的骨痛病(又称痛痛病)。镉进入人体,使人体骨骼中的钙大量流失,使患者骨质疏松、骨骼萎缩、关节疼痛。曾有一个患者打了一个喷嚏,竟使全身多处发生骨折。另一患者最后全身骨折达 73 处,身长为此缩短了 30 cm,病态十分凄惨。痛痛病在当地流行 20 多年,造成 200 多人死亡。

日益恶化的生态环境越来越受到各国的普遍关注。更多的人开始认识到,人类应当不断更新自己的观念,随时调整自己的行为,以实现人与环境的协调共处。人类的生存和发展必须依赖于自然,人类必须与自然和谐相处,要保护好自然,维护好环境的生态平衡,不能竭泽而渔,否则带给人类灾难的将会是人类自己。

近年来,我们已经意识到环境与人的重要性,党中央提出了"科学发展观""建设环境友好型社会"的概念,改变了过去一些地方政府只重视经济发展,不重视环境保护的错误做法。2013 年 9 月,习近平总书记在哈萨克斯坦纳扎尔巴耶夫大学发表演讲并回答学生们提出的问题,在谈到环境保护问题时他指出:"我们既要绿水青山,也要金山银山。宁要绿水青山,不要金山银山,而且绿水青山就是金山银山。"这生动形象地表达了我们党和政府大力推进生态文明建设的鲜明态度和坚定决心。要按照尊重自然、顺应自然、保护自然的理念,贯彻节约资源和保护环境的基本国策,把生态文明建设融入经济建设、政治建设、文化建设、社会建设各方面和全过程。保护环境就是保护人类生存的基础和条件。只有保护和维持生态系统结构和功能的可持续性,修复生态系统的创伤,重建已破坏的地球生命支持系统,才能使人类的健康得到保障。

1.2 健康的概念

人人都渴望拥有健康的体魄,而每个人的健康状况在很大程度上又依赖于他所生活的环境。在环境中,有许多因素每时每刻作用于人的机体。这些因素可概括为物理的、化学的和生物学的,不仅错综复杂,而且处于经常不断的变化之中。人体借助机体内在调节和控制机制,与各种环境因素保持着相对平衡而表现出机体对环境的适应能力。但是人们的这种适应能力是有限的,当有害的环境因素长期作用于人体或者超出一定限度,就会危害健康,引起疾病,甚至造成死亡。

1.2.1 健康的含义

人体在正常情况下,各个系统、器官发挥着各自的功能。如肺、气管、支气管等组成的呼吸系统负责呼吸功能,吸进氧气、呼出二氧化碳,进行着身体与外界环境的气体交换;口腔、食道、胃、小肠、大肠、肛门等组成消化系统,负责消化功能,将水、食物摄入体内,进行消化,吸收机体需要的营养和水分,将剩下的残渣和废物即粪便排出体外;肾、输尿管、膀胱、尿道等组成泌尿系统,负责泌尿功能,它排出身体的可溶性毒废物质和多余的水分即尿液;心脏、动脉、静脉等组成循环系统,负责循环功能,它泵出具有营养成分的新鲜血液通过动脉流至全身,营养各个器官的组织、细胞,以保证各个组织、细胞的新陈代谢和功能。各组织、细胞新陈代谢产生的废物通过静脉带到肝脏进行解毒,再通过血液循环到肾脏,或不经过肝脏而直接通过血液循环到肾脏,随尿液排出体外。溶解在静脉中的废气主要是二氧化碳,通过循环回到肺,经呼气排出体外。大脑神经系统、内分泌系统和免疫系统调节着全身各组织器官的功能和新陈代谢活动,是机体的自我稳定的调节系统,维持着各器官与器官之间、系统与系统之间,以及机体与外界环境之间的协调和平衡。

然而,机体的平衡状态会被改变,即健康会向病态转变。当各种有害因素即病因作用身体时,身体对病因所引起的损害会发生一系列抗损害反应,机体通过自我稳定调节系统,努力维持着原来的平衡。但是,当病因引起的损害十分严重,使机体自我稳定调节系统的功能失败或发生紊乱,机体的平衡破坏,便会出现各种器官、组织的机能、代谢和形态结构的病理变化,进而引发机体各器官、系统之间,以及机体与外界环境之间的协调关系发生障碍,从而引起各种病理症状、体征和行为异常,特别是对环境适应能力和劳动能力的减弱甚至丧失。这时我们说机体生病了。可见,疾病是一种状态,是身体内部环境原有的稳定、平衡遭到破坏的状态,是身体生命活动的异常状态。疾病又是一个过程,是有害因素侵袭身体、身体与有害因素进行抗争、恢复原有平衡的过程。此外,疾病的发生也是一个渐变、由量变到质变的过程。

关于健康,世界卫生组织(WHO)给出的定义如下:健康不仅指没有疾病或虚弱现象,而且指一个人在生理上、心理上和社会适应上的完好状态。对于该定义,应从两个方面来理解:一方面,健康不仅仅是指身体方面的健康,还包括心理方面和社会适应等方面的健康。因为心理健康问题不仅导致人的精神痛苦,还可以通过干扰神经、内分泌、免疫和行为等作用,影响躯体健康,最终引发一些慢性疾病甚至癌症等严重的身体疾病。另一方面,健康和疾病之间不是对立的,健康与疾病之间没有截然的界限,两者之间是一条连续带,从疾病最严重一端到健康的顶峰,中间还有很宽的中间地带,大多数人处在中间"正常"的一般健康的位置。

1.2.2 环境与健康

生物和人类是地壳物质发展到一定阶段的产物,它们和地壳物质保持一种自然的平衡关系,即生态平衡。例如,在水塘里,鱼靠浮游动植物而生活;鱼死后,水里的微生物把鱼的尸体分解为基本的化合物,这些基本的化合物又是浮游动植物的营养源,浮游动物靠浮游植物为生;鱼又吃浮游动物。这样,在水塘里,微生物、浮游动植物、鱼之间就建立起生态平衡。

物质和能量在生态系统中进行循环,在生态循环这个庞大而复杂的体系中,一环扣一环,相互制约,相互依存。如果突然有一种新的化学物质进入这个循环系统,或者某种化学元素过多或过少,或者由于环境的剧烈变化,如地震、海啸、火山爆发、开垦荒地、开采矿藏、采伐森林、兴建大型水利工程、工业"三废"(废水、废气、废渣)和生活"三废"(粪便、垃圾、污水)的任意排放等,都可以使生态系统的平衡遭到破坏,进而给生物和人类带来危害,这就是人类生活环境的破坏。

环境的污染或破坏必然会影响人的身体健康。人类的疾病绝大部分是由生物的、机械的、物理的和化学的致病因素所引起。使环境污染的物质大部分是化学物质,如有毒气体、重金属、有机及无机的化合物、农药等;还有生物性因素(如病菌、虫卵等)和物理性因素(如噪声和振动、放射性物质的辐射作用等)。这些因素达到一定程度都可以成为致病因素。人体对环境污染物的反应过程大致如图 1-1 所示。

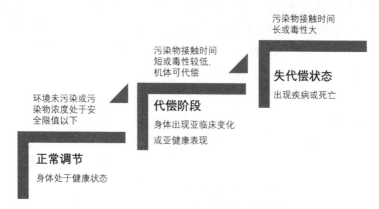

图 1-1 人体对环境污染物的反应过程

疾病是机体在致病因素作用下机能、代谢、形态上产生变化的一个过程,这些变化达到一定程度就表现为临床症状和体征。在疾病过程中有些变化是属于代偿性的,有些属于损伤性的,当代谢过程相对较强时,机体内环境还保持着相对的稳定。在代偿范围内,如果致病因素停止作用,机体便向恢复健康的方向发展;但代偿能力是有限度的,如果致病因素继续作用,迟早会出现明显的临床症状和体征。

疾病的发生常常是内、外因素共同作用的结果。然而,从人类医学发展史来看,外在的环境因素是威胁人类健康的主要原因。20世纪中期以前,导致人类健康损害的致死性疾病主要是自然环境中的细菌、病毒引起的传染性疾病,如鼠疫、天花、霍乱、麻疹、结核等。20世纪中期以后,随着抗生素、疫苗的应用,这些传染性疾病已得到很好的控制。但是,由人类活动引发的生态环境恶化、环境污染成为导致癌症、心脑血管疾病、心理疾病等的重要原因,成为人类健康的主要威胁。

环境对健康的影响是复杂的,从环境对人类健康的作用方式来看,有直接影响和间接影响。如地震、洪水、海啸、泥石流、火山爆发、高温、低温等可直接导致人的死亡;而生态破坏、环境污染等则导致人的生存环境恶化,或使致病因素增加,或使人体抵抗力下降,从而间接影响人类健康。

1.2.2.1 环境污染与人体健康

环境污染物作用于人体,可简单地分成相互关联的吸收、分布、代谢及排泄4个过程。吸收、分布和排泄过程称为生物转运(biotransportation),代谢过程称为生物转化(biotransformation)或代谢转化。环境污染物通过各种途径和方式被机体吸收后,经血液运输分布到全身各组织器官,它们或被贮存在体内或在组织细胞内发生化学结构和性质变化而转变为代谢产物,最终与共代谢产物通过各种途径排出体外。

环境污染物对机体的毒性作用一般取决于两个因素:一是污染物的固有毒性和接触量,二是污染物及其活性代谢产物在靶器官内的浓度及持续时间,而后者与化学毒物在体内的吸收、分布、代谢和排泄过程有关。进入人体内的污染物会干扰或破坏机体的正常生理功能,使机体中毒或产生潜在危害;也可以通过机体的各种防御功能与代谢活动,降解之后排出体外。

1) 吸收

吸收(absorption)是外源性化学物质(xenobiotics)经过各种途径透过机体的生物膜进入血液的过程。外源性化学物质主要通过呼吸道、消化道和皮肤吸收,在毒理学实验中有时也采用特殊的染毒途径如腹腔注射、静脉注射、肌内注射和皮下注射等。吸收后毒物经血液循环分布到全身各组织内。

(1) 经呼吸道 呼吸道吸收是空气中的外源性化学物质进入机体的主要途径。从鼻腔到肺泡的各部分结构不同,对污染物的吸收情况也各有差异。人体内的肺泡数量很多、表面积很大,肺泡壁薄,遍布毛细血管,空气在肺泡内流速慢,肺泡上皮细胞对脂溶性、水溶性离子均具有高度的通透性,这些都有利于肺泡吸收污染物。因此,气态污染物经呼吸道吸入,以肺泡吸收为主,且毒物经肺吸收的速度相当快,仅次于静脉注射。此外,鼻腔的表面积虽然小,但鼻黏膜有高度通透性,因此经鼻腔吸收也应受到重视。

　　污染物由于在空气中存在的状态不同,经呼吸道吸收的机制也是不同的。对于气体和蒸气态的污染物,经呼吸道的吸收主要发生在肺部。鼻部可以过滤水溶性和高反应性气体,使其不能进入。气态物质到达肺泡后,经简单扩散透过呼吸膜而进入血液。对于气溶胶,吸收取决于气溶胶中化学物质的水溶性,气溶胶的沉积部位主要取决于所含颗粒物大小。一般来说,直径为 5 μm 及以上的颗粒物通常在鼻咽部沉积,在有纤毛的鼻表面新液层,通过纤毛运动被清除。直径为 2~5 μm 的颗粒物主要沉积在肺的气管、支气管区域,通过呼吸道纤毛部分的新液层逆向运动而被清除。直径为 1 μm 及以内的颗粒物可到达肺泡,它们可以被吸收入血,或通过肺泡巨噬细胞吞噬移动到黏液纤毛远端的提升装置被清除或通过淋巴系统清除。颗粒物从肺泡中清除的效率不高,在第一天仅有大约 20% 的颗粒物被清除,超过 24 小时后剩余部分的清除非常缓慢。

　　沉积在呼吸道内表面的微粒主要有以下去向：① 被吸收入血液。水溶性大的颗粒在沉积局部溶解后,可很快被吸收入血液,特别是附着在肺泡壁上的大部分被吸收。② 附着在肺泡表面的难溶性颗粒物随黏液咳出或被吞咽入胃肠道。③ 附着在肺泡表面的难溶性颗粒物不论是否被巨噬细胞吞噬都可进入肺间质,有的长期滞留,有的可进入淋巴间隙和淋巴结,其中部分微粒还可以随淋巴液到达血液。④ 有些微粒可长期停留在肺泡内从而形成病灶。

　　(2) 经胃肠道　胃肠消化吸收也是环境有害物质进入人体的一个重要途径。毒物的吸收可发生于整个胃肠道,甚至是在口腔和直肠中,但主要是在小肠,因肠道黏膜上有绒毛,可增加小肠吸收面积至 200~300 m²。该途径主要吸收饮水和食物中的污染物。虽然消化道的各个部位对这些外源性化学物质均有吸收,但起主要作用的是胃和小肠。整个消化道不同部位的 pH 值相差很大,使得污染物的解离度也不同,因此污染物在胃肠道不同部位的吸收也表现出很大差异。胃液酸度很高,一些弱碱性物质(如苯胺等)在胃里解离度较高,很难被吸收;而一些弱酸性物质(如苯甲酸等)在胃液中主要呈未解离状态,脂溶性大,容易被胃吸收。相反,小肠中的体液趋向于中性或弱碱性,因此对弱碱性物质吸收较多,而对弱酸性物质的吸收则相对较少。然而,由于小肠内还存在大量的绒毛和微绒毛,使得其比表面积增大约 600 倍,因此也可以吸收大量的有机酸类化合物。

　　简单扩散是外源性化学物质在胃肠道吸收的主要方式。相对分子质量小的(200 以下)、脂溶性大的(脂水分配系数大)、极性低的(解离度小)化学物质较易通过生物膜被吸收。滤过方式发生在小肠,其黏膜细胞膜上有直径为 0.4 nm 左右的亲水性孔道,相对分子质量为 100 左右,直径小于亲水性孔道的小分子可随同水分子一起滤过而被吸收。例如,经口摄入的铅盐 10%、锰盐 4%、镉盐 15% 和铬盐 1% 可被滤过吸收。还有少数外源性化学物质,由于其化学结构或性质与体内所需的营养物质非常相似,还能通过主动转运的方式进入机体。例如铅可利用钙的运载系统,铊、钴和锰可利用铁的运载系统;抗癌药 5-氟尿嘧啶(5-FU)和 5-溴尿嘧啶可利用小肠上皮细胞上的嘧啶运载系统。脂肪经肠道吸收后,与磷脂和蛋白质一起形成乳糜微粒。经胞吐作用进入细胞外空间,通过淋巴管直接进入全身静脉血流。某些脂溶性外源性化学物质也可沿这一途径被淋巴管吸收。例如苯并(a)芘[benzo(a)pyrene]、3-甲基胆蒽(3-methylcholanthrene)和顺-二甲氨基芪(cis-dimethylaminostibene)以及 DDT 都是通过这种方式吸收的。此外,偶氮色素及某些微生物毒素可通过胞吞作用进入肠黏膜上皮细胞。

(3)经皮肤　经皮肤吸收是外源性化学物质由外界进入皮肤并经血管和淋巴管进入血液和淋巴液的过程。皮肤的通透性不高,但当皮肤与外源性化学物质接触时,它们也可透过皮肤而被吸收,例如,四氯化碳可透过完整健康的皮肤引起肝损害,有机磷杀虫剂和汞的化学物质可经皮肤吸收引起中毒。

污染物通过两种途径经简单扩散的方式被皮肤吸收,一是表皮,二是毛囊、汗腺及皮脂腺,但后者只占皮肤总表面积的 0.1%～1%。污染物通过表皮吸收需经过三层屏障,即表皮角质层、连接角质层、表皮和真皮连接处的基膜。表皮角质层是表皮吸收的最主要屏障,一般相对分子质量大于 300 的物质不易通过无损的皮肤;连接角质层能阻止水、电解质和某些水溶性物质进入机体,但脂溶性物质可以通过;表皮和真皮连接处的基膜能阻止某些物质透过,但大多数物质通过表皮后,可自由地经乳突毛细管进入血液。经毛囊吸收的物质不需经过表皮屏障,可直接通过皮脂腺和毛囊壁进入真皮。电解质和某些金属,特别是汞可通过毛囊、汗腺和皮脂腺而被吸收。

外源性化学物质通过皮肤的吸收速度和吸收量受外源性化学物质的理化性质、生物体的皮肤性状、在皮肤表面汗液中溶解黏附等多种因素的影响。在通过角质层时,相对分子质量的大小和脂/水分配系数的影响较为明显。脂溶性化学物质透过角蛋白丝间质的速度与其脂/水分配系数成正比,但在吸收阶段,外源性化学物质将进入血液或淋巴液,是同时具有脂溶性和水溶性的液体,所以脂/水分配系数为 1 左右者更容易被吸收。非脂溶性的极性外源性化学物质的吸收与其相对分子质量大小有关,相对分子质量较小者也较易穿透角质层被吸收。此外,人体不同部位皮肤对外源性化学物质的吸收能力存在差异,角质层较厚的部位如手掌、足底,吸收较慢,阴囊、腹部皮肤较薄,外源性化学物质易被吸收。化学物质经皮肤附属物吸收和在穿透角质层时都有高度的物种依赖性。皮肤血流量和有助于吸收的皮肤生物转化也有物种差异。皮肤吸收的物种差异说明了农药毒性对昆虫和人的不同。例如,对人和昆虫以注射途径给予 DDT 的半数致死剂量(LD$_{50}$)相近,但当与皮肤接触时,DDT 对昆虫的毒性远大于哺乳动物。这可能是由于 DDT 很容易穿过昆虫的壳质外甲,并且昆虫相对于其体重的体表面积大。当表皮发生损伤时,会加速外源性化学物质的吸收。

(4) 其他途径　外源性化学物质通常经上述 3 种途径吸收,但在毒理学动物实验中有时也采用腹腔、皮下、肌肉和静脉注射进行染毒。静脉注射可使外源性化学物质直接进入血液,分布到全身。因腹腔具有丰富的血流供应和相对广大的表面积,所以腹腔注射可使外源性化学物质的吸收迅速。经腹腔染毒的化学物质主要通过门脉循环吸收,因此在其到达其他器官前必先经过肝脏。皮下或肌肉注射时吸收较慢,但可直接进入体循环。

2) 分布

污染物进入血液和体液后,随血液和淋巴液的流动分散到全身各组织器官的过程称为分布。由于污染物在体内的分布与各组织器官的血流量、亲和力等有关,因此同一种污染物在机体内各部位的分布并不均匀;不同的污染物在机体内的分布情况也各有差异。污染物在体内都有其亲和组织、靶器官和贮存库,它们有可能是同一个部位,也可能是不同的部位。如甲基汞积聚于脑、百草枯积聚于肺,均可引起肺部组织病变;各种有机氯农药(如 DDT、六六六)和有机汞农药(如西力生、赛力散)等进入人体后极易贮存在脂肪组织内却并不呈现出生物毒效应。体内的污染物蓄积库主要包括如下 4 类。

(1) 血浆蛋白　污染物进入血液后,血浆中的各种蛋白都能与之结合,尤其白蛋白的结合能力最强,成为污染物最重要的贮存库。此外,不同化学物质与血浆蛋白的结合是有竞争性的。一种已被结合的化合物能被结合能力更强的化学物质所取代,使其呈现毒性或者毒性消失。如与血浆蛋白结合的胆红素可被 DDE(DDT 的代谢产物)竞争置换而游离于血液中,出现黄疸。

(2) 肝和肾　肝和肾中含有一些特殊蛋白,与化学物质的结合能力更强,能将与血浆蛋白结合的污染物夺取过来,成为污染物的另一个蓄积库。例如肝、肾中的金属硫蛋白能与锌、铜结合;肝细胞中的一种配体蛋白可以结合多种有机酸、有机阴离子、偶氮染料及皮质类固醇等。此外,肝脏与外源污染物结合迅速。用铅染毒后 30 分钟,其在肝中的含量要比血浆中高 50 倍。

(3) 脂肪组织　脂肪组织主要是许多脂溶性有机污染物的蓄积库,它能吸收环境中许多脂溶性化学物质,并分布和蓄积在体脂内,而不表现出生物毒性。如一些有机汞农药、有机氯农药都较易贮存在脂肪组织中。由于肥胖者比消瘦者体脂含量多,因此这类污染物对消瘦者的毒性效应要比肥胖者严重。但如果肥胖者的体脂迅速消耗时,其中所贮存的毒性物质就会释放到血液中,从而出现中毒症状。

(4) 骨骼组织　骨骼组织也是环境污染物的一个分布场所,骨骼组织中的一些成分和某些化学物质(如氟化物、铅等)具有特殊的亲和力,如体内 90% 的铅都分布在骨骼组织中。污染物在骨骼中的沉积是否对人体有害取决于该污染物的化学性质,如铅对骨并无毒性,但骨氟增多可引起氟骨症;放射性锶可致骨肉瘤及其他肿瘤等。

3) 污染物在人体内代谢

代谢是指污染物进入人体后,经一系列生物化学反应转化成代谢产物的过程。代谢能解毒也能增毒,具有双重作用。一些污染物经生物转化,极性和水溶性增加,更易排出体外,毒性降低甚至消失;但还有一些污染物经代谢转化后,毒性反而增大或水溶性降低,致使毒性增强。如有机磷农药对硫磷在体内经代谢转化成对氧磷,其水溶性比原来增大 100 倍,其毒性比对硫磷高;又如苯并(a)芘及各种芳香胺致癌物,本身并不直接致癌,经代谢转化后产生了致癌作用。肝、肾、胃、肠、肺、皮肤和胎盘等组织对污染物都具有代谢转化的功能,其中肝脏代谢最活跃。外源性化学物质的生物代谢过程主要包括如下四种反应。

(1) 氧化反应 氧化反应主要分为两种:一是微粒体混合功能氧化酶系催化氧化,该反应特异性低,大多环境污染物进入人体后都要经过这一氧化反应。如二甲基亚硝胺通过氧化形成 CH_3^+,使细胞核内核酸分子上的鸟嘌呤甲基化,诱发突变或癌变;二是非微粒体混合功能氧化酶系催化氧化,这类反应通常发生在肝、肺、肾中,主要催化具有醇、醛、酮等基团化学物质的氧化。如乙醇在人体中被催化形成乙醛,进而氧化生成乙酸。

(2) 还原反应 肠道属于厌氧环境,肠道菌以还原酶催化为主,污染物通过口或胆汁进入肠道后易于发生还原反应。肝、肾和肺中也常常发生还原反应。此外,体内还存在非酶促还原反应。

(3) 水解反应 水解反应是指外源性化学物质在水解酶的催化作用下与水发生化学反应而引起化学物质分解的过程。水解酶多存在于血浆、肝、肾、肠、肌肉和神经组织中。水解反应是外源性化学物质在机体内的主要代谢方式,通过水解后毒性可以降低甚至消失,如有机磷杀虫剂。

(4) 结合反应 结合反应是指环境污染物进入人体后,在代谢过程中与其他物质发生生物合成反应的过程。结合反应主要发生在肝脏,其次是肾脏、肺、肠、脾、脑中,大多数外源性化学物质及其代谢产物都要经过结合反应再排出体外。如苯甲酸可以和甘氨酸结合形成马尿酸而排出体外,氢氰酸可与半胱氨酸结合后随唾液和尿液排出体外。

4) 污染物对人体的危害

环境污染物通过各种途径进入体内,危害人体健康。由于污染物的毒性、浓度和人的个体差异以及污染时间长短等条件的不同,造成的危害也不同。

有的污染物在短时间内大量侵入人体而产生急性危害。如 1952 年发生的伦敦烟雾事件,当时的逆温层是在 $60\sim90$ m 的低空,从家庭炉灶和工厂烟囱排放的二氧化硫和烟尘不能及时扩散,导致市民最初感到胸闷、咳嗽、咽痛、呼吸困难进而发烧,最终导致病死率急剧上升,支气管炎病死率最高,其次是肺炎、肺结核以及患有其他呼吸系统疾病的患者。解剖发现,死者多是因为急性闭塞性换气不良造成急性缺氧或引起心脏病恶化而死亡的。还有 1986 年 4 月 26 日苏联切尔诺贝利核电站发生的爆炸,导致大量放射性物质的泄漏,造成环境严重污染,人们的健康也受到严重危害。近年来,我国的环境污染事故也不断发生,由此带来的急性危害也日益增多。不仅如此,急性中毒在我们日常生活中也极易发生,如家庭燃煤或使用煤气不当,就很容易发生一氧化碳中毒事故。

有的污染物小剂量长期持续接触人体,在体内蓄积,或由于毒物对机体微小损害的逐次累积,就会引起慢性危害。一些污染物,尤其是有机污染物,因其自身性质的稳定性,在环境中很难降解,即使在很微量的情况下也可通过各种环境因素,特别是食物链的富集作用,在体内达到相当含量。例如,长期吸入二氧化硫污染的空气可以引起慢性阻塞性肺部疾患;人们长期生活在低浓度的污染环境中,儿童的生长发育会迟滞,免疫功能会降低,人群中慢性疾病的发病率和病死率将增高;有机氯可以通过水体、大气、食物进入人体并蓄积,使体内的含量逐渐增加;还有某些重金属铅、镉等也可随着外界环境污染程度的增加而在体内蓄积。

除了急性危害和慢性危害,有些污染物还能对人体造成潜伏更长的危害,可能是十几年、几十年,甚至危害作用在下一代显现出来,这就是通常所说的"三致效应",即致癌、致畸、致突变。

(1) 致癌　近几十年来,世界各国癌症的发病率和病死率不断上升。目前认为,诱导肿瘤发生的主要因素包括食物、环境污染物、职业及生活方式(如吸烟、酗酒等)。一般估计,$80\%\sim90\%$ 的癌症与环境因素有关,其中主要是化学因素,占 $80\%\sim85\%$。因此,要降低癌症发生率,首先必须识别、鉴定化学致癌物,然后采取措施加以预防。世界卫生组织下属的国际癌症研究所将致癌物质分为四大类。

一类:对人体有明确致癌性的物质或混合物,如黄曲霉素、砒霜、石棉、6 价铬、二噁英、甲醛、酒精饮料、烟草、槟榔以及加工肉类。

二类 A:对人体致癌的可能性较高的物质或混合物,在动物实验中发现充分的致癌性证据。对人体虽有理论上的致癌性,而实验性的证据有限,如丙烯酰胺、无机铅化合物、氯霉素等。

二类 B:对人体致癌的可能性较低的物质或混合物,在动物实验中发现的致癌性证据尚不充分,对人体的致癌性的证据有限。相比二类 A 致癌可能性较低的物质,如氯仿、DDT、敌敌畏、萘卫生球、镍金属、硝基苯、柴油燃料、汽油等。

三类:对人体致癌性尚未归类的物质或混合物,对人体致癌性的证据不充分,对动物致癌性证据不充分或有限。或者有充分的实验性证据和充分的理论机理表明其对动物有致癌性,但对人体没有同样的致癌性,如苯胺、苏丹红、咖啡因、二甲苯、糖精及其盐、安定、氧化铁、有机铅化合物、三聚氰胺、汞及其无机化合物等。

四类:对人体可能没有致癌性的物质,缺乏充足证据支持其具有致癌性的物质,如己内酰胺。

(2)致畸 某些环境因素可以透过母体胚胎屏障,直接作用于胚胎细胞,引起胚胎发育障碍而导致胎儿畸形,主要包括化学性因素、物理性因素(如放射线)和生物性因素(如病毒)。

目前认为可以对人体产生致畸效应的主要环境污染物有如下几种:① 甲基汞。日本发生过因水体甲基汞污染而导致的水俣病,其中也包括胎儿性水俣病。当地的孕妇因食用水体甲基汞污染的水生生物(鱼、贝类)或污染的粮食而引起先天性胎儿甲基汞中毒症状,患儿血、尿和头发内含汞量要明显高于对照区儿童。此外,1972 年发生的伊拉克甲基汞污染粮食事件中,有至少 32 名孕妇食用了甲基汞污染的粮食而影响了胚胎发育,其中 10 名存活下来的婴儿在一周内出现大脑麻痹症状。类似情况在苏联、瑞典和英国也有报道。② 酒精。据法国、英国和瑞士调查显示,饮酒孕妇所生产的存活婴儿中,有 1/600~1/1 000 患有酒精综合征。酒精综合征的主要表现为发育迟缓、小头、精神障碍、斜视、上眼睑下垂、耳部异常等症状。③ 多氯联苯。1968 年发生在日本的米糠油事件中,有 13 名孕妇食用了多氯联苯污染的食油,死亡 2 胎,存活 11 胎。13 个胎儿均出现皮肤和黏膜暗棕色色素沉着、发育迟缓、齿龈发育不良、颅骨钙化异常等症状,还发现 2 个死胎都出现皮肤过度角化、皱缩和毛发滤泡囊性膨大。④ 一氧化碳。孕妇在孕期发生煤气中毒也会影响后代的正常生长发育,主要表现为胎儿基底神经节损伤、小头畸形以及各类脑病,另外在死胎中还发现胎儿基底神经节软化、大脑萎缩、脑积水等改变。⑤ 吸烟。孕妇吸烟容易诱导胎儿先天性心脏缺陷。研究表明,吸烟孕妇与不吸烟孕妇的危险度比为 1.5∶1。孕妇吸烟日均超过 20 支所产胎儿缺陷率与不吸烟者的比值为 1.6∶1,吸烟与不吸烟孕妇所产胎儿唇腭裂发生率危险度比为 1.7∶1。

(3)致突变 突变本是自然界的一种正常现象,在自然条件下发生的突变称为自发突变。从生物进化的观点来看,突变在一定程度上对生物体是有利的。新物种出现、生物进化都与突变密切相关。但当突变发生在体细胞时,会引起肿瘤、畸胎、高血压、动脉硬化等。而当突变发生在生殖细胞时,则会引起显性致死、生育能力障碍或遗传性疾病,从而影响后代的健康。目前,已发现的环境致突变污染物主要有亚硝胺类、苯并(a)芘、三卤甲烷、甲醛、氯乙烯、氟化物、砷、铅、烷基汞化合物、DDT、敌敌畏、甲基对硫磷、谷硫磷、百草枯等。随着环境中这类物质种类和数量的不断增加,致突变物质对人类健康产生的潜在危害也日趋严重。

1.2.2.2　环境与健康研究的任务

环境与健康研究的基本任务在于揭示人类赖以生存的环境与机体之间的辩证关系,阐明环境对人体健康的影响及人体对环境的作用所产生的反应,调控两者之间物质、能量、信息交换,寻求解决矛盾的方法和途径,从而获得人体健康与环境协调的可持续发展。具体包括如下内容:

(1) 揭示各种环境因素与人体健康之间的关系。

(2) 通过环境毒理学、流行病学研究,揭示环境污染物的健康效应、作用机制、相关疾病发生、发展规律,为控制这些疾病提供对策和依据。

(3) 进行与健康相关的环境监测,通过对环境致病因子、人体健康水平等方面的监测,阐明环境污染对人体健康的影响,为疾病预防提供科学依据。

(4) 研究环境健康基准,为相关法律、法规、标准制定提供依据。

1.2.2.3　我国环境与健康事业

我国环境健康事业近 20 年来长足发展。2005 年,国家环保总局和卫生部联合起草了我国第一部《国家环境与健康行动计划》,规定了 2006—2010 年我国环境健康行动的目标、内容和保障措施,标志着我国的环境与健康事业进入一个新的快速发展阶段。

2005 年 11 月,首届国家环境健康论坛在北京举办,从此拉开了政府和专家研究讨论环境健康发展战略的序幕。随后在 2015 年 12 月,环境保护部和卫计委参加了由联合国环境规划署、世界卫生组织和亚洲发展银行共同举办的第二届东南亚和亚洲国家环境与健康高层会议,讨论了亚洲《环境健康区域合作宪章》,规定现阶段环境健康工作的 6 个优先领域:空气和噪声污染、饮水和排水卫生、固体废弃物、化学品及有害废物、全球性环境问题(气候暖化、臭氧层空洞)和突发性环境健康事件应急与防患。

2006 年 7 月,国家环保总局发布了以“改善环境质量,保障人体健康”为主题加强环境与健康工作的总体思路,对“十一五”环境健康工作提出了鲜明要求,并详细部署了工作计划。2007 年 2 月,卫生部和国家环保总局联合制定了《环境与健康工作协作机制》,促使地方有效落实各项措施。2011 年 12 月,环境保护部印发《国家环境保护“十二五”环境与健康工作规划》,进一步总结了我国“十一五”期间环境健康工作的经验,并对“十二五”相关工作进行了重点安排,成为我国环境健康事业发展的行动纲领和政策依据。

2007 年 11 月 21 日,中国正式发布了《国家环境与健康行动计划(2007—2015)》,指明了我国环境与健康事业今后的发展方向和主要任务,厘清了有关部门的任务和职责,开创了协作共建,推动环境与健康事业发展的新局面。

2011 年 9 月 20 日,环境保护部编制并印发《国家环境保护"十二五"环境与健康工作规划》,明确指出着力解决损害群众健康的突出环境问题,统筹安排、突出重点、有序推进国家环境与健康工作。

1.3 毒理学基础

环境毒理学是研究环境污染物,特别是化学污染物对生物有机体,尤其是对人体的影响及其作用机理的科学。在探讨环境与健康的关系时,人们常常需要了解环境污染物在人体内的吸收、分布、转化和排泄特征,污染物的毒性作用大小、阈剂量、剂量效应关系,污染物的靶器官和靶组织,污染物毒性作用的基本特征和机理,污染物的特殊毒性作用,如致突变、致癌和致畸性,环境污染物对健康影响的早期指标和生物标记物,环境化学物质的安全性评价方法等。

1.3.1 概述

毒理学(toxicology)一词由希腊文 toxikon 和 logos 两词组合演变而来,含义是描述毒物的科学。随着人类社会生产的发展和生活条件的改善,人们在从事生产或日常生活中接触化学品的种类和数量愈来愈多。全世界登记的化学物质已超过 800 万种,常用的也有 7 万~8 万种。人在生活中不可避免地通过生产、使用或滥用(事故或自杀)等方式短时接触化学物质,也可能通过各种环境介质(水、土壤、食品等)长期持久地接触化学物质。对人体来说,这些化学物质是从外界环境中摄入的,而非机体内源产生,在一定条件下直接或间接损害人的健康,所以称为外源性化学物质。

毒理学的目的就是研究外源性化学物质与生物体之间的相互作用关系,阐明化学物质对生物体引起的有害效应性质和剂量-反应(效应)关系,确定化学物质对生物体引起有害效应的能力,为指导化学物质的安全使用和中毒防治提供依据。

基于对人类健康影响的考虑,毒理学一般以实验动物为对象,研究实验动物接触外源性化学物质后发生的毒效应,并用这些研究结果外推到人,预测对人类的影响,最终保护人类健康。

毒理学研究基本可以分为描述性、机制和管理毒理学研究 3 个方面,每一方面有其独有的特征,但又相互联系,危险度评价是三者之间关系的核心交叉之处,如图 1-2 所示。

根据具体的研究目的,毒理学可以有许多分支。如以人自身为研究对象的临床毒理学或人群毒理学,以事故接触或职业、环境接触的人群为研究对象,观察不同接触后对健康的早期影响。此外,随着人们环境保护意识的增强、对人类所在的生态环境的关注,发展出生态毒理学(ecotoxicology),着重研究有毒有害因子对生态环境中各种生物的损害作用及其机制。随着分子生物学理论和技术的飞速发展,从分子水平上研究外源性化学物质与生物机体相互作用的分子毒理学也快速兴起。分子毒理学一方面探讨众多的外源性化学物质对生物机体组织中的各种分子,特别是生物大分子的作用机制,从而阐明外源性化学物质的分子结构与其毒效应的相互关系;另一方面从分子水平上表述生物体对外源性化学物质的效应,从而为中毒性疾病的

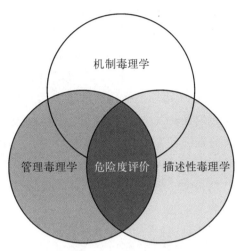

图 1 - 2　描述性、机制和管理毒理学三者关系

防治、外源性化学物质危险度的评价提供重要的理论依据。无论哪个毒理学分支以及如何发展,始终要用到一些模式生物(离体或整体)研究外源性化学物质对机体的影响,并用其研究结果预测对人类健康的影响。

1.3.2　毒物与毒性

所谓毒物(poison,toxicant)通常是指在一定条件下以较小的剂量作用于生物体,扰乱破坏生物体的正常功能,或引起组织结构的病理改变,甚至危及生命的一些外源性化学物质。事实上,化学物质的有毒或无毒并不存在绝对界线。任何一种化学物质在一定条件下可能是有毒的,而在另一条件下则对人的健康是安全的。瑞士著名毒理学家 Paracelsus 曾说:"化学物质只有在一定的剂量下才具有毒性。毒物与药物的区别仅在于剂量。"因此,化学物质有毒或无毒主要取决于剂量,只能以产生毒效应所需的剂量大小来加以区别。通常认为,凡是在日常可能接触的途径和剂量就会对机体产生损害,这样的外源性化学物质称为毒物。

目前,毒理学研究关注的常见外源性化学物质如下:① 工业化学物质,如原料、中间体、辅助剂、杂质、成品、副产品、废弃物等。② 环境污染物,如工业生产中排放入环境的废气、废水和废渣,以及农田使用农药对环境的污染。③ 食品中的有害成分,如天然毒素、食品变质后产生的毒素、不合格的食品添加剂和防腐剂等。④ 农用化学物质,如杀虫剂、杀菌剂、化肥、除草剂、植物生长激素等。⑤ 生活日用品中的有害成分,如烟酒嗜好品、化妆品、洗涤剂、染发剂、蚊香的某些组分。⑥ 生物毒素(toxin),如动物、植物和细菌毒素。⑦ 医用药物,包括兽医用药。⑧ 军用毒剂,主要指化学武器。⑨ 放射性核素。这些化学物质多数是人类在生产和生活

中不可缺少或无法避免的物质,它们可以通过不同途径进入人体,给人们带来潜在危害,在一定条件下危害人体健康。

毒性(toxicity)通常是指外源性化学物质在一定条件下损伤生物体的能力,是化学物质本身固有的特性。根据观察指标的不同,毒性的描述范围也不同。在实验条件下,毒性是指化学物质引起实验动物某种毒效应所需的剂量(浓度)。化学物质的毒性大小与机体吸收该化学物质的剂量、进入靶器官的剂量及引起机体损害的程度有关。因此,化学物质毒性大小通常用剂量-效应关系表示。引起某种效应所需剂量愈小,则毒性愈大。不同化学物质对生物体引起毒效应所需的剂量差别很大。极毒化学物质只要接触几微克即可导致死亡;高毒性化学物质仅以小剂量就能引起机体损害;低毒性化学物质则需大剂量才会引起机体损害;另一些化学物质,即使给予几克或更多,也不会引起有毒效应,常被认为是实际无毒的化学物质。

1.3.3 生物效应与生物标志

生物体是一个复杂的"开放"系统,通过各种生理过程和生化反应与环境交换物质和能量,并保持动态平衡。生物体对外源性化学物质的作用具有一定的代偿能力,以维持体内环境的平衡稳定。但是机体的代偿能力是有限的,如果生物体超量接触化学物质,代偿功能就会受损,使机体出现各种功能障碍,应激能力(stress)下降,维持体内稳态(homeostasis)能力降低,以及对其他环境有害因素的敏感性增高等。接触化学物质后,各个体出现的效应并不完全一样。一般可分为5种情况:① 所接触的化学物质(或代谢物)在体内的负荷虽有增加,但并不引起代谢、生理、生化或其他功能活动的改变;② 体内负荷进一步增加,引起了代谢、生理功能或组织器官形态结构的轻微变化,但尚未具有病理生理学意义;③ 负荷水平足以导致有病理生理学意义的改变,但尚未出现明显的临床症状;④ 个体因过量接触化学物质使健康受到严重损伤,出现临床疾病;⑤ 严重中毒或死亡。

化学物质引起毒性效应的强度范围很宽,包括早期生物学效应、生理生化功能改变、器官组织病理改变、临床征象、疾病甚至死亡。从预防医学的观点研究化学物质对生物体的有害效应,应将这些有害的生物学改变看作化学物质对生物体生产毒性效应的连续过程。采用灵敏可靠的生物学指标作为观察终点(end point),以便早期识别轻微可逆的有害效应,这对预防化学物质中毒具有十分重要的意义。

近年来,对几百种化学物质的毒性效应观察,发现在低剂量时一些化学物质作用方向与高剂量的表现完全相反,从而出现了毒物兴奋效应(hormesis)的概念。毒物兴奋效应的现象起源于对抗生素的研究,德国学者 Schulz 注意到高剂量抗生素抑制细菌生长,而剂量低到一定程度反而促进细菌生长。后来许多实验发现辐射、某些化学物质都有类似作用。其含义是在一定剂量时化学物质可引起一定的毒性效应(激发、抑制),而在低于未见有害作用剂量(noael)水平以下时却表现为相反的作用(抑制、激发)。这种毒物兴奋效应是由于机体做出了过度补偿(over compensation),是由机体的过激反应(overshoot)所致。

随着分子生物学和分子毒理学的发展,以及化学物质对机体免疫功能、神经行为、遗传及生殖过程有害影响的研究,研究人员正在尝试使用极其敏感的方法选择化学物质引起毒性效应的早期生物学指标作为观察终点,发现外来化学物质对健康的危害。凡是能检测化学物质引起有害效应的生理、生化、免疫、细胞分子变化的生物学指标,称为毒性效应的生物标志(biomarker of effect)。生物标志(biomarker)是机体与环境因子(物理、化学或生物学的)相互作用所引起的任何可测定的改变,包括环境因子在体内的变化以及机体在整体、器官、细胞、亚细胞和分子水平上各种生理、生化改变,这些改变必须有明确的生物学意义。生物标志一般分为接触标志物、效应标志物和易感性标志物3类。

1.3.4 研究层次

毒理学的着眼点是毒物对人体的健康效应。从这一点讲,人是最好的实验对象,与动物实验相比不存在任何种属差异,可以直接知晓对人的状况。事实上,不可能故意地把人作为实验对象,因此动物实验仍然是认识化学物质毒性,特别是新化学物质毒性的主要途径。从使用的实验对象来讲,毒理学实验从宏观到微观大概可分为5个层面,分别是人群研究、整体动物研究、离体器官和组织水平的研究、细胞水平研究和分子水平研究。

1) 人群研究

人群研究可以包括对事故性中毒患者的系统观察、志愿者试验和流行病学调查。通过中毒事故中受害者的临床观察获得关于人体的毒理学资料,既有化学物质中毒过程的进程变化资料,也有临床处治资料,对中毒控制急救具有重要价值。这是临床毒理学的主要工作内容。目前,中毒控制中心在收集积累资料、指导临床治疗中发挥着重要作用。志愿者试验在药物研发阶段是一个重要的步骤。如果要研究化学物质对人的精神和心理方面的作用,只能通过直接对人体进行观察才能了解。另外,也常常采用一些低浓度、短时间人体接触的实验,来测定化学物质对眼和黏膜的刺激作用、人的嗅觉阈值、对皮肤的刺激和致敏作用等。人群流行病学调查主要用于研究低剂量长期接触的危害。人群观察数大,则可发现过敏体质和易感的个体。在人群研究中接触某一化学物质的职业人群通常是最佳的研究对象,与一般人群相比,他们的接触水平高,更容易呈现健康损害。大多数的致癌物是依据职业流行病学调查资料确定的。出于人群长期接触的复杂性,在接触评估和效应评估以及两者之间关系分析时,要注意其他混杂因素的干扰作用。随着分子流行病学研究的发展以及观察指标的微观化,人群研究在毒理学中越来越受到重视。但是,无论何种人群作为对象,其研究过程必须符合伦理学的要求。

2)动物实验

动物实验在毒理学的创立和发展中起了重要的作用,传统的毒理学研究主要是动物实验。例如用受试化学物质对小鼠或大鼠的致死量来估测它们对人体的毒性和急性中毒的表现,用亚慢性毒性试验测定化学物质的蓄积毒性,用慢性毒性试验提供人在长期接触条件下的安全剂量或浓度,为制定接触限值提供依据。由于动物对化学物质反应存在种属差异,所以常用几种实验动物,如小鼠、大鼠、豚鼠、兔、犬和猴等进行针对性研究。另外,在研究有机磷酸酯引起迟发性神经毒作用时常选择鸡。在生态毒理学研究中,还要选出鱼类、鸟类、昆虫和其他野生动物进行实验或现场观察。哺乳类动物与人体在解剖、生理、生化、能量和物质代谢方面比较接近,用动物实验结果外推于人比较可靠。但是动物实验耗资大、花时多,难以满足日益增长的毒理学研究需求。

现今活体动物实验与人体观察相结合仍然是毒理学研究的重要和必要的手段。问题在于应尽量减少动物的用量,综合利用实验动物,如采用慢性毒性试验与致癌试验相结合的设计方案。用一批动物连续进行,缩短实验周期,减少动物用量。目前,最常用的办法是在经典的动物实验设计上,开展更深入的研究,一次(批)给药可以同时观察多种指标。在动物实验时,落实 3R 原则是未来的发展方向。3R 原则是 1959 年英国动物学家 William 和微生物学家 Rex 在《人性动物实验技术原则》一书中提出的。正确的科学实验设计应考虑到动物的权益,尽可能减少动物用量,优化完善实验程序或使用其他手段和材料替代动物实验。3R 即减少(reduction)、优化(refinement)和替代(replacement)的简称。减少是在满足实验要求又不损失应得信息的前提下,尽可能减少实验动物的数量。优化是在动物实验时,尽可能选择和改良实验操作技术,减轻动物可能遭受的痛苦,如采用非致死终点或浓缩样品减少灌胃次数。替代是不通过与动物相关的实验或过程去获取所需的知识,如采用体外细胞和组织培养替代活体动物实验。3R 原则作为系统理论提出后,在世界范围内得到了广大科研人员的认同,美国和欧洲将 3R 原则作为制定动物福利法规的基础。1995 年有关专家提议将 3R 中的"替代"提到首位,称为"替代方法的 3R 原则"。

3)器官和组织水平的研究

器官灌流(perfusion of organs)是毒理学研究的重要手段,是连接体外与体内实验的重要桥梁,常用的有心、肝、肾、肺、脑、小肠和皮瓣灌流。器官灌流模型中细胞的整体性、细胞间的空间关系仍维持原状,这是细胞培养、亚细胞系统(组织匀浆、细胞器)研究所不具备的特点。分离的灌流器官可用于研究该器官与毒物的相互作用、化学物质的代谢、毒物动力学或毒物的作用方式等。特定器官要使用特殊设计的器官灌流仪以及能维持器官存活状态的时间有限是器官灌流应用有限的主要原因。

4) 细胞水平的研究

细胞培养在毒理学研究中应用广泛,可用于研究外源性化学物质的毒性、可疑致癌物的筛查、解毒物的筛选、阐明化学物质的生物转化和毒作用机制。细胞是生物体最基本的单元,各种生理生化过程都由各种细胞和细胞群体完成。从动物或人的脏器初次分离的细胞称为原代细胞,一般尚保持原细胞的代谢活化和其他功能,在体外可以分裂增殖。随着细胞的传代,某些功能可能会消失,最终不再分裂增殖而死亡。建立的细胞受试系统可以研究化学物质对细胞形态、结构和功能的作用,对它们可做定位、定性和定量研究。化学物质和其他环境因素对不同细胞间和细胞内不同信号转导途径间的交互作用,以及其网络系统的结构和功能的作用越来越受到重视。转基因细胞系统的建立为细胞水平的研究开辟了广阔前景。在基因组学和蛋白质组学研究获得巨大突破和丰硕成果时,科学界认识到基因的表达和蛋白质间的相互作用最终应在细胞水平上进行整合功能的研究,因此,细胞组学(cytomics)正在形成和发展。细胞成活率、接种效率及增殖、生化、染色体畸变、突变、转化等都是常用的实验。超速离心技术的发展已经能将不同的细胞器或组分进行分离。亚细胞水平的体外试验可用于化学物质引起毒效应的亚细胞定位、生物转化及毒作用机制的研究。由细胞分离出不同的细胞器及其组分,如线粒体、细胞核、内质网、溶酶体、高尔基复合体、胞内体、微体、细胞骨架等,也直接用于毒理学实验。

5) 分子水平的研究

分子水平的研究是指研究外源性化学物质与从乙酰胆碱小分子到核酸、蛋白质、多糖、受体、生物膜等生物大分子的相互作用。可以在试管中直接用 DNA 片段观察化学物质与它们的加合作用或交联作用,分析加合物的结构、受试化学物质与 DNA 交联的部位。另外,也有学者利用红细胞膜来研究受试物对生物膜物理性能的影响。这类试验也可以在整体动物染毒后,提取组织的 DNA,分析 DNA 加合物、基因突变部位等。它们在深入揭示化学物质作用机制方面有独特的作用,是带动毒理学发展的主流。基因组学、后基因组学、毒物基因组学、蛋白质组学和糖原组学的研究都属于分子水平的研究。生物芯片,包括基因芯片、蛋白质芯片的应用,为分子水平的研究提供了高效手段。

毒理学研究方法还有其他分类。这些分类从另外一个角度反映了毒理学研究方法的特征,其内容在上面叙述的 5 个层面都能发现。如体内实验(in vivo tests)

和体外实验(in vitro tests),前者是在一定时间内采用不同接触途径,给予实验动物一定剂量的受试外来化学物质,然后观察实验动物可能出现的有害生物效应。后者是选出哺乳动物的器官、组织、细胞进行脱离动物整体的试验。它们都属生物学实验范畴。毒理学研究涉及受试化学物质及其代谢产物的定性和定量问题,需要应用分析化学的方法,对外来化学物质的成分及其杂质进行鉴定,对空气、水、土壤、食品等环境介质中的化学物质及共代谢物进行检测,对受试对象中的化学物质及代谢产物进行分离及定性、定量分析,这是毒理学中研究剂量的不可或缺的环节。

随着分析化学、生物学、分子生物学和遗传学的发展以及放射性核素技术的应用,近代毒理学研究内容得到飞速而深入的进展,研究内容已由描述性为主进入机制的探讨,在概念和方法上逐渐向全面发展。脏器灌流、细胞培养和细胞器分离制备等体外试验方法在毒理学中已普遍采用,并部分取代传统的整体动物试验,使化学物质毒性效应机制的研究可在整体水平、器官水平、细胞水平和亚细胞水平层次分明地深入推进。生物化学和分子生物学的概念和方法,例如酶、核酸和蛋白质的概念和方法,受体和离子通道的概念和方法,基因技术和单克隆抗体技术已成为毒理研究的重要工具,使毒理学中有关机制的探讨进入分子水平,并逐渐向生命本质问题靠拢。

在剂量效应模型方面,毒理学以往的基本实验方法多数采用"高剂量模型",近年来也发生了变化。未来将更普遍应用人体细胞或组织培养的研究模型,使毒理学研究更科学地指示化学物质对人体健康损害的因果关系,也有可能使毒理学评价从"高剂量向低剂量推导"变成"低剂量原则"。毒理学实验不是看高剂量引起的致死等严重效应,而是观察化学物质在比较接近常态下的生物学过程,阐明化学物质造成健康损害的生物学机制。

1.4 地理环境与健康

从古至今,人类就懂得了避开恶劣环境来选择宜居的地方,并逐渐在这些地方发展成了村落和城市,而那些不适宜人居的地方往往成了人烟稀少的地方。但随着人口数量的增加,一些不适宜人居的地方也渐渐有人居住。如一些盐碱地带、高寒地带、山区、地震频发地带、活火山口附近等,这些地方居住条件恶劣,人的生命安全常常受到威胁。另外一种情况是某些地方地质土壤中由于缺乏某些元素物质或者某些元素物质过多而出现某些地方性疾病。如地方性甲状腺肿、地方性克汀病、地方性大骨节病、地方性氟中毒等。

1) 地方性甲状腺肿和地方性克汀病

地方性甲状腺肿是由于环境中碘的缺乏而引起的甲状腺肿大,俗称"大脖子病"。甲状腺是人体内最大的内分泌腺,贴近喉和颈部的前面,由两个侧叶和峡部组成,呈 H 形,重约 30 g。它合成和分泌的甲状腺激素有促进新陈代谢、生长发育的作用。一般人的甲状腺由于被皮下脂肪和肌肉覆盖,既看不见也摸不着,只有当它的任何一叶超过本人拇指末节大小时才称甲状腺肿。如果在某一个固定地区内有比较多的人都患甲状腺肿时,则称为地方性甲状腺肿,其患病率一般在 5% 以上。地方性甲状腺肿的地区性很明显,住在病区内的人容易发病,离开病区就可好转甚至痊愈(指轻度者)。

地方性甲状腺肿是世界上常见的地方病,尽管许多国家采取了有效的防治措施,患此病的人数仍不低于两亿。世界上最严重的病区是在安第斯山、喜马拉雅山、阿尔卑斯山等地区。我国除东南沿海个别省市外,几乎都有此病流行,尤以东北、西北、华北和西南等地区的山区丘陵地带为重,表现出山区多于平原、内陆多于沿海、乡村多于城市、农区多于牧区的特点。

更严重的是,严重缺碘病区常发现地方性克汀病,又称地方性呆小病,患者会出现智力低下、身材矮小(故名"呆小病")、聋、哑、瘫等症状,成为家庭的灾难和社会的负担。另外还有一大批因缺碘而造成的智力迟钝、体格发育落后的儿童。

2) 地方性大骨节病

大骨节病是一种变形性、多发对称性、地方性骨关节病,主要侵害生长发育期的儿童,导致关节软骨坏死,轻者关节粗大、疼痛、活动受限,重者可致身材矮小、畸形,丧失劳动能力和生活自理能力,终身残疾,是严重危害病区人民身体健康的地方病。大骨节病主要发生在我国农村,病区分布在从东北到青藏高原的狭长地带内,病区省份共计 14 个,受威胁人口超过 3 000 万。患者发病年龄越早,关节变形和侏儒化越为明显,成人患者的症状一般较轻,常仅限于关节。本病病因与病区环境缺乏硒元素有关;本病的发病区域也大致与土壤低硒地带相一致。此外,也有人认为与谷物受镰刀菌 T-2 产生的毒素污染和饮水中有机物污染有关。

3) 地方性氟中毒

地方性氟中毒是由于当地岩石、土壤中含氟量过高,造成饮水和食物中含氟量增高而引起的。过量氟的摄入会引起全身性慢性中毒性病变,使人体内的钙、磷代谢平衡受到破坏。儿童主要表现为牙齿出现斑釉,即氟斑牙;成人表现为四肢、脊柱关节持续性酸痛,功能障碍,即氟骨症,俗称"糠骨症""大黄牙"或"干勾牙"。发病人群轻者牙齿黄黑,碎裂脱落;重者背驼腰弯,丧失劳动力和生活自理能力。

世界上此病分布十分广泛,目前有 50 多个国家存在地方性氟中毒的流行。我国除上海市外,各省、市、自治区都有不同程度的流行,其中以黄河以北、贵州西部以及西北、东北等地区较为多见。地方性氟中毒已经成为我国最严重的地方性疾病之一。

4）地方性砷中毒

地方性砷中毒简称地砷病,是一种生物地球化学性疾病,是居住在特定地理环境条件下的居民长期通过饮水、空气或食物摄入过量的无机砷而引起的以皮肤色素脱失或过度沉着、掌跖角化及癌变为主的全身性的慢性中毒。

地砷病主要是通过长期饮用含有高浓度无机砷的水或燃用含高浓度无机砷的煤所引起的。砷是构成物质世界的基本元素,在自然界广泛分布,多以化合物的形式存在,如砷的氢化物、氧化物、硫化物等。根据砷的来源,人类砷的暴露方式大体上可分为生活接触、职业性接触、环境污染以及医源性暴露等。其中,生活接触是引起地方性砷中毒的最主要途径,是形成地砷病的重要环节。在生活接触中,主要通过饮用含高浓度无机砷的地下水导致中毒,形成饮水型砷中毒。在中国还有少数病区,是由于当地居民长期燃烧高砷煤,污染了室内的空气和食物而造成的慢性砷中毒,称为燃煤型砷中毒。两种类型的砷中毒的临床表现基本一致。

在轻病区患者往往只有轻的皮肤病变而无明显的临床症状。在重病区患者体征明显,常伴有不同程度的临床症状,同时心血管病、肝病、肿瘤等并发疾病也较多见。

讨论题:

(1) 请结合自己的学习、生活或工作环境,讨论一下存在哪些环境有害因素。

(2) 环境有害因素可以通过哪些途径或方式影响我们的健康?

第 2 章　水　与　健　康

水是构成自然环境的基本要素,是自然界与生态系统中物质循环和能量交换的介质,是地球上不可缺少的资源。水参与机体的一切生命活动,同时也与人们的日常生活和工作密切相关,对于人类的生存和社会的发展起着非常重要的作用。水量的不足和水质的破坏均将直接或间接地影响人类的健康和生活。

2.1　概述

地球上的水资源从广义上来说是指水圈内的水量总体。据估算,地球上的水资源总量约为 1.38×10^9 km³。其中,海水占 97.5%,淡水只占 2.5%。海水难以直接利用,我们所说的水资源主要指陆地上的淡水资源。而淡水绝大部分又为冰川和深层地下水,难以大规模利用。因此,人类目前比较容易利用的淡水资源主要是河流水、淡水湖泊水以及浅层地下水,而这些淡水储量只占总淡水的 0.3%、全球总水量的十万分之七。

陆地上的淡水通过水循环得以不断更新和补充,满足人类生产和生活需要。从运动更新角度看,河流水体具有更新快、循环周期短等特点,与人类关系最为密切。动态水资源除了河流,还有浅层地下水,循环更新快、交替周期短,利用后可短期恢复。而淡水资源中还有大量静态水,如冰川、内陆湖泊、深层地下水,它们循环周期长、更新缓慢,一旦污染,短期内不易恢复。

在水资源越发短缺的同时,水污染大规模出现,导致水质恶化,进一步加剧水资源短缺。20 世纪 80 年代以来,我国高增长、高消耗、高排放的经济增长模式导致了河流和湖泊环境质量的急剧恶化。尽管我国水资源占全球水资源总量的 6%,但由于人口众多且水资源时空分布不均,仍然有 9 个省的人均水资源量低于极端缺水临界线。目前,我国已开发利用的水资源量约为 5.5×10^{11} m³,未开发利用的水资源为 3×10^{11} m³。如果按照目前我国的经济发展速度和用水效率,预计 2020 年国内生产总值达到 36 万亿元时,需水总量将达到 2.2×10^{12} m³;到 21 世纪中叶,GDP 总量将超过 100 万亿元,而需水总量将达到 6×10^{12} m³,这远远大于我国的水资源总量。我国污染型缺水日益严重，不仅意味着地表水环境，还包括土壤、地下水、近海海域，甚至大气等相关的生态环境都受到威胁，并且会影响饮水安全和农产品安全，最终威胁人体健康，导致社会福利的损失。

2.1.1 水质性状及评价指标

人们在生产、生活中利用水时，要求水必须符合一定的指标。由于水中各种成分及其含量不同，水的感官性状（色、臭、浊度等）、物理化学性质（温度、pH 值、电导率、放射性、硬度等）、生物组成（种类、数量、形态等）和地质情况也不相同。这种由水和其中所含杂质共同表现出来的综合特性即为水质。描述水质的参数就是水质指标，通常分为物理、化学和生物三大类。

1）物理性状指标

（1）水温　水温直接影响水中生物、水体自净和人类对水的利用。地表水温度随季节和气候变化而有一定程度变化，变化范围为 0～30 ℃；地下水温度一般比较稳定，变化范围为 8～12 ℃。

（2）色度　色度是对天然水或经处理后的各种水进行颜色定量测定时的指标。色度可分为真色和表色两种。真色是指去除悬浮物后水的颜色；而表色是指没去除悬浮物的水所具有的颜色。天然水体呈现的颜色多是有机物分解产生的有机络合物（如腐殖质过多使水体呈棕黄色、黏土使水体呈黄色）和无机矿物的颜色。多数清洁的天然水色度为 15～25 度，湖泊水的色度可达 60 度以上。

（3）臭和味　洁净水体无臭，也无异味。水体中的臭和味主要来自生活污水和工业废水中的污染物、天然物质分解及与之有关的微生物活动。

（4）浊度　水的浊度是指悬浮于水中的胶体颗粒产生的散射现象，表示水中悬浮物和胶体物对光线透过时的阻碍程度。浊度的标准单位是以 1 L 水中含有相当于 1 mg 标准硅藻土形成的浑浊状况作为 1 个浊度单位，简称 1 度。浊度是用来判断水质好坏的一个表观特征。

2）化学性状指标

（1）pH 值　天然水体的 pH 值一般为 6～9。饮用水的 pH 值要求在 6.5～8.5 范围内。当水体受污染时可能造成水体 pH 值的明显变化。我国长江以南较多地区为酸雨地区，可能造成湖泊、水库等水体的酸化。

（2）总固体　总固体是指水样在一定温度下缓慢蒸发至干后的残留物总量，包括水中溶解性固体和悬浮性固体。由有机物、无机物和各种生物体组成。总固体越少，说明水质越清洁。当水体受到污染时，其总固体会增加。

（3）硬度　硬度是指溶于水中钙、镁盐类的总含量，以 $CaCO_3$ 计，单位为 mg/L。一般分为碳酸盐硬度（钙、镁的重碳酸盐和碳酸盐）和非碳酸盐硬度（钙、镁的硫酸盐、氯化物等);也可分为暂时硬度和永久硬度,前者是指水经煮沸时,水中重碳酸盐分解形成碳酸盐而沉淀去除的硬度,但由于钙、镁的碳酸盐并不完全沉淀,故暂时硬度往往小于碳酸盐硬度;后者是指水煮沸后不能除去的硬度。

各地天然水的硬度因地质条件不同差异很大。一般而言,地下水的硬度高于地表水,但当地表水受硬度高的工矿废水污染时,或排入水中的有机污染物分解释放出二氧化碳,使地表水的溶解度增大时,均可使水的硬度增高。

(4) 含氮化合物　水体中的含氮化合物包括有机氮、氨氮、亚硝酸盐氮、硝酸盐氮和总氮,前四者之间可以通过生物化学作用相互转化。

有机氮是有机含氮物质的总称,主要来源于动植物体的有机物。当水中的有机氮显著增高时,说明水体最近受到有机物污染。氨氮是含氮有机物(如人畜粪便)在微生物和氧作用下分解的中间产物。氨氮继续氧化,并在亚硝酸菌和硝酸菌作用下,可形成亚硝酸盐和硝酸盐,即氨的硝化。在排除水体流经沼泽地受植物分解导致氨氮增高及地层中硝酸盐在厌氧微生物作用下还原使氨氮增高外,如发现水中氨氮增高,则有可能最近受到了人畜粪便的污染。氨氮含量较高时,对鱼类呈现毒害作用,对人体也有一定程度的危害。亚硝酸盐氮含量增高,说明水中有机物无机化过程尚未完成,污染危害仍然存在。当硝酸盐氮检出量高,而氨氮、亚硝酸盐氮的浓度不高时,表明该水体过去曾受有机物污染,现已自净。如氨氮、亚硝酸盐氮、硝酸盐氮均增高,则可能是该水体过去和最近均有污染,目前自净还在进行中。可以根据水体中有机氮、氨氮、亚硝酸盐氮和硝酸盐氮含量的变化进行综合分析,判断水质的污染状况。

(5) 溶解氧　溶解氧(DO)是指溶解在水中的分子态氧,其含量与大气压力、水温及含盐量等因素有关。大气压力下降、水温升高、含盐量增加都会导致 DO 降低。清洁地表水的 DO 量接近饱和。DO 含量随水深增加而降低,特别是湖、塘等静止的水体更是如此。当水中有大量藻类、水生植物时,由于光合作用放出氧,可使 DO 呈过饱和状态。当有机物污染水体或藻类大量死亡时,水中 DO 可被消耗,若消耗速度超过空气中的氧通过水面溶入水体的复氧速度时,则水中 DO 不断降低,甚至使水体进入厌氧状态,水质恶化。因此,水中 DO 含量可作为有机污染及水体自净程度的间接指标。我国的河流、湖泊、水库水溶解氧含量一般大于 4 mg/L,长江以南的一些河流一般较高,可达 6~8 mg/L。当水中溶解氧低于 4 mg/L 时,会使鱼类呼吸困难。

(6) 化学需氧量　化学需氧量(COD)是指在一定条件下,氧化 1 L 水样中还原性物质所需要的氧化剂的量。单位以 mg/L 表示。COD 是测定水体中有机物含量的间接指标,代表水体中可被氧化的有机物和还原性无机物总量。

COD 是一个条件性指标,随着所用氧化剂和操作条件不同,所得到的结果差异较大。只有氧化剂种类、浓度、加热方式、作用时间、pH 值大小等相同时,COD 值才具有可比性。根据氧化剂种类不同,可分为重铬酸钾法和高锰酸钾法。前者称为化学需氧量(COD_{Cr}),后者称为高锰酸盐指数(COD_{Mn})。重铬酸钾法用于生活污水、工业废水和受污染水体的测定;高锰酸钾法仅限于测定地表水、饮用水和生活污水。

(7) 生化需氧量　生化需氧量(BOD)是指在有溶解氧的条件下,好氧微生物在分解水中有机物的生物化学氧化过程中所需要的溶解氧量。水中有机物愈多,生化需氧量愈高。生物氧化过程与水温有关。在一定范围内,温度愈高,生物氧化作用愈强烈,分解全部有机物所需要的时间愈短。为使生化需氧量测定值具有可比性,目前国内外广泛采用的是以 20 ℃培养 5 天后,1 L 水中减少的溶解氧量,即五日生化需氧量(BOD_5)。BOD 是反映水体被有机物污染程度的综合指标,也是研究废水的可生化降解性和生化处理效果以及生化处理废水工艺设计和动力学的重要参数。清洁水的 BOD_5 一般小于 1 mg/L。

(8) 总有机碳和总需氧量　总有机碳(TOC)是以碳的含量表示水体中有机物总量的综合指标,它比 BOD 或 COD 更能直接反映有机物的总量。在测定 TOC 时通常采用燃烧法,因此能将有机物全部氧化。但是,TOC 只能相对表示水中有机物的含量,不能反映水中有机物的种类与组成,也不能说明有机污染的性质。

总需氧量(TOD)是指水中还原性物质(主要是有机物质)在 900 ℃高温、铂催化燃烧生成稳定氧化物时所需的氧量。TOD 值能反映几乎全部有机物质经燃烧后变成 CO_2、H_2O、NO 和 SO_2 等所需要的氧量,它比 BOD、COD_{Cr} 和 COD_{Mn} 更接近于理论需氧量值。

根据 TOD 和 TOC 的比例关系可粗略判断有机物的种类。对于含碳化合物,因为一个碳原子消耗两个氧原子,即 $n(O_2)/n(C)=2.67$,因此,从理论上说,TOD 与 TOC 的比值为 2.67。若某水样的 TOD 与 TOC 的比值为 2.67 左右,可认为主要是含碳有机物;若 TOD 与 TOC 的比值大于 4.0,则应考虑水中有较大含量的硫与磷的有机物存在;若 TOD 与 TOC 的比值小于 2.6,水样中硝酸盐和亚硝酸盐可能含量较大。

(9) 氯化物　氯化物几乎存在于所有的水和废水中。天然淡水中氯离子含量较低,约为几十毫克每升;在海水、盐湖及某些地下水中,氯离子可高达数十克每升。通常,氯离子的含量随水中矿物质的增加而增多。如近海或流经含氯化物地层的水体,氯化物含量较高。在同一地区内,水体中氯化物含量比较稳定。当其突然增加时,表明有可能被人畜粪便、生活污水或工业废水污染。

3) 生物学指标

生物与环境之间存在着相互联系、相互依赖和相互制约的关系。水环境中存在着大量的水生物群落,当水体条件改变时,可根据水生生物对环境变化的反应判断水质状况。水中大部分微生物对水体卫生不会产生影响,只有少数病原微生物对水体卫生具有重要意义。为了判断水质的微生物学性能,必须尽可能选择有代表性的微生物学指标。针对病原微生物的共同特性,其指标可在一定程度上反映所有病原微生物的污染状况,而且检测方便。这种具有代表微生物污染总体状况的菌种称为指示菌。目前,常用的水体指示菌为细菌总数和总大肠菌群两个指标,前者反映水体受微生物污染的总体情况,后者反映受病原微生物污染的情况。

(1)细菌总数　细菌总数是指 1 mL 水在普通琼脂培养基中经 37 ℃培养 24 小时后生长的细菌菌落数。它是判断饮用水、水源水、地表水等的污染程度的指标。因为通常情况下,污染越严重水的细菌总数就越多。但是,这个指标是在实验条件下测得的,它只能说明在这种条件下适宜生长的细菌数,不能表示水中所有的细菌数,更不能指出有无病原菌存在。因此,细菌总数只能作为水被微生物污染的参考指标。

(2)总大肠菌群　总大肠菌群是一群需氧及兼性厌氧菌,在 37 ℃生长时能使乳糖发酵,是一种能在 24 小时内产酸、产气的革兰阴性无芽孢杆菌。由于人和牛、羊、狗等动物粪便中存在大量的大肠菌群细菌,因而此种细菌可作为粪便污染水体的指示菌。目前,还可利用提高培养温度的方法以区别不同来源的大肠菌群细菌。人及温血动物粪便内的大肠菌群主要属于粪大肠菌群;而自然环境中生活的大肠菌群在培养温度为 44.5 ℃时不再生长。因此,把培养于 44.5 ℃的温水浴内能生长繁殖发酵乳糖而产酸、产气的大肠菌群称为粪大肠菌群。把培养于 37 ℃能生长繁殖发酵乳糖而产酸、产气的大肠菌群,称为总大肠菌群。

有研究表明,某些肠道病毒对氯的抵抗力往往比大肠菌群强,有时水质的大肠菌群数虽然符合规定要求,但仍可检出病毒。因此,应用大肠菌群作为水质在微生物学上是否安全的指标仍有不足之处。尽管如此,大肠菌群目前仍不失为一种较好的粪便污染指示菌,并且可以替代大肠菌群作为指示菌的微生物也未找到。

2.1.2　水体污染

自然界的水体具有自净功能。但当一定量的污水、废水、各种废弃物等污染物质进入水域,超出水体的自净和纳污能力时,水体及其底泥的物理、化学性质和生物群落组成会发生不良变化,水中固有的生态系统和水体功能遭到破坏,从而影响水的利用价值,危害人体健康或破坏生态环境,造成水质恶化,这种现象就是水体污染。

水体污染可以分为自然污染和人为污染。自然污染是指由于特殊的地质或自然条件,使一些化学元素大量富集,或天然植物腐烂中产生的某些有毒物质或生物病原体进入水体,从而污染了水质。人为污染则是指由于人类活动(包括生产性的和生活性的)引起地表水水体污染。在我国,水体污染主要由如下原因造成:

(1)由于工业废水和生活污水排放、大气干湿沉降以及城市和农田径流产生大量有毒有害有机污染物。

(2)由于我国污水集中处理率较低,现有设备的运行效率不高,致使大量污水未经妥善处理就被直接排放至水体。

2.1.3　水在人体中的作用

水是生物体的重要组成部分,正常人体内水分含量约占体重的 $55\%\sim60\%$,在儿童体内水分可达体重的 80%。同时,水也是维持人体正常生理活动的重要介质,人体的体温调节、营养的运输、代谢产物的排泄乃至神经传导都离不开水的参与。因此,水是人体保持健康状态的重要营养物质之一,水质的好坏直接关系到人体健康。水对人体健康的影响如图 2-1 所示。

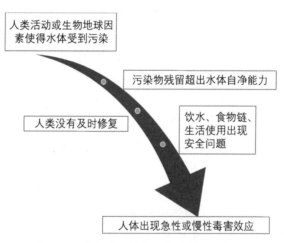

图 2-1　人与水环境相互作用关系示意图

据世界银行 2006 年对中国水资源估算,大约 70% 的河流水对人饮用不安全,但是很多农村地区人口仍然以这些水资源作为饮用水。世界卫生组织 2002 年指出,我国每年死于消化系统癌症的人口接近 100 万,占总死亡人数的 11%,其中胃癌和肝癌分别是第四大和第六大导致死亡的因素。中科院 2005 年提交的一份关于我国环境污染与公众健康关系的研究报告中指出,预计到 2020 年,我国癌症的死亡人数可增加到 400 万人以上,而水污染是导致癌症增多的重要原因之一。根据文献报道,我国有 459 个癌症村。中国疾病预防控制中心在 2013 年通过对淮河流域"癌症村"的跟踪调查,证实了癌症高发与水污染的直接关系。同时,引起人类发病的传染病中有相当一部分疾病是由水传播引发的,如病毒性肝炎、霍乱、伤寒、痢疾等。

2.2　水中的有害因素

造成水体污染的有害因素按照污染性质划分,可以分为化学性污染、物理性污染和生物性污染。

2.2.1　化学性污染

化学性污染物是当今最严重的水体污染物,具有种类多、数量大、毒性强等特点。一些化学性污染物还具有致癌性,严重危害人体健康。工业企业废水排放及地面径流、大气沉降等造成了地表水中化学污染不断上升。化学污染物根据性质可以分为如下类型。

1) 无机物质

无机物质主要包括排入水体的酸、碱、无机盐、重金属和氮磷等植物营养物质。

(1) 酸、碱污染物　主要来源于工业废水,可以破坏水体的自然缓冲作用,杀死或抑制微生物生长,妨碍水体的自净作用。酸、碱污染物在改变水体 pH 值的同时,增加了水体无机盐浓度和硬度。

(2) 无机化合物　主要来源是工、农业排放。研究表明,在一些水源水中检出了溴化物等无机物,溴化物是溴代卤乙酸和溴代三卤甲烷的前体物质。溴化物先被次氯酸氧化生成次溴酸,次溴酸再与有机物反应生成溴代卤乙酸和溴代三卤甲烷。溴化物的来源有两个途径,即通过自然的溶出流入和人为污染源的排放。由土壤的溶出及海水向河口等淡水水域的侵入等自然因素所造成的地表水中的溴化物的含量通常较低,而由农业大量使用溴甲烷杀虫剂(溴甲烷进入土壤后可分解为无机溴化物经由农业径流向水体的排放)随淋溶进入地表水体,以及由工业废水向水体排放的溴化物等则是地表水中溴化物的主要来源。根据报道,我国深圳地区水库中溴化物的浓度范围为 $5\sim75\ \mu g/L$,河流中溴化物浓度为 $60.2\sim1\,056\ \mu g/L$,地下水中溴化物的浓度范围为 $54.6\sim249\ \mu g/L$。此外,氰化物也是水体的重要污染物。化工、电镀、炼焦、选矿等工业会排放含氰废水,氰化物、氰氢酸及氰酸盐等剧毒无机物在水中存在微量就会导致水中生物死亡,严重危害生态安全及人体健康。

(3) 重金属　一般指相对密度大于 $4\ g/cm^3$ 的金属,如金、银、铜、铅、锌、镍、铬、钴、汞及类金属砷等数十种。重金属污染除来源于工业生产的废渣、废水和废气外,还来源于生活垃圾、照明灯、废弃电池及汽车尾气排放等。环境重金属污染具有持久、隐蔽、毒性大等特点,且不能被微生物降解,还会通过生物富集作用破坏生态系统平衡,甚至通过化学作用、生物作用与有机物结合形成毒性更强的有机金属。重金属污染物随着工、农业及生活废水的排放、降水径流、受污染底泥的释放及大气沉降等途径进入水体,在水体中积累到一定程度,会对水-水生植物-水生动物系统产生严重危害,并通过饮水、食物链等途径直接或间接地影响人类的健康。目前,已确定危害较大的重金属元素有砷、镉、铅、铜、锌等。其中,砷是公认的致癌物,也是当前环境中最普遍、危害最大的毒性物质之一。长期暴露在砷污染环境下可导致慢性砷中毒,甚至肝癌、皮肤癌等;镉也是有毒重金属,主要蓄积在人体的肝脏和肾中,具有较强的致癌性,还会干扰人的雌激素分泌。有研究人员对北京市饮用水源水中重金属污染物的健康风险研究表明,砷和镉所引起的致癌风险最大,汞和铜所引起的非致癌健康风险最大。对上海市主要饮用水源水中重金属污染物的健康风险研究表明,砷和铬所引起的致癌风险最大。

(4)植物营养物质　主要是生活污水和工业污水中的氮、磷等植物营养物质,以及农业排水中残余的氮和磷。主要包括氨氮、硝酸盐、亚硝酸盐、磷酸盐及含磷的化合物。当磷与氮的化合物达到 $0.02\sim0.03$ mg/L 时,水体呈现富营养化状态,引起藻类、水草和浮游生物大量繁殖,形成恶性循环使水质严重恶化。

2) 有机物质

有机物质主要包括排入水体的需氧污染物质和各种有机毒物。

(1)需氧污染物质　是指生活污水和工业污染水中所含的碳水化合物、蛋白质、脂肪、醇等有机物质,在微生物作用下可以分解,在分解过程中需要大量氧气,称为需氧污染物质。

(2)有机毒物　由于有机毒物的大量使用和无意识排放,导致了它们在全球范围内广泛存在。有机毒物具有特殊的物理化学性质,并具有很强的毒性和难降解性。《关于持久性有机污染物的斯德哥尔摩公约》中首批控制的 12 种持久性有机污染物都为有机毒物。这些污染物通过大气沉降、径流和污水排放等途径进入水体后,很难发生化学分解或生物降解,进而导致在水体中的持久性存在。目前世界大多数国家的水体和沉积物中都检测出了较高浓度的有机毒物,且有些地区水体中有机毒物的污染相当严重。近年来的研究表明,我国许多水体(辽河、北京通惠河、长江、黄河、闽江口、松花江等)中也都检测出了较高浓度的有机毒物。例如,北京通惠河表层水中检测出了多达 18 种有机毒物,其中表层水中多氯联苯(PCB)和 $\sum DDT$(滴滴涕各异构体之和)的最高含量分别达到了 344.9 ng/L 和 663.3 ng/L;表层沉积物中 PCB、$\sum DDT$ 和 $\sum HCH$(六六六各异构体之和)的最高含量达到了 6.50 ng/g(干重)、43.20 ng/g(干重)和 992.57 ng/g(干重)。水体中大量存在的有毒有机物对人体健康和生态环境都构成了严重威胁。

经过对我国水体中有机毒物的大量调查可知,我国大部分水体都受到有机氯农药(OCP)污染,检测到的 OCP 主要有滴滴涕(DDT)及其代谢产物、林丹(γ-HCH)、六氯苯(HCB)、艾氏剂、狄氏剂、乙醛异狄氏剂、硫丹和环氧七氯等。虽然所调查的部分地区水体中 OCP 的污染水平低于欧洲主要河流及国外其他国家水体,但在有些地区的水体中还存在着较严重的 OCP 污染,表明这些地区可能仍存在着新的 OCP 污染源。对于多氯联苯(PCB)的研究发现,在我国某些地区,水体中 PCB 污染的问题仍然较为突出。

沉积物是有机污染物的主要环境归宿之一,表层沉积物中有机污染物的含量在一定程度上反映了当地的有机污染状况。近些年,国内外对有毒有机污染物在水体表层沉积物中的分布特征及污染来源进行了大量的研究。以 OCP 为例,虽然这种有毒有机污染物已被禁用或限用多年,但沉积物中 OCP 的残留仍然较高。研究表明,沉积物中积累的 OCP 相对于土壤、水和大气而言呈现出最高的污染水平。对于内陆湖泊水体,在没有陆地排放源的情况下,一些水体沉积物成为水中 OCP 的二次排放源。

2.2.2 物理性污染

物理性污染是指排入水体的泥沙、悬浮性固体物质、有色物质、放射性物质及高于常温的水等造成的水体污染。物理性污染可使感官性状恶化。

1) 热污染

热污染是指天然水体接受"热流出物"而使水温升高到水生生物不适应的程度的现象。热污染主要来源于热电厂的冷却水,冶金、化工、纺织等工业部门也有大量的废热水产生。废热水直接排入水体后,使水温升高,造成的危害并不亚于有机物、重金属等的污染。实验证明,水体温度的微小变化对水生生态系统有深刻的影响,具体危害归纳如下:

(1) 降低水中溶解氧。溶解氧是水生生物赖以生存的条件之一,也是水体净化的最重要因素之一。而水中溶解氧的溶解度与温度成反比。此外,当温度、有毒物质一定时,如溶解氧下降,有害物质的毒性增强。

(2) 加剧有害物质毒性作用。水温升高,生物化学反应加快。重金属具有潜在的危险,一些重金属可在微生物的作用下转化为金属有机物,产生更大的毒性,例如汞的甲基化。此外,水温升高使有害物质的毒作用加大,并且富集速度加快,影响水生生物生存。

(3) 引发水体富营养化。氮、磷等物质的过剩是产生富营养化的主要原因,但温度也是不可忽视的影响因素。首先,增温可促进有机物的分解,同时又使溶解氧下降,底泥处于厌氧状态,增强其释放氮、磷的能力。其次,增温可以使耐温性和温性植物种类如蓝藻、绿藻增加,浮游植物异常增殖。

2) 放射性污染

放射性污染是指放射性物质进入水体而造成的污染,主要来自核反应废弃物。放射性污染会导致生物畸变,破坏生物的基因结构及致癌等。有些放射性物质半衰期长,很难处理。

3) 悬浮物污染

悬浮物质是指水中含有的不溶性物质,包括固体物质和泡沫塑料等。它们是由生活污水、垃圾和采矿、采石、建筑、食品加工、造纸等产生的废物泄入水中或农田的水土流失所引起的。悬浮物质影响水体外观,妨碍水生植物的光合作用,减少氧气溶入,对水生生物不利。

2.2.3 生物性污染

1) 病原微生物

病原微生物又称"病原体""病原生物",是指能引起疾病的微生物和寄生虫的总称,主要来自生活污水、医院废水、屠宰业废水等。病原微生物主要有病菌(如痢疾杆菌)、病毒(如流感病毒)和寄生虫(如疟原虫)。

水体受生物性致病因子污染后,人通过饮用、接触等途径引起传染病暴发流行,危害人体健康。最常见的疾病包括霍乱、伤寒、痢疾、甲型病毒肝炎、隐孢子虫病等肠道传染病及血吸虫病等寄生虫病。我国农村很多疾病的传播都与水体病原微生物污染有关。

世界卫生组织的研究资料表明,当前发展中国家每年约有 12 亿人口因饮水不安全而患病,有 400 多万名儿童死于水传播性疾病,约有 15% 的儿童在 5 岁前死于腹泻。全球每年死于腹泻的幼儿为 50 万~180 万例。

2) 藻类

水体中有些藻类能产生毒素,也会对人体健康造成危害,例如湖泊富营养化时蓝藻产生的藻毒素。近来,水体频发的赤潮和水华也对水体产生很大影响。

赤潮通常是海水中某些微小的赤潮藻类在一定的环境条件下突发性地增殖和聚集,引起一定范围内一段时间中水体变色现象。通常水体颜色因赤潮生物的数量、种类而呈红、黄、绿和褐色等。赤潮发生时,由于少数赤潮藻类的爆发性异常增殖,会造成海水 pH 值升高,黏稠度增大,改变浮游生物的生态系统群落结构。当赤潮生物藻过度密集而死亡腐解时,又造成了海域大面积的缺氧,甚至无氧,致使许多需氧生物窒息死亡,特别是底栖生活的虾、贝类受害程度更加严重;某些赤潮生物排出的分泌黏液及这些藻类死亡分解产生的黏液能附着于贝类和鱼类的鳃上,造成它们的呼吸困难,甚至致死。赤潮生物藻体生活时或腐解又会产生大量的有害气体和毒素,毒害水生生物,促使海水变色、变质,破坏原有的生态系统结构与功能,降低了海水的使用价值。此外,赤潮生物在代谢过程中,会产生大量的生物毒素,引起水生生物病变,人类误食受赤潮污染的鱼、虾、贝类等,会产生中毒现象。

水华是水体中藻类大量繁殖的一种现象,水体呈蓝、绿或暗褐色,是水体富营养化的一种特征。主要是由于生活及工农业生产中含有大量氮、磷的废污水进入水体后,藻类大量繁殖,成为水体中的优势种群。水华主要发生在静态水体,尤其在鱼塘、流动不畅的内河。水华现象严重影响鱼类,造成鱼类大批死亡。此外,水华还对饮水安全造成威胁。

2.3 饮用水安全

饮水资源的短缺和污染是目前全球淡水资源面临的两大问题。我国水资源十分匮乏,已被联合国列为 13 个贫水国之一。因此,保护好我们赖以生存的水资源,供给量足质佳的饮用水,对于维持和提高人民生活卫生水平、促进人体健康、预防疾病的发生具有十分重要的现实意义。

2.3.1 饮用水需求

水不仅是构成身体的主要成分,而且还有许多生理功能。细胞从组织间液摄取营养,而营养物质溶于水才能被充分吸收。不溶于水的蛋白质和脂肪可悬浮在水中形成胶体或乳液,便于消化、吸收和利用。水在人体内直接参加氧化还原反应,促进各种生理活动和生化反应的进行。物质代谢的中间产物和最终产物也必须通过组织间液运送和排除。没有水就无法维持血液循环、呼吸、消化、吸收、分泌、排泄等生理活动,体内新陈代谢也无法进行。水的比热大,可以调节体温,保持恒定。当外界温度高或体内产热多时,水的蒸发及出汗可帮助散热。天气冷时,由于水储备热量的潜力非常大,人体不致因外界寒冷而使体温降低。水的流动性大,一方面可以运送氧气、营养物质、激素等,另一方面又可通过大便、小便、出汗把代谢产物及有毒物质排泄掉。水还是体内自备的润滑剂,如皮肤的滋润及眼泪、唾液、关节囊和浆膜腔液都是相应器官的润滑剂。

成人每日通过饮食摄入的水量为 1~1.5 L。人体需水量视年龄、气候、劳动强度和习惯等而异。如在炎热条件下从事重体力劳动的成人,每昼夜需水可达 8~10 L 或更高。因此,在考虑随饮水摄入的元素或化学成分的限量值时,成人每日的生理需水量常以 2~3 L 计。但婴幼儿的需水量如按每千克体重计,可超出成人数倍。总体而言,水在保持个人卫生、改善生活条件和促进人体健康方面,有着重要意义。

2.3.2 饮用水种类

饮用水包括干净的天然泉水、井水、河水和湖水,也包括经过处理的矿泉水、纯净水等。加工过的饮用水有瓶装水、桶装水、管道直饮水等形式。自来水在我国大陆地区一般不能用来直接饮用,但在世界某些地区由于采用了较高的质量管理标准,可以直接饮用。

1) 自来水

自来水是指通过自来水处理厂净化、消毒后生产出来的符合国家饮用水标准的、供人们生活和生产使用的水。自来水的处理过程主要通过水厂的取水泵站汲取江河湖泊及地下水、地表水,并经过沉淀、消毒、过滤等工艺流程,达到《生活饮用水卫生标准》后,用机泵通过输配水管道供给用户使用。

2) 饮用纯净水

饮用纯净水是指不含任何有害物质和细菌,如有机污染物、无机盐、任何添加剂和各类杂质,能够有效避免各类病菌入侵人体的水。其优点是能有效、安全地给人体补充水分,具有很强的溶解度,因此与人体细胞亲和力很强,有促进新陈代谢的作用。一般采用离子交换法、反渗透法、精微过滤及其他适当的物理加工方法进行深度处理后产生饮用纯净水。

3) 矿物质水

2008 年 12 月 1 日实行的中华人民共和国《饮料通则》(GB 10789—2015)中,对饮用矿物质水进行了界定,即以符合《生活饮用水卫生标准》(GB 5749—2006)的水为水源,采用适当的加工方法,有目的地加入一定量的矿物质而制成的制品。一般来讲,矿物质水都是以城市自来水为原水,再经过纯净化加工、添加矿物质、杀菌处理后灌装而成。由此可见矿物质水与人们平时所说的矿泉水是不同的。矿泉水是天然的,而矿物质水是在纯净水的基础上添加了矿物质类食品添加剂而制成的。

4) 天然矿泉水

根据我国 2008 年 12 月 29 日发布的国家标准《饮用天然矿泉水》(GB 8537—2008)规定:饮用天然矿泉水是从地下深处自然涌出的或经人工揭露的、未受污染的地下含矿物质水;含有一定量的矿物盐、微量元素和二氧化碳气体;在通常情况下,其化学成分、流量、水温等在天然波动范围内相对稳定。矿泉水是在地层深处循环形成的,含有国家标准规定的矿物质及相关限定指标,主要包括井水、泉水、山涧水、深层水库(湖)水,只经过必要的过滤、臭氧处理或其他相当的消毒过程处理,不含任何化学添加物、封闭于容器中可直接饮用的水,其水源水质要符合标准要求。

2.3.3 饮用水水质标准

饮用水水质标准是为维持人体正常的生理功能,对饮用水中有害元素的限量、感官性状、细菌学指标及制水过程中投加的物质含量等所做的规定。美国首先提出了饮用水标准。我国在 1956 年首次制定《饮用水水质标准》,后经多次修订,2022 年颁布了《生活饮用水卫生标准》(GB 5749—2022)。

目前,全世界具有国际权威性、代表性的饮用水水质标准有三部:世界卫生组织(WHO)的《饮用水水质准则》、欧盟《饮用水水质指令》以及美国环境保护局(USEPA)的《国家饮用水水质标准》,其他国家或地区的饮用水标准大都以这三种标准为基础和参考。

1) 世界卫生组织饮用水水质准则

世界卫生组织《饮用水水质准则》的主要目标是为各国建立本国的水质标准奠定基础,通过将水中有害成分消除或降低到最小,确保饮用水的安全。其主要指导思想为以下三个方面:第一,控制微生物的污染极其重要,消毒副产物对健康有潜在的危险性,但较之消毒不完善对健康的风险要小得多;第二,短时间水质指标检测值超过指导值并不意味着此种饮用水不适宜饮用;第三,在制定化学物质指导值时,既要考虑直接饮用部分,也要考虑沐浴时皮肤接触或通过呼吸接触易挥发性物质的摄入部分。

2011 年世界卫生组织《饮用水水质准则》第四版(以下简称《准则》)面世,该标准分为 12 章,主要包括引言(介绍基本原则和饮用水安全管理的作用及职责)、实施准则的概念框架、基于健康的目标、水安全计划、监督、特殊情况下准则的应用、微生物问题、化学问题、放射性问题、可接受性问题(味道、气味和外观)等内容。第四版《准则》进一步发展了早期版本中介绍的概念、方法和信息,包括在第三版中介绍的确保饮用水水质安全的综合预防风险管理方法。

2) 欧盟饮用水水质指令

欧盟在 2020 年更新了《饮用水水质指令》(2020/2184),于 2021 年 1 月 12 日开始实施。该指令条款从 19 条增加到 28 条,内容涵盖总体要求、风险评估、涉水材料、监测和信息公开等方面。新增内容有附件Ⅳ(公众信息要求)和附件Ⅴ(涉水材料要求),还增加了 8 项化学指标(涉及新污染物和消毒副产物等)和 2 项生活配水系统风险评估相关指标。

3) 美国国家饮用水水质标准

美国饮用水水质标准将饮用水规程分为两个级别,国家一级饮用水规程是法定强制标准,此标准适用于公用给水系统,一级标准限制了那些有害公众健康的已知的或者公用给水系统中出现的有害污染物浓度,从而保护饮用水水质。二级饮用水规程(NSDWR或二级标准)为非强制性准则,用于控制水中对美容(皮肤、牙齿变色),或对感官(如嗅、味、色度)有影响的污染物浓度。美国环境保护局为给水系统推荐二级标准,但没有规定必须遵守,而各州可选择性采纳,作为强制性标准。

美国饮用水水质标准指标包括微生物7项、消毒剂和消毒副产物指标7项、无机物指标16项、有机物指标53项、放射性核素指标4项。

4) 我国饮用水标准

我国现行的饮用水标准是2022年发布的《生活饮用水卫生标准》(GB5749—2022)。该标准也是我国迄今为止最为全面、严格和权威的饮用水标准。其水质指标由原来的106项调整为97项,包括常规指标43项和扩展指标54项。该标准更加关注感官指标、消毒副产物和风险变化。新标准增加了4项水质指标,包括高氯酸盐、乙草胺、2-甲基异莰醇、土臭素,删除了13项指标,包括耐热大肠菌群、三氯乙醛、硫化物、氯化氰(CN-计)、六六六(总量)、对硫磷、甲基对硫磷、林丹、滴滴涕、甲醛、1,1,1-三氯乙烷、1,2-二氯苯、乙苯。另外,水质参考指标由原来的28项调整为55项。增加的水质参考指标中涵盖了新污染物限值,比如,全氟辛酸和全氟辛烷磺酸分别为80 ng/L、40 ng/L,双酚A为0.01 mg/L。

对于城市供水企业和饮用水相关管理单位,建设部颁布了《城市供水水质标准》(CJ/T 206—2005),目的是为提高城市供水水质,加强水质安全管理,保障人民身体健康。标准主要对供水的水质要求、水质检验项目及其限值做了规定,适用于城市公共集中式供水、自建设施供水和二次供水。

2.3.4 饮用水与疾病

水污染会危害人体健康,而饮用水更与人体健康息息相关。据世界卫生组织统计,全球80%的疾病和50%的儿童死亡都与饮用水的水质不良有关。在我国,据环境保护部2014年3月17日发布的研究结果显示,我国有2.8亿居民使用不安全饮用水。饮用水安全已成为全球关注的问题之一,与饮用水污染相关的疾病已成为人类健康的主要负担,成为影响公众健康的重要因素。因此,联合国"千年发展目标"(The Millennium Development Goals)中,将保证提供安全饮水和基本卫生设施作为消除贫困、提高世界人均生活水平的重中之重。

饮水对人体影响最大的主要是介水传染病和生物地球化学性疾病。

1) 介水传染病

介水传染病是通过饮用或接触受病原体污染的水而传播的疾病,又称水性传染病。介水传染病的病原体主要有三类:

(1) 细菌　如伤寒杆菌、副伤寒杆菌、霍乱弧菌、痢疾杆菌等。

（2）病毒　如甲型肝炎病毒、脊髓灰质炎病毒、柯萨奇病毒和腺病毒等。

（3）原虫　如贾第氏虫、溶组织阿米巴原虫、血吸虫等。它们主要来自人粪便水、医院以及畜牧屠宰、皮革和食品工业等废水。

当水源被病原体污染后可以暴发流行病，短期内突然出现大量患者，且多数患者发病日期集中在同一潜伏期内。若水源经常受污染，其发病者可终年不断。大多数患者都有饮用或接触同一水源的历史，即病例分布与供水范围一致。当对污染源采取净化和消毒措施后，疾病的流行能迅速得到控制。

2）生物地球化学性疾病

由于地理、地质等原因，使地壳表面的元素分布不均衡，有的地区饮用水中某些元素含量过高或过低，导致该地区人群中发生某些特异性疾病，称为生物地球化学性疾病。典型的生物地球化学性疾病有地方性氟病、碘缺乏病、砷中毒等。

2.3.5　饮用水二次污染

城市自来水通过管网、加压提升和二次供水系统等一系列中间环节到饮用者口中时，水的质量下降甚至变成不合格的水，这就是水质的二次污染。导致饮用水二次污染主要有如下原因。

1）腐蚀、结垢和沉积物对水质的污染

腐蚀物及污垢对水质的危害程度与系统投入使用的年限有关，年限越长对水质的污染也越严重。

2）微生物繁殖对水质污染

尽管自来水出水通过加氯消毒，大量微生物已经被杀死，甚至还控制有一定的余氯量以继续保持消毒作用，但是有些用水点处细菌学指标仍然不合格。主要表现如下：细菌和大肠杆菌的再度繁殖；耐氯微生物的滋生，例如耐氯的藻类（直链藻属、脆杆藻属、星杆藻属、丽管螺属和小球藻属等）；自养型细菌的繁殖；硫的转化菌繁殖；硝化与反硝化细菌的繁殖。

3）消毒副产物影响

经检测对比分析，凡是自来水厂出水余氯量较大，而用水点处余氯量反而小的，氯仿、四氯化碳指标恰好增加较大，甚至超标，说明这部分增加量是余氯与二次污染产生的有机物反应的生成物。显然管网水的余氯对于消毒有一定作用，但饮用余氯过高的水对人体有害；而且，若水中含有机物，则会与之生成氯胺、氯酚。氯胺有毒，氯酚有强烈臭味，故国外已普遍改用臭氧和二氧化氯消毒。

4）外界造成的二次污染

前述均为供水系统内部的化学、物理及生物作用导致的水质二次污染，有时供水系统受到外来的二次污染，会造成水质周期性或间断性恶化。主要是有毒害性污染物或污水直接进入管网、蓄水池（箱），往往会引起水传染性疾病暴发，例如肠炎、赤痢、腹泻等，严重时也会造成中毒致死。

讨论题：

（1）桶装水和自来水的水质区别有哪些？

（2）喝了"不干净"的水除了会拉肚子外，还会造成什么健康问题？

第3章 大气与健康

人的生存必须依靠空气,成年人平均每天约需 1 kg 粮食和 2 kg 水,但对空气的需求就大得多,每天约 13.6 kg(合 10 m³)。如果空气中含有有害的物质,则有害物质随空气不断地吸入肺部,通过血液而遍及全身,可对人体健康直接产生危害。此外,大气污染对人的影响不同于其他污染,它产生的毒害不仅速度快,而且易扩散、范围广。世界上发生过的严重"公害事件"中,大多数是由大气污染造成的。

3.1 概述

大气是由多种复杂物质(气体组分、大气污染物等)组成的混合物。大气污染主要来源于人类生产和生活活动。大气污染会直接或间接影响人体健康,可以导致人体感官和生理机能的不适,出现临床症状或急慢性中毒等表现。

3.1.1 大气结构和组成

地球最外层被一层总质量约为 3.9×10^{15} t 的混合气体包围着,它仅占地球总质量的百万分之一。受地心引力作用,大气质量主要集中在下部,即 50% 的质量集中在离地面 5 km 以下。根据大气在垂直方向上温度、化学成分、电荷等物理性质的差异及垂直运动情况,将大气圈自下而上分为对流层、平流层、中间层、热层和逸散层。其中,与人类关系最为密切的是对流层,主要天气过程(如雨、雪、冰雹)等均出现在此层。

需要说明,从自然科学角度,大气和空气两个词并无实质差别,常被作为同义词。但在环境科学中,为了便于说明问题,常将两个词分别使用。通常对于室内和特指某个区域(如车间、厂区等工作场所,车站、影院等公共场所)供动植物生存的气体,习惯上称为空气。这类场所的污染就用空气污染,并规定相应的质量标准和评价方法。在以大区域或全球性的气流作为对象,研究大气物理、大气气象和自然地理时,常用大气一词。

大气或空气是由多种气体混合组成的。其中,氮占 78%、氧占 21%,两者共计占空气总体积的99%,与氦、氖、氩、氪、氙、氢等稀有气体共同构成空气中恒定组分。此外,空气中还有可变组分,主要指二氧化碳和水蒸气。通常情况下,二氧化碳的含量为0.02%～0.04%,水蒸气含量小于4%。这些组分在空气中的含量随季节和气象及人类活动影响而发生变化。

含有上述恒定及可变组分的空气被认为是清洁空气。表3-1中列出正常情况下干燥空气的组成。

表3-1 空气组分

主 要 成 分	相对分子质量	体积比/%
氮(N_2)	28.01	78.084±0.004
氧(O_2)	32.00	20.946±0.002
氩(Ar)	39.94	0.934±0.001
二氧化碳(CO_2)	44.01	0.033±0.001
氖(Ne)	20.18	$0.180×10^{-6}$
氦(He)	4.00	$0.052×10^{-6}$
甲烷(CH_4)	16.04	$1.200×10^{-6}$
氪(Kr)	83.80	$0.500×10^{-6}$
氢(H_2)	2.02	$0.500×10^{-6}$
氙(Xe)	131.30	$0.080×10^{-6}$
二氧化氮(NO_2)	46.05	$0.020×10^{-6}$
臭氧(O_3)	48.00	$0.010×10^{-6}～0.040×10^{-6}$

3.1.2 大气(空气)污染

随着人类生产、生活的不断聚集,以及化石燃料的高强度使用,使得大量有害物质进入大气,造成局部空气中污染物浓度升高,并无法及时稀释扩散,从而引发空气质量下降,日积月累逐渐发展成为空气污染问题。例如人口超过千万的超大城市持续大量向空气中排放污染物质,使得空气污染问题日益突出。

大气污染来源分为天然源和人为源。其中天然源主要有火山喷发、森林火灾、沙尘、海浪飞沫等。但大气污染的主要来源是人类生产和生活活动,概括为如下4类。

1) 化石燃料燃烧

化石燃料燃烧过程是向大气输入污染物的重要源头。例如,煤燃烧时产生大量烟尘,形成一氧化碳、二氧化碳、二氧化硫、氮氧化物和有机化合物等有害物质。

2) 工业企业排放

工业生产过程中排放到大气中的污染物质种类多、数量大,是城市和工业区大气的主要污染源头。例如,石油化工企业排放二氧化硫、硫化氢、二氧化碳、氮氧化物、烃类有机物;有色金属冶炼工业排放二氧化硫、氮氧化物及含重金属元素的烟尘;钢铁企业在炼钢、炼焦过程中排放烟尘、硫氧化物、氰化物、硫化氢、一氧化碳、酚类、苯类、烃类;酸碱化工厂排放二氧化硫、氮氧化物、硫化氢及各种酸性气体。总之,工业过程排放的污染物与工业企业的生产性质密切相关。

3)交通运输排放

交通运输工具在行驶过程中排放的尾气是造成大气污染的主要来源,如汽车、飞机、船舶等。尾气中含有一氧化碳、氮氧化物、碳氢化合物、硫氧化物和含铅化合物等多种有害物质。随着现代交通运输业的飞速发展,交通工具数量巨大,往来频繁,因此排放污染物的量也十分可观。

4)农业排放

施用农药及化肥大大提高了农作物产量,但却给环境带来了负面效应。田间施用农药时,一部分农药会随喷洒逸散到空气中,残留在农作物表面的也能挥发到大气中。进入大气的农药可以被悬浮颗粒物吸收并随气流传输,造成大气污染。化肥大量施用给大气环境带来的负面影响也正逐渐被关注。例如,氮肥在土壤中经一系列变化过程会产生氮氧化物并释放到空气中;氮氧化物在反硝化作用下会形成部分氧化亚氮,不溶于水,可传输到平流层,并与臭氧相互作用,使臭氧层遭到破坏。

3.1.3　空气污染指数

为客观反映空气污染状况,近年我国开展了城市空气质量指数(air quality index,AQI)日报工作。AQI 是将常规监测的几种空气污染物浓度简化成为单一的概念性指数值形式,并分级表征空气质量状况及污染程度,从而反映城市空气的短期质量状况和变化趋势。目前计入空气质量指数的项目有细颗粒物($PM_{2.5}$)、可吸入颗粒物(PM_{10})、二氧化硫(SO_2)、二氧化氮(NO_2)、一氧化碳(CO)和臭氧(O_3)六项,AQI 与污染物浓度的关系如表 3-2 所示。

表 3-2　AQI 与污染物浓度的关系

AQI	$PM_{2.5}$ (日均值)/ ($\mu m/m^3$)	PM_{10} (日均值)/ ($\mu m/m^3$)	SO_2 (日均值)/ ($\mu m/m^3$)	NO_2 (日均值)/ ($\mu m/m^3$)	CO (日均值)/ (mg/m^3)	O_3 (小时均值)/ ($\mu m/m^3$)
50	35	50	50	40	2	160
100	75	150	150	80	4	200
150	115	250	475	180	14	300
200	150	350	800	280	24	400

（续表）

AQI	PM$_{2.5}$（日均值）/（μm/m³）	PM$_{10}$（日均值）/（μm/m³）	SO$_2$（日均值）/（μm/m³）	NO$_2$（日均值）/（μm/m³）	CO（日均值）/（mg/m³）	O$_3$（小时均值）/（μm/m³）
300	250	420	1 600	565	36	800
400	350	500	2 100	750	48	1 000
500	500	600	2 620	940	60	1 200

根据《环境空气质量指数（AQI）技术规定（试行）》（HJ 633—2012），空气污染指数划分为六挡，对应于空气质量的六个级别。从一级优、二级良、三级轻度污染、四级中度污染，直至五级重度污染、六级严重污染，级别越高，说明污染越严重，对人体健康的影响也越明显，AQI 分级及对健康的影响如表 3-3 所示。

表 3-3　AQI 分级及对健康的影响

空气质量指数	空气质量指数级别	空气质量指数类别及表示颜色		对健康影响情况	建议采取的措施
0～50	一级	优	绿色	空气质量令人满意，基本无空气污染	各类人群可正常活动
51～100	二级	良	黄色	空气质量可接受，但某些污染物可能对极少数异常敏感人群健康有较弱影响	极少数异常敏感人群应减少户外活动
101～150	三级	轻度污染	橙色	易感人群症状有轻度加剧，健康人群出现刺激症状	儿童、老年人及心脏病、呼吸系统疾病患者应减少长时间、高强度的户外锻炼
151～200	四级	中度污染	红色	进一步加剧易感人群症状，可能对健康人群心脏、呼吸系统有影响	儿童、老年人及心脏病、呼吸系统疾病患者避免长时间、高强度的户外锻炼，一般人群适量减少户外运动
201～300	五级	重度污染	紫色	心脏病和肺病患者症状显著加剧，运动耐受力降低，健康人群普遍出现症状	儿童、老年人和心脏病、肺病患者应停留在室内，停止户外运动，一般人群减少户外运动
＞300	六级	严重污染	褐红色	健康人群运动耐受力降低，有明显强烈症状，提前出现某些疾病	儿童、老年人和患者应当留在室内，避免体力消耗，一般人群应避免户外活动

空气污染指数为 0～50，空气质量级别为一级，空气质量状况属于优。此时，空气质量令人满意，基本无空气污染，各类人群可正常活动。

空气污染指数为 51～100，空气质量级别为二级，空气质量状况属于良。此时空气质量可接受,但某些污染物可能对极少数异常敏感人群健康有较弱影响,建议极少数异常敏感人群减少户外活动。

空气污染指数为101~150,空气质量级别为三级,空气质量状况属于轻度污染。此时,易感人群症状有轻度加剧,健康人群出现刺激症状。建议儿童、老年人及心脏病、呼吸系统疾病患者减少长时间、高强度的户外锻炼。

空气污染指数为151~200,空气质量级别为四级,空气质量状况属于中度污染。此时,易感人群症状进一步加剧,健康人群心脏、呼吸系统可能会受到影响,建议疾病患者避免长时间、高强度的户外锻炼,一般人群适量减少户外运动。

空气污染指数为201~300,空气质量级别为五级,空气质量状况属于重度污染。此时,心脏病和肺病患者症状显著加剧,运动耐受力降低,健康人群普遍出现症状,建议儿童、老年人和心脏病、肺病患者停止户外运动,一般人群减少户外运动。

空气污染指数大于300,空气质量级别为六级,空气质量状况属于严重污染。此时,健康人群运动耐受力降低,有明显强烈症状,提前出现某些疾病,建议儿童、老年人和患者留在室内,避免体力消耗,一般人群应避免户外活动。

3.2　大气中有害因素

大气中的有害因素主要指各类大气污染物。大气污染物是指由于人类活动或自然活动排入大气,对人和环境产生有害影响的物质。随着经济和环境保护的发展,大气污染物的名单越来越长。目前,已认定的大气污染物超过100种。大气污染物依据不同的划分方式,可以得到不同的类别。大气污染物根据其存在形态,可分为气溶胶态污染物和气态污染物两大类。

1) 气溶胶态污染物

气溶胶是指可以在气体介质中悬浮的固体或液体颗粒,其沉降速度可以忽略。结合气溶胶产生来源、存在相态和物理化学特性,从大气污染控制角度,气溶胶态污染物可以分为如下4个形态。

(1) 粉尘　指悬浮于气体介质中的较小固体颗粒,尺寸在1~200 μm范围内。国际标准化组织(ISO)将直径小于75 μm的固体颗粒悬浮体定义为粉尘;而直径大于75 μm,能在空气或烟道中传输的固体颗粒称为粗尘。粉尘颗粒形状往往不规则,在重力作用下能发生沉降,但在某一时间内能保持悬浮状态。粉尘通常在破碎加工、运输、建筑施工、工业活动,或土壤、岩石风化,火山喷发过程中形成。

(2) 烟尘　指气溶胶态物质在燃烧、冶金等过程中形成的细微颗粒物,通常包括3种类型:① 烟炱,指在冶金过程中形成的固体粒子气溶胶,它是熔融物质在挥发过程中产生的气体物质的凝结物,在生成过程中总伴有诸如氧化类的化学反应;

烟的粒径通常小于 $1~\mu m$,在金属铝、锌、铅的冶炼过程中,在高温熔融状态下,能够迅速挥发,并氧化生成氧化铝、氧化锌和氧化铅等烟尘。② 飞灰,指燃料燃烧中产生的呈悬浮状的非常分散的细小灰粒,包括燃料完全和不完全燃烧残留的固体残渣,尺寸一般小于 $10~\mu m$,主要在炉窑中产生,尤其以粉煤为燃料燃烧时排出的飞灰比较多。③ 黑烟,指燃烧产生的能见气溶胶,主要是化石燃料燃烧时,在高温缺氧条件下,烃类物质热分解生成的炭黑颗粒,粒径尺寸一般为 $0.01\sim1~\mu m$。

（3）灰霾　灰霾的气象定义是悬浮在大气中的大量微小尘粒、烟粒或盐粒的集合体,使空气浑浊、水平能见度降低到 $10~km$ 以下的一种天气现象。灰霾形成的主要原因:一是水平方向静风现象的增多。近年来随着城市化的飞速发展,城市大规模扩张,大楼越建越高,增大了地面摩擦系数,从而使流经城区的风速明显降低。静风现象增多,不利于大气污染物向城区外围扩散稀释,并容易在城区内积累高浓度污染。二是垂直方向的逆温现象。污染物在逆温现象下,低空的气温反较高空为低,导致污染物的停留和蓄积,不能及时向高空扩散。三是大气中悬浮颗粒物的大量增加,直接导致了大气能见度降低,使得整个城市看起来灰蒙蒙一片。

因此,大气颗粒物排放是灰霾形成的内因,不良气象条件是外因。灰霾看起来呈黄色或橙灰色是由于灰霾由灰尘、硫酸盐、硝酸盐等粒子组成,多散射波长较长的光造成的。

（4）雾霾　雾霾是雾和霾的统称。雾是一种正常的自然现象,由大量悬浮在近地面空气中的微小水滴或冰晶组成的气溶胶系统,多出现于秋冬季节,是近地面层空气中水汽凝结(或凝华)的产物。雾的存在会降低空气透明度,使能见度恶化。形成雾时,大气湿度应该是饱和或接近饱和(相对湿度一般在 90% 以上)。由于液态水或冰晶组成的雾散射的光与波长关系不大,因而雾看起来呈乳白色或青白色。而当大气相对湿度小于 80% 时,霾会造成大气混浊、视野模糊、能见度恶化。当相对湿度在 $80\%\sim90\%$ 范围内时,大气混浊、视野模糊导致的能见度恶化是霾和雾的混合物共同造成的,但其主要成分是霾。因此,可以说雾霾是由于人类大量排放的颗粒污染物在雾天大量积聚造成的特殊天气现象。近 10 年以来,我国发生了数次大范围、长时间的雾霾事件,如 2009 年 11 月、2011 年 2 月和 2013 年 1 月,波及范围主要为我国中东部和西南地区。近年来,雾霾频发,已严重影响了人民的生产生活,直接威胁到身体健康。

2）气态污染物

气态污染物是在大气中以分子状态存在的污染物。气态污染物种类繁多,影响较多的气态污染物同样来源于燃料燃烧。依据与污染源的关系,大气污染物可分为一次污染物和二次污染物。其中,一次污染物主要有碳氧化物、氮氧化物、硫氧化物、碳氢化合物,以及与工业生产相关的污染物质;二次污染物是一次污染物在物理、化学或生物因素的作用下发生变化,或是与环境中的其他物质发生反应所形成的新的污染物,也称继发性污染物。例如,二氧化硫在空气中被氧化成硫酸盐气溶胶;汽车尾气中的氮氧化物、碳氢化合物在日光照射下发生光化学反应生成臭氧、过氧乙酰硝酸酯、甲醛和酮类等。二次污染物的形成机制往往很复杂,毒性也较一次污染物强,对生物和人体的危害也更严重。

主要的气态污染物有如下 6 种。

(1) 碳氧化物　主要有两种,即一氧化碳(CO)和二氧化碳(CO_2),是各种大气污染物中排放量最大的。其中,化石燃料燃烧排放是最大的人工污染源。燃料完全燃烧产生二氧化碳,缺氧不完全燃烧时形成一氧化碳。一氧化碳极易与血红蛋白结合,形成碳氧血红蛋白,使血红蛋白丧失携氧的能力和作用,造成组织窒息,严重时致人死亡。一氧化碳对全身的组织细胞均有毒性作用,尤其对大脑皮质的影响最为严重。全球每年一氧化碳排放量约为 2×10^8 t,为大气污染物之首,主要来自燃料燃烧和汽车尾气。通常一氧化碳在自然作用下维持在一个稳定水平。但对于大量使用化石燃料的集中城区,一氧化碳浓度远远高于自然水平。尤其是在大城市交通繁忙时期或冬季取暖季节,由于废气不能及时扩散,一氧化碳浓度可能达到危害环境的水平。来源于燃烧和生物呼吸作用的二氧化碳是无毒气体,参与地球碳循环。但随着化石燃料大量使用,地球上二氧化碳浓度逐渐增加,被认为是加剧温室效应的主要来源。

(2) 含氮化合物　大气污染物中含氮化合物主要有一氧化氮(NO)、二氧化氮(NO_2)、一氧化二氮(N_2O)、三氧化二氮(N_2O_3),以及氨(NH_3)、氰化氢(HCN)等,通常用符号 NO_x 表示。造成大气污染的主要是一氧化氮、二氧化氮,主要源自化石燃料燃烧,以柴油、汽油为燃料的机动车排放最多。化石燃料在燃烧过程中主要生成一氧化氮和少量二氧化氮,进入大气的一氧化氮在空气中进一步氧化为二氧化氮。此外,氮肥厂、硝酸生产企业、石化企业等在生产过程中也产生 NO_x。

(3) 含硫化合物　大气中含硫化合物主要指二氧化硫(SO_2)、三氧化硫(SO_3)和硫化氢(H_2S)等。二氧化硫来源广、数量大,是影响和破坏全球大气环境质量的主要污染物。化石燃料燃烧、有色金属冶炼、石油炼化、造纸、硫酸生产、火力发电等过程都向大气排放二氧化硫。其中化石燃料燃烧占 70% 以上。三氧化硫往往伴随二氧化硫产生,但数量比较少。硫化氢的来源除了有机物的腐败外,主要是造纸厂、污水厂、农药厂、炼化厂等工业生产排放。硫化氢不稳定,在有大气颗粒物存在时,很快被氧化成二氧化硫或三氧化硫。硫氧化物是造成硫酸烟雾类二次污染的主要物质,还参与酸雨形成。

(4) 碳氢化合物　大气中碳氢化合物主要指挥发性的各类有机烃类化合物,由碳、氢两种元素组成,如烷烃、烯烃、芳烃等。除自然源外,人工源主要是化石燃料不完全燃烧和石油类物质蒸发。其中,汽车尾气为主要排放源。此外,石油炼化、油漆制造、油漆涂装等都会产生碳氢化合物。有些复杂的碳氢化合物,如多环芳烃(PAH)中的苯并(a)芘具有致癌作用,油炸食品和抽烟都会产生苯并(a)芘。此外,碳氢化合物还能与氮氧化物共同作用形成光化学烟雾。

(5) 卤素化合物　主要是含氯化合物和含氟化合物,来自钢铁、石油、农药、化肥等工业的生产过程。虽然这些氟氯烃类气体排放数量不多,但仍能影响局部地区环境质量,同时,它们也是破坏臭氧层的主要成分之一。

(6) 光化学烟雾　光化学烟雾又称"光化学污染"。排入大气的碳氢化合物和氮氧化物等一次污染物在阳光的作用下发生化学反应,生成臭氧、醛、酮、酸、过氧乙酰硝酸酯等二次污染物。参与光化学反应过程的一次污染物和二次污染物的混合物所形成的浅蓝色有刺激性的烟雾污染现象称为光化学烟雾。光化学烟雾成分很复杂,但其主要有害成分是臭氧,具有强氧化性,可刺激人和动物的眼睛和呼吸道黏膜,影响植物生长,影响建材质量,降低大气能见度。

3.3　大气污染对人体健康的影响

成人每天呼吸 $10\sim12$ m³空气,大气中的有害物质主要通过呼吸道进入人体,还有少量经过皮肤和消化道进入人体。成人肺泡总面积约为 $60\sim70$ m³,且布满毛细血管。大气污染物进入人体,引起人体感官和生理机能不适反应,产生亚临床和病理改变,出现临床体征,或存在遗传效应;发生急、慢性中毒,甚至死亡。据英国官方的统计,在 1952 年的伦敦烟雾事件中,在大雾持续的 5 天时间里丧生者超过5 000 人,是 20 世纪十大环境公害事件之一。

大气污染对人体健康的影响取决于大气中有害物质种类、浓度、性质、持续时间等因素。例如,飘尘对人体的危害就取决于粒径、溶解度、硬度、化学成分以及吸附在表面的微生物等。此外,呼吸道各部分的结构不同,对毒物的阻挡和吸收也不相同。通常,吸入人体越深、停留时间越长,吸入量也越大。有毒物质吸入后很快被肺泡吸收并由血液送至全身,不经过肝脏转化就起作用,因此由呼吸道进入人体的危害最大。因此,大气污染直接影响人体健康。

下面分别介绍主要污染物质对人体健康的影响。

1) 二氧化硫

二氧化硫易溶于水,进入呼吸道后,大部分被阻滞在上呼吸道。在湿润的黏膜上生成有腐蚀性的亚硫酸,进一步可氧化为硫酸,具有强刺激作用。当人体每天吸入浓度为 1×10^{-4} cm³/m³ 的二氧化硫,8 小时后支气管和肺部会出现明显的刺激症状,导致肺部组织受损。如果二氧化硫和粉尘同时吸入,在肺部联合作用,则毒性将增加

3～4倍,导致肺泡壁纤维增生,进而形成肺纤维性变,更进一步就会发展成肺气肿。基于这种原因,冶炼厂工人由于在工作时同时吸入二氧化硫和粉尘,很容易发生支气管疾病。

二氧化硫经肺泡吸收进入血液后,会破坏酶活性,影响人体新陈代谢,对肝脏造成一定程度的损伤。慢性毒性实验显示,二氧化硫具有全身性毒性,并抑制免疫系统。兔子在二氧化硫的浓度为 20 mg/m³ 的环境中每天暴露 2 小时,半年后,对伤寒病的免疫反应明显下降。此外,通过对长期接触平均浓度为 50 mg/m³ 的二氧化硫的人群调查发现:慢性鼻炎患病率较高,表现为鼻黏膜肥厚或萎缩、嗅觉迟钝等;患牙齿酸腐蚀症增多;脑通气功能明显改变,肺活量及最大通气量降低;肝功能与正常组对比,差异显著。

二氧化硫和悬浮颗粒物还产生联合毒性作用,两者一起进入人体,气溶胶微粒能把二氧化硫带到肺深部,使毒性增加 3～4 倍。当悬浮颗粒物中含有 Fe_2O_3 等金属氧化物成分时,可以催化二氧化硫氧化成酸雾,吸附在微粒表面,被带入呼吸道深部,硫酸雾的刺激作用比二氧化硫强 10 倍。二氧化硫还具有促癌作用,动物实验证明,10 mg/m³ 的二氧化硫可加强致癌物苯并(a)芘的致癌作用。二氧化硫和苯并(a)芘的联合作用,使动物肺癌的发病率高于单个致癌因子的发病率。此外,二氧化硫进入人体,血中的维生素便会与之结合,使体内维生素平衡失调,从而影响新陈代谢。二氧化硫还能抑制和破坏或激活某些酶的活性,使糖和蛋白质的代谢发生紊乱,从而影响机体生长发育。

2) 二氧化氮

氮氧化物包含多种化合物,都具有不同程度的毒性。由于空气中主要为一氧化氮和二氧化氮,并以二氧化氮为主,且二氧化氮的毒性是一氧化氮的 4～5 倍,因此,氮氧化物的健康影响评价多来自二氧化氮的研究结果。

二氧化氮易溶于水,能侵入呼吸道深部细支气管及肺泡,并缓慢地溶于肺泡表面的水分中,形成亚硝酸、硝酸,对肺组织产生强烈的刺激及腐蚀作用,引起肺水肿。体外实验显示,二氧化氮可激活细胞的氧化应激系统,引起肺组织内以淋巴细胞和巨噬细胞浸润为主的炎症反应。亚慢性和慢性动物实验表明,暴露于二氧化氮中可导致脾脏、肝脏、血液系统病理改变。吸入的二氧化氮以亚硝酸根和硝酸根的形式进入血液,其中亚硝酸根可以与血红蛋白结合生成高铁血红蛋白,导致组织缺氧。二氧化氮还能与大气中的二氧化硫及臭氧协同作用,造成呼吸系统损伤。一氧化氮浓度高时,进入人体后与血红蛋白结合生成高铁血红蛋白,引起组织缺氧,导致高铁血红蛋白血症。在一般情况下,当污染物以二氧化氮为主时,对肺的损害比较明显,二氧化氮与支气管哮喘的发病也有一定的关系;当污染物以一氧化氮为主时,高铁血红蛋白血症和中枢神经系统损害比较明显。

3）臭氧

大气中臭氧层对地球生物的保护作用现已广为人知，它吸收太阳释放出来的绝大部分紫外线，使动植物免遭这种射线的危害。臭氧主要存在于距地球表面$20\sim35$ km 的同温层下部的臭氧层中。在常温常压下，稳定性较差，可自行分解为氧气。臭氧具有青草的味道，吸入少量对人体有益。但近地面高浓度的臭氧会刺激和损害眼睛、呼吸系统等黏膜组织，对人体健康产生负面作用。

臭氧的毒性主要体现在它的强氧化性上，可以破坏细胞壁，引发急性毒性。对人体的危害主要是影响呼吸系统，容易对肺部产生急性危害，如肺气肿。近年来不断增加的哮喘病，有些可能与臭氧污染有关。动物实验发现，臭氧降低动物对感染的抵抗力，损害巨噬细胞功能。此外，臭氧还能损害体内某些酶的活性和产生溶血反应。

4）一氧化碳

一氧化碳是含碳的物质燃烧不完全时产生的，是大气中分布最广和数量最多的污染物之一。它会结合血红蛋白生成碳氧血红蛋白，碳氧血红蛋白不能提供氧气给身体组织。这种情况称为血缺氧。一氧化碳浓度高至 6.67×10^{-4} cm³/m³ 可能会导致高达50%人体的血红蛋白转换为碳氧血红蛋白，可能会导致昏迷和死亡。最常见的一氧化碳中毒症状有头痛、恶心、呕吐、头晕、疲劳和虚弱的感觉，此外还会出现视网膜出血、异常樱桃红色血症状。一氧化碳可能令孕妇胎儿产生严重的不良影响。

流行病学调查发现，暴露于一氧化碳中可能严重损害心脏和中枢神经系统，并留下后遗症。低浓度一氧化碳暴露还可诱发冠心病患者心律不齐、心电图异常等。

5）可吸入颗粒物 PM₁₀

可吸入颗粒物是指空气动力学当量直径不大于 10 μm 的颗粒物，称为 PM_{10}。PM_{10}随呼吸空气而进入肺部，以碰撞、扩散、沉积等方式滞留在呼吸道不同的部位。滞留在鼻咽部和气管的颗粒物与进入人体的二氧化硫等有害气体产生刺激和腐蚀黏膜的联合作用，损伤黏膜、纤毛，引起炎症和增加气道阻力。持续不断的作用会导致慢性鼻咽炎、慢性气管炎。滞留在细支气管与肺泡的颗粒物也会与二氧化氮等产生联合作用，损伤肺泡和黏膜，引起支气管和肺部炎症。长期持续作用还会诱发慢性阻塞性肺部疾患并出现继发感染，最终导致肺源性心脏病（简称肺心病）病死率增高。此外，对于呼吸系统，PM_{10}与肺组织细胞接触后，可以作用于上皮细胞和巨噬细胞，使它们释放活性氧或活性氮，产生腐蚀和刺激作用。PM_{10}进入肺组织后，还可激发体内的脂质过氧化反应，使体内氧化和抗氧化系统失去平衡，一方面使得脂质过氧化酶增高，另一方面使体内的抗氧化系统耗竭，表现为谷胱甘肽过氧化物酶下降，从而导致谷胱甘肽转化为氧化型，进而使上皮细胞受到损伤，细胞通透性增加，最终引起肺部疾病，如肺功能下降、肺纤维化、慢性支气管炎、肺气肿等。颗粒物大小及对人体的危害如表3-4所示,呼吸系统对于不同大小粒子的屏蔽作用如表3-5所示。

表3-4　颗粒物大小及对人体的危害

粒径/μm	环境行为及其对人的作用
>100	由于重力作用,很快降落到地面
10~100	属于降尘,只能在大气中停留较短的时间,然后逐渐沉降到地面
<10	悬浮时间长,能进入人体呼吸道,称为可吸入颗粒物或飘尘,可以进入上呼吸道,引起刺激过敏
3.0(2.5)	可沉积在肺中,简称 $PM_{2.5}$
1.0	可随气体透过肺泡膜进入血液中,危害更加严重,称为超细粒子,即 $PM_{1.0}$

表3-5　呼吸系统的屏蔽作用

粒径/μm	沉积部位	防御作用
10~50	鼻腔	鼻黏膜对吸入物进行温湿度调节,使吸入粒子湿化变大、沉积
5~10	气管、支气管	纤毛运动24小时内,排除附着在黏膜上的异物
<5	深部呼吸道、肺	肺泡每小时产生数万个巨噬细胞、吞噬细菌、尘粒等异物,随细胞液进入支气管,随黏液排出体外

研究表明,PM_{10}具有细胞毒性。颗粒物中含多种无机物和有机物,它们在空气中受到紫外辐射,会形成自由基,并引发自由基链反应,形成更多的自由基,进而形成更多的过氧化物。在一定条件下,过氧化物在体内氧化分解,并通过脂质过氧化作用破坏细胞膜和损伤DNA,导致很高的细胞毒性。急性细胞毒性往往表现为活性氧的爆发,而水溶性过渡金属元素又可诱导过氧化物产生自由基、活性氧。因此,PM_{10}中水溶性过渡金属元素可导致细胞毒性。

对于机体的非特异免疫功能,PM_{10}进入肺内后,肺泡巨噬细胞将整个颗粒物吞噬,并释放出一系列细胞因子和前炎症因子,从而导致炎症发生。此外,PM_{10}也损坏特异性免疫功能,PM_{10}通过影响细胞增殖而影响免疫反应。例如有研究表明,汽车尾气颗粒的有机提取物可抑制T淋巴细胞的转化功能,且有剂量-反应关系,其抑制机理可能与钙稳态失衡和钙信号传递干扰有关。

此外,PM_{10}具有"三致"效应,含有各种直接和间接致突变物,可以损害遗传物质,干扰细胞正常分裂,同时破坏机体的免疫功能,引起癌症和畸形。PM_{10}的化学组分和活性氧会直接损害遗传物质而导致癌基因激活、抑癌基因失活、遗传物质改变,进一步可能导致肺癌。

PM_{10}还能损害生殖系统,降低生育能力,引起胎儿畸形等。研究证明,烟雾中有毒金属元素可以干扰卵母细胞的成熟分裂,降低生殖能力。

PM_{10}直接接触皮肤会阻塞皮肤的毛囊和汗腺,引起皮肤炎;PM_{10}直接接触眼睛会引发眼结膜炎或造成角膜损伤。

此外,PM_{10}能降低大气透明度,减少地面紫外线的照射强度,从而间接影响儿童骨骼的发育。

6) 细颗粒物 $PM_{2.5}$

细颗粒物是指空气动力学当量直径不大于 2.5 μm 的颗粒物,又称 $PM_{2.5}$。它能较长时间悬浮于空气中,其在空气中含量浓度越高,代表空气污染越严重。虽然 $PM_{2.5}$ 在地球大气成分中所占含量很少,但它对空气质量和能见度等有重要的影响。与较粗的大气颗粒物相比,$PM_{2.5}$ 粒径小、面积大、活性强,易附带有毒、有害物质(如重金属、微生物等),且在大气中的停留时间长、输送距离远,因此对人体健康和大气环境质量的影响更大。

PM_{10} 通常沉积在上呼吸道,而 $PM_{2.5}$ 粒径足够小,既可以深入肺部,影响肺的通气功能,引起肺部炎症,又能进入血管直达心脏或其他器官。进入呼吸道的 $PM_{2.5}$ 可刺激和腐蚀肺泡壁,使呼吸道防御机能受到破坏、肺功能受损,呼吸系统症状如咳嗽、咳痰、喘息等发生率增加,慢性支气管炎、肺气肿、支气管哮喘等的发病率增加。研究表明,$PM_{2.5}$ 暴露是哮喘发作或病情加重的危险因素,在儿童和呼吸系统疾病患者等易感人群中更为明显。居住在高污染住宅的儿童与居住在相对清洁住宅的儿童相比,呼吸道黏膜和鼻黏膜的超微结构均发生改变,呼吸道多种细胞受损及中性粒细胞增加,细胞间隙 $PM_{2.5}$ 含量增多。统计数据表明,暴露于大气可吸入颗粒物,尤其是 $PM_{2.5}$,呼吸系统疾病危险度升高 2.07%。$PM_{2.5}$ 对重金属以及气态污染物等吸附作用明显,对污染物有富集作用;同时,$PM_{2.5}$ 还可成为病毒和细菌的载体,这进一步加重了 $PM_{2.5}$ 对人体呼吸系统的危害。

长期暴露于 $PM_{2.5}$ 中还可引发心律不齐、非致命的心脏病发作、某些癌症等疾病的发生。流行病学研究表明,$PM_{2.5}$ 严重影响着人类心血管健康,它不仅能增加高血压、冠心病、糖尿病等疾病的发病率和病死率,同时也能增加健康人群的患病率。$PM_{2.5}$ 会引起全身的氧化应激或炎症反应,激活凝血机制,削弱血管功能,导致动脉血压升高。$PM_{2.5}$ 污染引起心血管疾病发病率和死亡率增高的心血管事件主要涉及心率变异性改变、心肌缺血、心肌梗死、心律失常、动脉粥样硬化等,这些健康危害在易感人群中更为明显,如老年人和心血管疾病患者等。研究显示,长期或短期暴露于 $PM_{2.5}$ 中,可导致心肺系统的患病率、病死率及人群总病死率升高。$PM_{2.5}$ 日平均浓度升高 10 $\mu g/m^3$,冠心病的入院率升高 1.89%,心肌梗死入院率升高 2.25%,先天性心脏病发生率升高 1.85%。当空气中 $PM_{2.5}$ 的浓度长期高于 10 $\mu g/m^3$ 时,会带来死亡风险的上升。浓度每增加 10 $\mu g/m^3$,总死亡风险上升

4%,心肺疾病带来的死亡风险上升6%,肺癌带来的死亡风险上升8%。此外,$PM_{2.5}$极易吸附多环芳烃等有机污染物和重金属,使致癌、致畸、致突变的概率明显升高。

$PM_{2.5}$还能引发神经系统疾病。$PM_{2.5}$可通过血脑屏障、嗅神经等途径进入中枢神经系统,从而引发缺血性脑血管病、认知功能损害等中枢神经系统疾病或损害。高水平的暴露可损害儿童认知功能、言语及非言语型智力和记忆能力。

近年来,我国随着城市建设步伐加快,人们生活水平提高,大气污染程度加剧。据环保部(现为"生态环境部")发布的统计数据,2013年上半年,我国74座主要城市的空气质量不达标天数几乎占了一半,而其中京津冀地区的污染最为严重,重度污染以上天次占比高达26.2%,首要污染物就是$PM_{2.5}$。

7)二噁英

二噁英又称二氧杂芑,是无色无味、毒性严重的脂溶性物质。二噁英实际上是二噁英类(dioxins)一个简称,它并不是指某种单一物质,而是结构和性质都很相似、包含众多同类物或异构体的两大类有机化合物。二噁英包括210种化合物,这类物质非常稳定,熔点较高,极难溶于水,可溶于有机溶剂,是无色无味的脂溶性物质,所以非常容易在生物体内积累,对人体危害严重。

与农村相比,城市、工业区或离污染源较近区域的大气中含有较高浓度的二噁英。大气环境中的二噁英来源复杂,主要来源于钢铁冶炼、有色金属冶炼、汽车尾气和废弃物焚烧(包括医药废水焚烧、化工厂的废物焚烧、生活垃圾焚烧、燃煤电厂等)。含铅汽油、煤、防腐处理过的木材以及石油产品、各种废弃物(特别是医疗废弃物),在燃烧温度低于300~400℃时容易产生二噁英。聚氯乙烯塑料、纸张、氯气以及某些农药的生产环节、钢铁冶炼、催化剂高温氯气活化等过程都可向环境中释放二噁英。二噁英还作为杂质存在于一些农药产品中,如五氯酚等。城市生活垃圾焚烧产生的二噁英受到的关注程度最高,焚烧生活垃圾产生二噁英的机理比较复杂,主要途径如下:① 在对氯乙烯等含氯塑料的焚烧过程中,焚烧温度低于800℃,含氯垃圾不完全燃烧,形成氯苯,成为二噁英合成的前体,因此极易生成二噁英;② 其他含氯、含碳物质如纸张、木制品、食物残渣等经过铜、钴等金属离子的催化作用,不经氯苯而生成二噁英。此外,电视机不及时清理,电视机内堆积起来的灰尘中,通常也会检测出溴化二噁英,而且含量较高,平均每克灰尘中,就能检测出4.1 μg溴化二噁英。

二噁英进入人体的途径主要有呼吸吸入、皮肤接触和食物摄入,其中食物摄入为最主要的途径。一般人群通过呼吸途径吸入暴露的二噁英量是很少的,为经消化道摄入量的1%左右,约为0.03 pg毒性当量(toxic equivalent quantity, TEQ)(kg/d)。在一些特殊情况下,经呼吸途径吸入的二噁英量也是不容忽视的。有调查显示,垃圾焚烧从业人员血中的二噁英含量为 806 pgTEQ/L,是正常人群水平的 40 倍左右。排放到大气环境中的二噁英可以吸附在颗粒物上,沉降到水体和土壤,然后通过食物链的富集作用进入人体。经胎盘和哺乳可以造成胎儿和婴幼儿的二噁英暴露。二噁英一旦被人体吸入就会永远积聚在体内,无法排出,是一种持久性毒物。即使在很微量的情况下,长期暴露于二噁英类化合物也可引起癌症等顽症。世界卫生组织已确定二噁英为致癌物质,其接触机体的毒物负荷与癌症危险成正比。如 2,3,7,8-四氯二苯并-p-二噁英(2,3,7,8-TCDD)是氯代二苯并二噁英中毒性最大的一种,对动物有极强的致癌性。用 2,3,7,8-TCDD 染毒,能使实验动物诱发出多个部位的肿瘤。流行病学研究表明,2,3,7,8-TCDD 暴露可增加人群患癌症的危险度。根据动物实验与流行病学研究的结果,1997 年国际癌症研究机构(IARC)将 2,3,7,8-TCDD 确定为 I 类人类致癌物。

二噁英是环境内分泌干扰物的代表。它们能干扰机体的内分泌,产生广泛的健康影响。二噁英能引起雌性动物卵巢功能障碍,抑制雌激素的作用,使雌性动物不孕、胎仔减少、流产等。研究发现,低剂量的二噁英能使胎鼠产生腭裂和肾盂积水。暴露于二噁英的雄性动物会出现精子细胞减少、成熟精子退化、雄性动物雌性化等。流行病学研究发现,在生产中接触 2,3,7,8-TCDD 的男性工人血清睾酮水平降低、促卵泡激素和黄体激素增加,提示该物质可能有抗雄激素和使男性雌性化的作用。

二噁英还具有明显的免疫毒性,可引起动物胸腺萎缩、细胞免疫与体液免疫功能降低等。二噁英还能引起皮肤损害,在暴露的实验动物和人群中可观察到皮肤过度角质化、色素沉着以及氯痤疮等的发生。二噁英染毒动物可出现肝脏肿大、实质细胞增生与肥大、严重时发生变性和坏死。

此外,二噁英对人体还会引起头痛、失聪、忧郁、失眠和新生儿畸形等症,并可能引起诸如染色体损伤、心力衰竭和内分泌失调等。若被儿童吸入,则可能妨碍智力发育。由于该物质会在人体内的脂肪中积累,所以,婴儿同样可能从母乳中吸收到二噁英,从而可能导致婴儿畸形。

二噁英的普遍存在使人们很容易接触到,且人体内都有一定程度的二噁英,也就产生了所谓的机体负担。目前,正常环境内的二噁英总体上不会影响人类健康。然而,由于这类化合物具有很高的潜在毒性,我们需要采取措施,努力减少与二噁英污染环境的接触。

8)恶臭

恶臭是指大气、水和各种固态物质散发出的令人不快的气味,主要包括各种有机物质的腐烂、生物的霉臭、农药和化学品气味以及各种生活废弃物和粪便的腐臭等。能产生恶臭的物质有 36 万种之多,仅凭人的嗅觉就能感觉的超过 4 000 种。

其中对健康危害较大的有硫醇类、氨、吲哚、硫化氢、甲基硫、三甲胺、甲醛、苯乙烯、酪酸、酚类等几十种。

恶臭物质以含硫($=S$)、硫基($-SH$)、硫氰基($-SCN$)分子形式为主,一些含羟基($-OH$)、醛基($-CHO$)、羧基($-COOH$)、羰基($\diagdown C=O$)的有机物质也会产生恶臭。恶臭物质发臭与其分子结构有关,硫($=S$)、硫基($-SH$)、硫氰基($-SCN$)是形成恶臭的原子团,通称为"发臭团"。另有一些如苯酚、甲醛、丙酮和酪酸等有机物,其分子结构虽不含硫,却含有羟基($-OH$)、醛基($-CHO$)、羧基($-COOH$)、羰基($\diagdown C=O$),也散发出各种臭味,起"发臭团"的作用。

长期慢性暴露在恶臭中,对于呼吸系统,会产生反射性的吸气抑制,呼吸次数减少,呼吸深度变浅等;对于循环系统,会产生血压、脉搏变化,如氨等刺激性臭气会使血压出现先下降后上升、脉搏先减慢后加快的现象;对于消化系统,会使人厌食、恶心,甚至呕吐,进而发展成消化功能减退;对于内分泌系统,会使内分泌功能紊乱,影响机体的代谢活动;对于神经系统,会产生嗅觉丧失、嗅觉疲劳等障碍及引发头痛、头晕、失眠、烦躁、抑郁等。

9) 汽车尾气

由于社会化大生产和人类生活节奏的加快,汽车被人们大量使用。汽车在给人们生活带来方便的同时也带来了严重的环境污染,对人类的健康造成了巨大的威胁。目前世界上约有 5 亿辆汽车,每年排出 4×10^8 t 一氧化碳,8×10^7 t 碳氧化合物和 5×10^7 t NO_x。据统计,美国的空气污染约有 60% 为交通运输工具引起,在日本大约 85% 是由汽车引起的。我国当前汽车尾气已成为城市污染的罪魁祸首。

汽车尾气中的有害物质有 CO、NO_x、SO_2 以及铅化物、炭烟、臭气和碳氢化合物(HC)等。一辆没有安装排气控制设备的汽车,CO 和 HC 几乎全部来自排气管,另一部分 HC 是因曲轴箱漏气和油箱及汽化器的蒸发作用而产生的。

一氧化碳是汽车尾气中浓度最高的一部分。据不完全统计,汽车尾气中一氧化碳排放量占全世界一氧化碳的 64%。由此看来,城市中一氧化碳大部分来自汽车尾气。在车辆频繁穿梭的街道上,空气中一氧化碳的浓度比没有汽车行驶的街道高 2~11 倍。一氧化碳对健康的影响参见本章中一氧化碳对人体健康的影响部分。

HC 中含有少量醛类(甲醛、丙烯醛)和多环芳烃,如苯并(a)芘等。其中甲醛和丙烯醛对鼻、眼和呼吸道黏膜有刺激作用,能引发结膜炎、鼻炎、支气管炎等疾病,而且还有难闻的臭味。当苯并(a)芘和其他多环芳烃类化合物混在一起时,能表现出很强的致癌性。

　　由于汽油中添加 1％～3％的四乙基铅作为抗爆剂,经燃烧会生成铅化物的微粒与燃烧不完全的炭烟粒混在一起。铅化物的微粒散入大气对人体健康十分有害。当人吸入这些物质并积累到一定程度时,铅将阻碍血液中红细胞的生长和成熟,表现为经常性头晕、头疼、肢体酸痛,使心脏、肺等器官发生病变。炭烟不仅对人的呼吸系统有害,而且炭烟粒的孔隙中含有二氧化碳及有致癌作用的苯并(a)芘。

　　此外,汽车尾气中 HC 和 NO_x 在阳光作用下经过波长为 400 nm 以下的紫外线区进行一系列的光化学反应,成为光化学烟雾形成的诱因。

思考题:
(1) 为什么有雾的天气不适宜跑步?
(2) 为什么汽车尾气对小孩子的影响比成人大?

第4章　土壤与健康

土壤污染的危害较大,主要是对农产品安全、人居环境和生态系统造成不良影响。农作物吸收和富集某些污染物,会影响农产品质量,造成减产。另外,长期食用超标农产品可能危害人体健康。住宅、商业、工业等建设用地土壤污染可能通过呼吸、皮肤接触等方式危害人体健康。污染地块未经治理修复就直接开发,会给相关人群造成长期的危害。另外,土壤污染可影响植物、动物和微生物的生长和繁衍,危及正常的土壤生态过程和生态服务功能,不利于土壤养分转化和肥力保持,影响土壤的正常功能。土壤中的污染物可能发生转化和迁移,进入地表水、地下水和大气环境,会造成区域环境质量下降。

4.1　概述

土壤是地球表面的一层疏松的物质,由各种颗粒状矿物质、有机物质、水分、空气、微生物等组成,能生长植物。自然环境被划分为几个圈层,即大气圈、水圈、土壤圈、岩石圈和生物圈。其中,土壤圈是覆盖于地球陆地表面和浅水域底部的土壤所构成的一种连续体或覆盖层,犹如地球的地膜,通过它与其他圈层之间进行物质能量交换。土壤圈是岩石圈顶部经过漫长的物理风化、化学风化和生物风化作用的产物。

土壤由固体、液体、气体三部分组成。由矿物质和腐殖质组成的固体土粒是土壤的主体,约占土壤体积的 50%,固体颗粒间的孔隙由气体和水分占据。土壤的三个组成部分构成一个统一体,互相联系并互相制约,共同为作物提供必需的生长条件,是土壤肥力的物质基础。

土壤具有如下主要组分及作用。

1) 有机质

有机质含量的多少是衡量土壤肥力高低的一个重要标志,它和矿物质紧密地结合在一起。在一般耕地耕层中有机质含量只占土壤干重的 0.5%~2.5%,耕层以下更少,但它的作用却很大,含有机质较多的土壤通常称为"油土"。土壤有机质按其分解程度分为新鲜有机质、半分解有机质和腐殖质。

腐殖质是指新鲜有机质经过酶的转化所形成的灰黑土色胶体物质,通过阳光杀灭了致病的有害菌病毒寄生虫后,保留其营养物质的土壤一般占土壤有机质总量的 85%～90%,主要作用如下:

(1) 腐殖质既含有氮、磷、钾、硫、钙等大量元素,还有微量元素,经微生物分解可以释放出来供作物吸收利用,是作物养分的主要来源。

(2) 腐殖质是一种有机胶体,吸水保肥能力很强,一般黏粒的吸水率为 50%～60%,而腐殖质的吸水率高达 400%～600%,保肥能力是黏粒的 6～10 倍,是增强土壤吸水、保肥能力的重要组分。

(3) 腐殖质是形成团粒结构的良好胶结剂,可以提高黏重土壤的疏松度和通气性,改变砂土的松散状态。同时,由于它的颜色较深,有利于吸收阳光,提高土壤温度,因此可以改良土壤物理性质。

(4) 腐殖质为植物生长提供了丰富的养分和能量。土壤酸碱适宜,因而有利于植物生长,促进土壤养分的转化。

(5) 腐殖质在分解过程中产生的腐殖酸、有机酸、维生素及一些激素对作物生育有良好的促进作用,可以增强呼吸和对养分的吸收,促进细胞分裂,从而加速根系和地上部分的生长。

2) 矿物质

矿物质是岩石经过风化作用形成的不同大小的矿物颗粒(砂粒、土粒和胶粒),是土壤的骨骼。土壤矿物质种类很多,化学组成复杂,它直接影响土壤的物理、化学性质,是植物营养元素的重要供给来源。

矿物质按成因分为原生矿物和次生矿物。原生矿物类是岩石经风化作用被破碎形成的碎屑,其原来化学成分没有改变。主要有硅酸盐类矿物、氧化物类矿物、硫化物和磷酸盐类矿物。次生矿物类是原生矿物质经过化学风化作用后形成的新矿物,其化学组成和晶体结构均有所改变,主要有高岭石、蒙脱石、伊利石类,粒径小于 0.001 mm。

3) 微生物

土壤微生物的种类多、数量大,1 g 土壤中就有几亿到几百亿个微生物,1 亩(1 亩=666.667 平方米)地耕层土壤中,微生物的重量有几百斤到上千斤(1 公斤=2 斤)。对于人类而言,抑制有害菌后,可以利用土壤微生物为植物生长提供养分。如进行有效的阳光照射后,细菌、真菌、放线菌、原生动物被有效地杀灭,腐体可做养料。土壤越肥沃,微生物的利用率也越高。

微生物在土壤中的主要作用如下:

(1) 分解有机质。作物的残根败叶和施入土壤中的有机肥料只有经过土壤微生物的作用,才能腐烂分解,释放出营养元素,供作物利用;并且形成腐殖质,改善土壤的理化性质。

(2) 分解矿物质。例如磷细菌能分解出磷矿石中的磷,钾细菌能分解出钾矿石中的钾,以利作物吸收利用。

(3) 固定氮素。氮气在空气的组成中占 4/5,数量很大,但植物不能直接利用。土壤中有一类称为固氮菌的微生物,能利用空气中的氮素作为食物,在它们死亡和分解后,这些氮素就能被作物吸收利用。固氮菌分两种,一种是生长在豆科植物根瘤内的,称为根瘤菌,种豆能够肥田,就是因为根瘤菌的固氮作用增加了土壤里的氮素;另一种单独生活在土壤里就能固定氮气,称为自生固氮菌。

4) 水分

土壤是一个疏松多孔体,其中布满了大大小小蜂窝状的孔隙。直径为 0.001～0.1 mm 的土壤孔隙称为毛管孔隙。存在于土壤毛管孔隙中的水分能被作物直接吸收利用,同时,还能溶解和输送土壤养分。土壤水的主要来源是降水和灌溉水。此外,地下水上升和大气中水汽的凝结也是土壤水分的来源。因此,土壤水参与岩石圈-生物圈-大气圈-土壤圈-水圈的水分大循环。

水分由于在土壤中受到重力、毛管引力、水分子引力、土粒表面分子引力等各种力的作用,形成不同类型的水分并反映出不同的性质。土壤水冻结时形成的冰晶为固态水,存在于土壤空气中的水为气态水。还有毛管水、重力水、地下水等自由水,以及吸湿水、膜状水等束缚水。

穿插于土壤孔隙中的植物根系从含水土壤孔隙中吸取水分,用于蒸腾。土壤中的水气界面存在湿度梯度,温度升高,梯度加大,因此水会变成水蒸气蒸发逸出土表。蒸腾和蒸发的水加起来称为蒸散,是土壤水进入大气的两条途径。

表层的土壤水受到重力会向下渗漏,在地表有足够水量补充的情况下,土壤水可以一直渗入地下水位,继而可能进入江、河、湖、海等地表水。

土壤中水分的多少有两种表示方法:一种是以土壤含水量表示,分重量含水量和容积含水量两种,两者之间的关系由土壤容重来换算。另一种是以土壤水势表示,土壤水势的负值是土壤水吸力。

5) 空气

土壤空气是存在于土壤中气体的总称。分别以自由态存在于土壤孔隙中,以溶解态存在于土壤水中,以吸附态存在于土壤颗粒中。土壤空气对作物种子发芽、根系生长、微生物活动及养分转化均有重要影响。

土壤空气主要来自大气,其组成与大气相似,但有差别。由于土壤生物活动的影响,土壤空气按其组成在质与量上均不同于大气中的空气。土壤中 CO_2 比大气中含量高十倍至数百倍;氧含量比大气的低,在通气极端不良的条件下,约为大气含量的一半;水汽含量远比大气中含量高,空气湿度一般接近100%。土壤中由于有机质在缺氧环境的分解,还可能产生甲烷、碳化氢、氢气等还原性气体。并且,土壤空气的组成成分和数量一直处于不断变化中,土壤空气含量还受到土壤孔隙和土壤含水量等因素的影响。

根据运动规律,气体总是从浓度高的地方向浓度低的地方扩散。空气中氧气的浓度高,可不断进入土壤,而土壤中由于生物等的影响,二氧化碳浓度高,不断向大气中扩散。土壤这种扩散机制,好像动物的呼吸作用,所以把它称为"土壤呼吸作用"。对高等植物来说,一般情况下,土壤空气中氧气的含量达到15%才能满足植物呼吸作用的需要,而二氧化碳含量不得高于50%。

4.2 土壤中的有害因素

土壤虽然是人类生存和发展的重要基础,但人类在其生产和生活过程中也对土壤造成比较严重的负面影响。由于土壤圈位于大气圈、水圈、岩石圈和生物圈的交换地带,是连接无机界和有机界的枢纽,因此具有极为重要的作用。它还具有净化、降解、消纳各种污染物的功能,如大气圈的污染物可降落到土壤中,水圈的污染物通过灌溉也能进入土壤。但是土壤圈的这种功能是有限的,当土壤中含有害物质过多,超过土壤的自净能力时,就会引起土壤的组成、结构和功能发生变化,微生物活动受到抑制,有害物质或其分解产物在土壤中逐渐积累,通过"土壤→植物→人体",或通过"土壤→水→人体"间接被人体吸收,达到危害人体健康的程度,这就是土壤污染。土壤还会通过其他途径释放污染物,如通过地表径流进入河流或渗入地下水使水圈受污染,或者通过空气交换将污染物扩散到大气圈。通常,使用的各种农药、杀虫剂、化肥都会对土壤的质量造成负面影响,进而影响农产品质量。人类活动过程中会产生废水、废气、固体废物等,这些污染物质可通过水、大气传输、降尘、降雨等进入土壤,固体废物也会与土壤产生直接或间接接触而造成污染。

当前我国土壤污染防治面临的形势十分严峻,土壤污染类型多样,部分地区土壤污染严重,呈现新老污染物并存、无机有机复合污染的局面,土壤污染途径多,原因复杂,控制难度大,土壤污染的影响直接涉及人类的各种主要食物来源,与人类生活和健康的关系极为密切,近年来由土壤污染引发的农产品安全和人体健康事件时有发生,这种情况已经引起人们的高度重视,土壤污染已经成为影响农业生产、群众健康和社会稳定的重要因素。绿色食品和无公害食品日益受到全世界关注,自从我国加入世界贸易组织(WTO)以后,出口农产品因环境质量问题遭受阻碍,农业环境保护问题也日趋显现。有关专家指出:"不断恶化的土壤污染形势已经成为影响我国农业可持续发展的重大障碍,将对我国经济的高速发展提出严峻挑战。"

4.2.1 土壤污染特点

土壤污染具有如下特点。

1）隐蔽性和滞后性

大气污染、水污染和废弃物污染等问题一般都比较直观，通过感官就能发现。而土壤污染往往要通过对土壤样品进行分析化验和农作物的残留检测，甚至通过研究对人畜健康状况的影响才能确定。因此，土壤污染从产生污染到出现问题通常会滞后较长的时间。如日本的"痛痛病"经过了 10～20 年才被人们所认识。

2）污染累积性

污染物质在大气和水体中，通常都比较容易迁移，而污染物质在土壤中不像在大气和水体中那样容易扩散、稀释和迁移，因此容易在土壤中不断积累而超标，同时也使土壤污染具有很强的地域性。

3）不可逆转性

重金属对土壤的污染基本上是一个不可逆转的过程，如被某些重金属污染的土壤可能要 100～200 年时间才能够恢复。此外，许多有机化学物质的污染也需要较长的时间才能降解。

4）难治理

如果大气和水体受到污染，切断污染源之后，通过稀释、自净化作用有可能使污染问题不断逆转，但是积累在污染土壤中的难降解污染物则很难靠稀释作用和自净化作用来消除。土壤污染一旦发生，仅仅依靠切断污染源的方法往往很难恢复，有时要靠换土、淋洗土壤等方法才能解决问题，其他治理技术可能见效较慢。因此，治理污染土壤通常成本较高，治理周期较长。

鉴于土壤污染难以治理，而土壤污染问题的产生又具有明显的隐蔽性和滞后性等特点，因此土壤污染问题一般都不太容易受到重视。然而自 20 世纪中叶以来，一方面农业集约化生产加快，土壤开发强度越来越大，农药、化肥等各种化学品投入剧增。另一方面工业飞速发展，直接或间接向土壤排放大量污染，导致越来越多的土壤污染，造成农作物污染和减产，并通过食物链危害人体健康。土地受到污染后，含重金属浓度较高的污染表土容易在风力和水力的作用下分别进入大气和水体中，导致大气污染、地表水污染、地下水污染和生态系统退化等其他次生生态环境问题。

4.2.2 主要土壤污染物

我国土壤环境状况总体不容乐观，部分地区土壤污染较重，耕地土壤环境质量堪忧,工矿业废弃地土壤环境问题突出。工矿业、农业等人为活动以及土壤环境背景值高是造成土壤污染或超标的主要原因。据中经未来产业研究院发布的《2016—2020年中国土壤修复行业发展前景与投资预测分析报告》显示,全国土壤总的超标率为16.1%,其中轻微、轻度、中度和重度污染点位比例分别为11.2%、2.3%、1.5%和1.1%。污染类型以无机型为主,有机型次之,复合型污染比重较小,无机污染物超标点位数占全部超标点位的82.8%。

污染物根据其性质可分为无机污染物、有机污染物、放射性污染物和病原菌污染物。

1) 无机污染物

无机污染物主要包括化学废料、酸碱污染物和重金属污染物三种。硝酸盐、硫酸盐、氯化物、氟化物、可溶性碳酸盐等化合物是常见而大量的土壤无机污染物。硫酸盐过多会使土壤板结,改变土壤结构;氯化物和可溶性碳酸盐过多会使土壤盐渍化,肥力降低;硝酸盐和氟化物过多会影响水质,在一定条件下会导致农作物含氟量升高。

重金属也是重要的土壤污染物,主要包括汞(Hg)、镉(Cd)、铅(Pb)、铬(Cr)和类金属砷(As)等生物毒性显著的元素,以及有一定毒性的锌(Zn)、铜(Cu)、镍(Ni)等元素。这些元素在过量情况下有较大的生物毒性,并可通过食物链对人体健康带来威胁,土壤一旦遭受重金属污染就很难恢复。重金属通过食物链可在动物体内和人体内富集,一旦进入人体内后很难自然排出。当体内积累到一定程度就会表现出慢性中毒症状,如体内有过量的铅,在不继续接受铅污染的条件下,骨骼内的铅要经过20年才能排除一半;人体内锡的生物半衰期也有20~40年。同时,重金属中毒损害机体器官往往是终身且不可逆的。重金属进入土壤的途径有如下几个方面:

(1) 大气中的重金属经过自然沉降和降水进入土壤。据报道,煤含铈、铬、铅、汞、钛等金属,石油中含有相当量的汞(0.02~30 mg/kg),这类燃料在燃烧时,部分悬浮颗粒和挥发金属随烟尘进入大气,其中10%~30%沉降在距排放源十几千米的范围内。据估计全世界每年约有1 600 t的汞是通过煤和其他化石燃料燃烧而排放到大气中去的,例如比利时每年从大气进入每公顷土壤的重金属量中就有铅250 g、镉19 g、锌3 750 g、类金属砷15 g。

(2) 利用污水灌溉是灌区农业的一项古老的技术,主要是把污水作为灌溉水源来利用。污水按来源和数量可分为城市生活污水、石油化工污水、工业矿山污水和城市混合污水等。生活污水中重金属含量很少,但由于我国工业发展迅速,工矿企业污水未经分流处理而排入下水道与生活污水混合排放,从而造成灌区土壤重金属汞、镉、铬、铅等含量逐年增加。据调查,污水灌区部分重金属含量远远超过当地背景值。随着污水灌溉而进入土壤的重金属以不同的方式被土壤截留固定。95％的汞被土壤矿质胶体和有机质迅速吸收,一般累积在土壤表层,自上而下递减。污水中的砷多以 3 价或 5 价状态存在,进入土壤后被铁、铝氢氧化物及硅酸盐黏土矿物吸附,也可以和铁、铝、钙、镁等生成复杂的难溶性砷化合物。而镉很容易被水中的悬浮物吸附,水中镉的含量随着距排污口距离的增加而迅速下降,因此污染的范围较少。铅很容易被土壤有机质和黏土矿物吸附,迁移性弱,积累分布特点是离污染源近土壤含量高,距离远则土壤含量低。污水中铬有 4 种形态,一般以3 价和 6 价为主,3 价铬很快被土壤吸附固定,而 6 价铬进入土壤中被有机质还原为 3 价铬,随之被吸附固定。因此,污水灌区土壤中的铬会逐年积累。

(3) 固体废弃物种类繁多,成分复杂,不同种类其危害方式和污染程度不同。其中矿业和工业固体废弃物污染最为严重。这类废弃物在堆放或处理过程中,由于日晒、雨淋、水洗,重金属极易移动,以辐射状、漏斗状向周围土壤、水体扩散。还有一些固体废弃物被直接或通过加工作为肥料施入土壤,造成土壤重金属污染。如随着我国畜牧业生产的发展,产生大量的家畜粪便及动物加工产生的废弃物,这类农业固体废弃物中含有植物所需的氮、磷、钾和有机质,同时由于饲料中添加了一定量的重金属盐类,因此作为肥料施入土壤增加了土壤锌、锰等重金属元素的含量。磷石膏属于化肥工业废物,由于其有一定量的正磷酸以及不同形态的含磷化合物,并可以改良酸性土壤,从而被大量施入土壤,造成了土壤中铬、铅、锰、砷含量增加。磷钢渣作为磷源施入土壤时,土壤中发现有铬的累积。

2) 有机污染物

有机污染物主要包括有机农药、多氯联苯、多环芳烃、农用塑料薄膜、合成洗涤剂、石油和石油制品,以及由城市污水、污泥和厩肥带来的有害微生物等。现代化农业离不开农药和化肥,目前广泛使用的化学农药有五十多种,其中主要包括有机磷农药、有机氯农药、氨基甲酸酶类、苯氧羧酸类、苯酚和胺类。有机氯杀虫剂如DDT、六六六等能在土壤中长期残留,并在生物体内富集。氮、磷等化学肥料凡未被植物吸收利用和未被根层土壤吸附固定的养分,都在根层以下积累,或转入地下水,成为潜在的环境污染物。而土壤侵蚀是使土壤污染范围扩散的一个重要原因,凡是残留在土壤中的农药和氮、磷化合物,在发生地面径流或土壤风蚀时,就会向其他地方转移,扩大土壤污染范围。

施用化肥是农业增产的重要措施,但不合理使用也会引起土壤污染。长期大量使用氮肥会破坏土壤结构,造成土壤板结,生物学性质恶化,影响农作物的产量和质量。过量使用硝态氮肥会使饲料作物含有过多的硝酸盐,妨碍牲畜体内氧的输送,使其患病,严重的会导致死亡。

农药是土壤的主要有机污染物。农药的化学性质稳定,不易在环境中降解,大量而持续使用农药,不断在土壤中积累,便会对土壤造成污染。目前大量使用的农药种类繁多,按照功能分为杀虫剂、杀菌剂和除草剂,三者比例约为 2∶1∶1。农药按照成分主要分为有机氯和有机磷两大类,如 DDT、六六六、狄氏剂(有机氯类)和马拉硫磷、对硫磷、敌敌畏(有机磷类)。这些直接进入土壤的农药大部分被植物吸附,此外还有石油、化工、制药、油漆、染料等工业排出的三废中的石油、多环芳烃、多氯联苯、酚等,也是常见的有机污染物。有些有机污染物能在土壤中长期残留,并在生物体内富集,其危害是严重的。

3) 放射性污染物

土壤本身就含有天然存在的放射性元素,如^{40}K、^{87}Rh 和^{14}C 等,但含量均较低。这里所指的放射性污染物主要来源于大气层中核爆炸降落的裂变产物和部分原子能科研机构排出的液体和固体的放射性废弃物。含有放射性元素的物质不可避免地会随自然沉降、雨水冲刷和废弃物的堆放污染土壤,在土壤中生存期长的放射性元素以锶和铯等为主。土壤一旦被放射性物质污染就难以自行消除,只能等它们通过自然衰变为稳定元素而消除其放射性。放射性元素可通过食物链进入人体,可对人畜产生放射病,能致畸、致突变、致癌等。

4) 病原菌污染物

病原菌污染物主要包括病原菌和病毒等,来源于人类的粪便及用于灌溉的污水(未经处理的生活污水,特别是医院污水),其中危害最大的是传染病医院未经消毒处理的污水和污物。人类若直接接触含有病原微生物的土壤,可能会对健康带来直接的负面影响,若食用种植在被污染土壤上的蔬菜、水果等,则会间接受到影响,病原菌污染不仅可能危害人体健康,而且有些长期在土壤中存活的植物病原体还可能严重地危害植物,造成农业减产。

4.3　土壤污染对人体健康的影响

土壤质量降低和退化不仅影响人类的饮食,也影响人类的居住。土壤被污染后对人类造成的影响和危害是极其严重的。当进入土壤的污染物不断增加,会致使土壤结构严重破坏,对人类的健康与安全造成极大的威胁。

土壤污染产生的效应因污染源性质不同而不同,具体体现在如下几方面。

1) 无机污染物毒害

无机污染物中重金属(汞、锡、铅、铬、铜、锌、镍等)以及类金属(砷、硒等)的污染危害最为严重,因为这些污染物具有潜在的威胁,一旦进入土壤,尽管能参与各种物理化学过程,如中和、沉淀、氧化还原、吸附、絮凝、凝聚等,但只能从一种形态转化为另一种形态,从甲地迁移到乙地,从浓度高的变成浓度低的等,无法将重金属从环境中彻底消除。进入土壤中的重金属较易被植物吸收,通过食物链而进入人体,危及人类健康。据统计,目前我国受镉、砷、铬、铅等重金属污染的耕地面积近 2×10^5 km²,约占耕地总面积的 1/6。在环境污染方面所说的重金属实际上主要是指汞、镉、铅、铬和类金属砷等生物毒性显著的元素。在这些有毒元素中,汞毒性最大,镉次之,铅、铬、砷也有相当毒害,俗称"五毒"元素。重金属污染物形态多变,大多数重金属元素处于元素周期表的过渡区,多有变价,有较高的化学活性,能参与多种反应和过程。随环境的 Eh 值、pH 值、配位体不同,常有不同的价态、化合态和结合态,同一金属形态不同,其稳定性和毒性也不同。各种生物对重金属都有较大的富集能力,经过食物链的放大作用,重金属会逐级在较高级的生物体内成千上万倍地富集起来,然后通过食物链进入人体,并在人体的某些器官中积累起来,造成慢性中毒,影响人体健康。

尽管人体内含有多种化学元素,但是如果因为外界环境的影响,致使这些化学元素的含量过高时,就会导致生理失衡而患各种疾病。

例如,镉是一种容易以危险的含量水平进入人体的高毒性重金属元素,半衰期超过 20 年,其对人体的危害可分为急性中毒和慢性致癌两方面,引起慢性中毒的潜伏期可达 10~30 年。镉被人体吸收后主要分布在肝与肾中,与低分子蛋白质结合成金属蛋白。镉在骨骼中富集后会逐渐取代骨骼中的钙,使骨骼严重软化。镉还会干扰人体和生物体内的酶系统,引起内脏功能失调,进而引发癌变、畸变。镉中毒主要表现为肾脏功能的损害和肺部的损伤,导致肾皮质坏死、肾小管损害、肺气肿、肺水肿,还可以引起心脏扩张和高血压,长期摄入将会导致骨质疏松、脆化、腰病、脊柱畸形。此外,镉还可以导致男性生殖系统损害及雄性激素增高的发生率,随接触水平的升高而增加,前列腺特殊抗体的发生率也同时增加。土壤中的镉主要是以交换态镉、专性吸附态镉、铁锰氧化结合态镉和残余态镉的形态存在。虽然土壤镉污染对人体没有造成直接性的接触危害,但污染土壤中的铅可以通过食物链进入人体以对人体造成严重的危害。目前,我国大米镉污染问题也比较严重。据调查,我国六个地区(华东、东北、华中、西南、华南和华北)县级以上市场的超过 170 个大米样品中,有 10% 的市售大米存在镉超标的问题。近年来在我国由镉等重金属引起的土壤污染问题已有较多报道。2005—2009 年对南方某省食品镉污染情况进行的调查显示,镉的检出率为 64.4%,超标率为 7.3%;镉超标食品涉及粮食、水果、食用菌、水产品、动物内脏等,说明在一些地区镉污染情况比较普遍,应该引起足够的重视。

汞及其化合物属于剧毒物质,可在人体内蓄积。主要来源于仪表厂、食盐电解、贵金属冶炼、化妆品、照明用灯、齿科材料、燃煤、水生生物等。血液中的金属汞进入脑组织后,逐渐在脑组织中积累,达到一定的量时就会对脑组织造成损害,另外一部分汞离子转移到肾脏。进入水体的无机汞离子可转变为毒性更大的有机汞,由食物链进入人体,引起全身中毒作用。易受害的人群有女性,尤其是准妈妈、嗜好海鲜人士。天然水中含汞极少,一般不超过 $0.1\ \mu g/L$。正常人血液中的含汞量为 $5\sim10\ \mu g/L$,尿液中的汞浓度小于 $20\ \mu g/L$。如果急性汞中毒,则会诱发肝炎和血尿。

土壤铬污染主要来源于劣质化妆品原料、皮革制剂、金属部件镀铬部分,工业颜料以及鞣革、橡胶和陶瓷原料等;如误食饮用,可致腹部不适及腹泻等中毒症状,引起过敏性皮炎或湿疹,呼吸进入,对呼吸道有刺激和腐蚀作用,引起咽炎、支气管炎等。水污染严重地区居民以及经常接触或过量摄入者易得鼻炎、结核病、腹泻、支气管炎、皮炎等。

2)有机污染物毒害

有机污染物主要是指农药和化肥。农药和化肥等农用化学物质的广泛应用,虽然对大幅度提高农作物产量,满足人口快速增长需求作出了重要贡献,但同时也带来了农副产品有害物质超标、质量下降和环境污染等问题。农药按其在土壤中被分解的难易程度分为易分解类(如有机磷制剂)和难分解类(如有机氯、有机汞制剂等)。人类吃了含有残留农药的各种食品后,残留的农药便转移到人体内,这些有毒有害物质在人体内不易分解,经过长期积累会引起内脏机能受损,使肌体的正常生理功能发生失调,造成慢性中毒,尤其是杀虫剂引发的致癌、致畸、致突变的"三致"问题比较突出。化肥污染的主要问题是产生亚硝酸盐,这是一类致病物质,化肥本身不会对人体直接产生危害,但化肥中的氮、磷成分大量流失进入水体,加剧了水体的富营养化。更为严重的是,氮的大量残留会导致地下水和蔬菜中硝态氮浓度超标。目前,我国北方大城市周围化肥使用量较大的地方的地下水硝酸盐含量多数已超过饮用水标准。

典型的有机氯农药多属低毒和中等毒农药,随食物摄入人体,当摄入量达到 $10\ mg/kg$(体重)时,即可出现中毒症状。有机氯农药慢性中毒的动物实验结果显示,主要是损伤肝、肾。中毒者中枢神经应激性显著增加,可引起头晕、恶心、肌肉震颤等症状。严重者可造成心肌损伤以及肝脏、肾脏和神经细胞的变性,常伴有不同程度的贫血、白细胞增多、淋巴细胞减少等病变,有些中毒者可出现昏迷、发热,甚至呼吸衰竭而死亡。有机氯农药随食品进入机体后,经过肠道吸收,主要在脂肪含量较高的组织和脏器中蓄积,对人体产生慢性毒性作用。有机氯农药大多可以诱导肝细胞微粒体氧化酶类,从而改变体内某些生化反应过程。同时,对其他酶类也可产生影响。如DDT可对ATP酶产生抑制作用,艾氏剂可使大鼠的谷丙转氨酶及醛缩酶活性增高等。有机氯农药在体内代谢转化后,可经过肾脏随尿液、经过肠道随粪便排出体外。另外,还有一小部分体内蓄积的有机氯农药可随乳汁排出。

食品中残留的有机氯农药不会因贮藏、加工、烹饪而减少。因此,长期摄入有机氯农药高残留量的食物,可使体内农药蓄积量增加而产生毒性作用。

多氯联苯(PCB)是非常难于化学降解和生物降解的,因此它们在环境中滞留的时间很长。自 1930 年以来,全世界 PCB 的累计产量约为 1×10^6 t,其中一半以上已进入垃圾堆放场和填埋场,它们相当稳定,而且释放很慢。其余的大部分通过下列途径进入环境:随工业废水进入河流或沿岸水体;从非密闭系统渗漏或堆放在垃圾堆放场,由于焚烧含 PCB 的物质释放到大气中。进入环境中的 PCB 的最终贮存场所主要是河流沿岸水体的底泥,只有很少部分通过生物作用和光解作用发生转化。PCB 在机体内有很强的蓄积性,并通过食物链逐渐被富集。PCB 可以经动物的皮肤、呼吸道和消化道而被机体所吸收。其中消化道的吸收率很高。PCB被人或其他动物吸收后,广泛分布于全身组织,以脂肪中含量最多。PCB 可引起皮肤损害和肝脏损害等中毒症状。在全身中毒时,则表现嗜睡、全身无力、食欲不振、恶心、腹胀腹痛、黄疸、肝肿大等。严重者可发生急性肝坏死而致肝昏迷和肝肾综合征,甚至死亡。PCB 对肝脏、胃肠系统、神经系统、生殖系统、免疫系统的病变甚至癌变都有诱导效应。少量的 PCB 不会引起急性毒性,而是慢慢地侵入人体,引起皮肤损害和肝脏损害等中毒症状,甚至融入细胞 DNA 中,导致遗传因子紊乱,促使癌症的发生。有些 PCB 虽本身并无直接毒性,但它们可以通过对生物体的酶系统产生诱导作用而引起间接毒性。PCB 在生物体内的代谢是经肝脏药物代谢酶完成的,代谢的 PCB 通常是对位和邻位氯化的 PCB。而对位和间位被氯化的 PCB能激发产生极强毒性的反应,生成高毒性 PCB 同类物,使得整个体系的毒性下降缓慢甚至有所增加。

3)放射性污染毒害

土壤环境中放射性污染物质有天然来源和人为来源两类。由天然放射性核素所造成的人体内照射剂量和外照射剂量都很低,对人类的生活没有表现出什么不良影响。随着核工业的发展,人为放射性物质大量出现,使地球上的放射性污染发生了明显的变化。核试验、核武器制造、核能生产和核事故、放射性同位素的生产和应用,以及矿物的开采、冶炼和应用等是当前土壤环境中的主要放射性污染来源。土壤被放射性物质污染后,通过放射性衰变,能产生 α、β 和 γ 射线。这些射线能穿透人体组织,使机体的一些组织细胞死亡。这些射线对机体既可造成外照射损伤,又可通过饮食或呼吸进入人体,造成内照射损伤,使受害者头昏、疲乏无力、脱发、白细胞减少或增多,发生癌变等。

4)生物性污染毒害

生物性污染毒害中最有代表性的是经皮肤和黏膜引起钩端螺旋体病、炭疽病和经口引起肠道传染病和寄生虫病等。病原体污染的土壤能够传播伤寒、副伤寒、痢疾、病毒性肝炎等传染性疾病。这些病原体随患者和带菌者的粪便以及他们的衣物、器皿的洗涤污水污染土壤，通过雨水的冲刷和渗透，病原体又被带进地面和地下水中，进而引起这些疾病的暴发流行。有些人畜共患的传染病还能以土壤为媒介传染给人类，例如患钩端螺旋体病的牛、羊、猪、马等，可能通过粪尿中的病原体污染土壤，并通过黏膜、伤口、浸软的皮肤进入人体，使人致病。破伤风杆菌、气性坏疽杆菌、肉毒杆菌等病原体能长期在土壤中生存。此外，被有机废弃物污染的土壤是蚊、蝇滋生和鼠类繁殖的场所，而蚊、蝇和鼠类又是多种传染病的媒介。因此被有机废弃物污染的土壤在流行病学上被视为特别危险的物质。

讨论题：

（1）土壤污染如何影响我们的健康？

（2）大气和水污染对土壤质量有无影响？

第5章 物理因素与健康

物质都在不停地运动,如机械运动、电磁运动、分子热运动等。在这些运动中,每时每刻都在进行物质能量的交换和转化,构成了我们生存的物理环境。物理环境是自然环境的重要组成部分,对身处其中的人群健康直接产生影响。

物理环境可分为自然物理环境和人工物理环境。自然物理环境是由自然的声、振动、电磁、放射性、光和热构成。地震、台风、雷电等自然现象会产生振动和噪声,火山爆发、太阳黑子活动会产生电磁干扰,一些矿物质含有放射性,大气对阳光的散射形成了自然光,太阳辐射、大气与地表间的热交换等构成了热环境等。这些自然的物理因素与人类的生产和生活息息相关。人工物理环境是由人在生产和生活中创造的各种物理因素构成的。各种交通工具、机械设备、娱乐设施等都是人工声环境制造者;各种电子设备、通信设施、电力设施等是人工电磁辐射的来源;伴随核工业的建立和发展,各种放射性物质广泛应用,形成了人工放射性源。随着人类社会经济发展,人工物理环境也越来越庞大、越来越复杂,造成的物理性污染也日趋严重。

自然生态环境达到平衡时,自然界中的能量交换和转化也是平衡的,人为因素干扰了生态平衡时,也影响了原先的物理环境平衡。在能量交换和转化过程中,物理因素的强度一旦超过人的耐受限度,就打破了原有的平衡,形成了物理性污染。常见的物理性污染有噪声、振动、电磁、光、热、放射性污染等。物理性污染属于能量流污染,它与化学性污染、生物性污染不同,物理性污染在环境中不会有残余物质存在,污染源消除后,污染也将消失。随着人类社会的不断发展,物理污染呈现增长的趋势,对人体和环境的影响也日益加重,所以必须对其进行控制和治理。

5.1 噪声污染与健康

声音是一种波动现象。随着波动,弹性媒质中的压力、应力、质元位移和速度都将发生周期性变化,这种变化称为机械振动,或称为声振动。声振动的传播过程称为声波,频率在 $20\sim20\,000$ Hz 范围的声波能引起人的听觉感受,常把这个频率范围的声波称为声音。如我们敲击音叉,音叉的振动对其周围的空气产生了挤压,使其表面附近的空气密度产生了周期性的疏密变化,这种疏密变化将带动邻近的空气分子依次运动,于是音叉的振动通过空气层的疏密变化形成了声波。当声波传入人耳,带动鼓膜振动从而刺激听觉神经,人就产生了声音的感觉。频率低于20 Hz 的声波称为次声,超过 20 000 Hz 的称为超声,次声和超声都是人耳听不到的声波。

人类的生活和工作环境中存在着各种各样的声音。这些声音中,有些是人们需要的,如交谈的语音、欣赏的乐曲等;有些是人们不需要的、厌烦的,如机器轰鸣、交通噪声等,这些声音称为噪声。从物理学观点来说,振幅和频率杂乱断续或统计上无规则的声振动称为噪声。从环境保护的角度来说,凡是干扰人们休息、学习和工作的声音,即不需要的声音统称为噪声。在实际生活中,噪声和非噪声的判定是随着人们主观意识、行为状态和生理的差异而变化的。从心理学上来说,噪声与非噪声的划定没有绝对的界线。如对于专心致志做某件事情的人来说,他人正在欣赏的乐曲对其则可能是令人分神的噪声。当噪声超过人们的生活和生产活动所能容许的程度,就形成噪声污染。

5.1.1 噪声分类

按噪声源的物理特性可分为机械噪声、气体动力噪声、电磁噪声。气体动力噪声是由于发生压力突变引起气体扰动而产生的,如各种风机、空气压缩机、喷气式飞机等。机械噪声是由于固体振动而产生的,在撞击、摩擦交变的结构应力作用下,机械的金属板、轴承、齿轮等发生振动,就产生机械性噪声,如各种车床、电锯、球磨机、织布机、纺纱机等产生的噪声就属于此类。电磁噪声是由于磁场脉冲、磁场伸缩引起电气部件振动而发出的声音,如变压器和发电机产生的噪声。

按噪声的频率特性和时间特性可分为高频噪声和低频噪声、宽频噪声和窄频噪声、稳态噪声和非稳态噪声、脉冲噪声等。

按环境噪声来源可分为交通噪声、工业噪声、建筑施工噪声、社会生活噪声等。

5.1.2 噪声量度

人对噪声吵闹的感觉,与噪声的强度和频率有关。物理学上通常用频率、波长、声速、声压、声功率级及声压级等概念和量值描述声的一般特性。由于正常人的听觉所能感觉的声压和声强变化范围很大,相差在百万倍以上,不便表达,因此采用了以常用对数作为相对比较的"级"的表述方法,分别规定了"声压级""声强级""声功率级"的基准值和测量计算公式。它们的通用单位为分贝(dB)。在这个基础上,为了反映人耳听觉特征,附加了频率计权网络,如常用的 A 计权,记作

dB(A)。对于非稳态的噪声,目前一般采用在测量采样时间内的能量平均方法,作为环境噪声的主要评价量,简称等效声级,记作 L_{eq}。

5.1.3 噪声污染对人体健康的危害

1) 噪声对听力的影响

噪声对人体的影响是多方面的,首先是在听觉方面。这种损害主要是由于内耳的接收器官,即柯蒂氏器官损伤而产生的。靠近耳蜗顶端对应于低频感应,该区域感觉细胞必须达到很广泛的损伤,才能反映出听阈的改变;耳蜗底部对应于高频感应,这个区域的感觉细胞只要有很少损伤,就能产生听阈的改变,当该区域的感觉细胞损伤 15%～20% 时,听觉灵敏度就可能下降 40 dB。因此,听觉疲劳往往从感受声音的高频部分开始,受低频部分的影响较小。

人如果在强噪声环境下暴露一定时间后,听觉敏感度就会下降,即听觉的阈值变大了,这种变化称为阈移。人如果离开强噪声环境到安静的环境里停留一段时间后,听觉可以恢复,听觉的这种变化称为暂时性阈移,或称听觉疲劳。听力的损害具有积累性,在强噪声作用下,听力减退得越多,恢复所需要的时间越长。如果长期暴露在强噪声环境中,强噪声持续作用于听觉器官,听觉疲劳得不到有效恢复,久而久之听觉器官将产生器质性病变,暂时性阈移将转变成永久性阈移,称为噪声性耳聋。目前还无法治愈噪声性耳聋,因此也有将噪声污染比喻为慢性毒药的说法。研究表明,一个年轻人在噪声环境中连续暴露 8 小时后的 2 分钟内,暂时性阈移大体相当于在该噪声环境中职业性暴露 10 年后所造成的永久性阈移。当人从安静环境中立刻进入强噪声环境,会感到耳部不适,甚至会出现头痛、恶心等症状。在强噪声环境下停留一段时间,离开后仍会觉得耳鸣,在 2 分钟内做听力测试,发现听觉在某频率段下降约 20 dB。

听觉存在个体差异,不同的人其听觉适应能力也不同,听力检查也有一定的误差。因此,医学临床上取 (15±5) dB 以内作为听力检查的波动范围。听觉变化在这个范围之内的视为基本正常,超出这一范围就视为听觉异常。如果听觉损失不超过一定的数值,只能称为听觉功能异常而不视为听觉异常。只有听觉损失超过一定的数值后,才可称为听觉损伤,这个数值称为听力损伤的临界值。国际标准化组织(ISO)于 1964 年规定,在 500 Hz、1 000 Hz 和 2 MHz 三个倍频段内听阈提高的平均值在 25 dB 以上时,即可认为听觉受到损伤。

2) 噪声对生理的影响

噪声传入耳内,引起鼓膜的振动,经耳蜗神经传递到丘脑、下丘脑,然后到达大脑皮层。如果长时间受噪声刺激,就会超过生理的承受能力,对中枢神经造成损害,使得大脑皮层的兴奋和抑制平衡失调,出现病理性变化。强噪声使人产生头痛、头晕、耳鸣、多梦、失眠、心慌、记忆力衰退和全身乏力等症状,这些症状在医学上统称为神经衰弱症候群。

噪声还可引起交感神经紧张,从而导致心跳加快、心律不齐、血管痉挛、血压升高等。噪声强度越大,频带越宽,血管的收缩就越强。血管收缩造成心脏排血量减少,舒张压升高,对心脏形成不良影响。大量研究表明,心脏病的发展恶化与噪声有着密切联系。噪声使得人们紧张,造成肾上腺素分泌加快,从而引起心率加快、血压升高。有人认为,现代生活中噪声是引发心脏病的重要原因。

不仅如此,噪声还可引起人体的内分泌系统、消化系统,甚至视力方面的疾病。噪声刺激可能导致孕妇早产或流产、新生儿体重偏低。长期工作在噪声环境中的人群易患胃溃疡、视力下降等诸多病症。不同噪声强度对健康的影响如表5-1所示。

表5-1 不同噪声强度对健康的影响

噪 声 强 度	对 健 康 的 影 响
>30 dB	影响睡眠
>50 dB	影响语言交流
>75 dB之上持续8 h	听力受损害
>90 dB	听力受到损伤,月经异常增多
>100 dB强噪声	耳朵发痒,耳朵疼痛,导致妊娠中毒症发病率增高,胎儿发育智商低

3) 噪声对心理的影响

噪声对人们心理的影响也不容忽视,噪声容易引起烦恼、激动、易怒、注意力不集中等精神异常,严重时甚至可能引起理智丧失。如在播放重金属音乐的酒吧里,人们的非理智行为和犯罪明显增多。

4) 影响睡眠、休息和工作

噪声影响人正常睡眠。当噪声级在50 dB以上时,15%的人正常睡眠受到影响。城市街道的交通噪声在70 dB左右,邻近街道的居民睡眠质量普遍不佳。在靠近工厂、工地的居民区,噪声高达70~110 dB,严重干扰了居民睡眠。

噪声还影响人们的工作。长时间在噪声环境中工作使人感到疲劳、烦躁和注意力下降,影响工作效率。尤其是从事危险工作的人群,噪声影响更不容忽视。

5.2 放射性污染与健康

放射性是指一种不稳定的原子核(放射性物质)在发生核转变的过程中,自发地放出由粒子和光子组成的射线或者辐射出源于核里的过剩能量,本身则转变成为另一种核素,或者成为原来核素的较低能态。

放射性物质在没有任何外界条件作用下能够自发地从原子核内部放射出光子或粒子,形成某些具有很强穿透性的特殊射线的物质,如 ^{235}U(铀)、^{232}Th(钍)和自然界中含量丰富的 ^{40}K(钾)等。放射性物质进入环境后,对环境和人体造成危害,就成为放射性污染物。

放射性核素产生核衰变具有一定的半衰期。所谓半衰期是指放射性原子数目因核衰变而减少到原来的一半时所需要的时间。在衰变过程中,放射性核素会持续放射出具有一定能量的射线。这些射线对周围介质会产生电离作用,这种电离作用是放射性污染的根源。

5.2.1 放射性核素衰变种类

放射性核素的核衰变是多种多样的,有 α 衰变、β 衰变和 γ 衰变等。

1) α 粒子和 α 衰变

放射性核素的原子核放射 α 粒子而变为另一种核素原子核的过程称为 α 衰变。形象地说,重核素不稳定的因素是由于原子核过于庞大,通过释放出质子和中子的方式可以使原子核变小,从而达到稳定。质子和中子并不是单个释放出来,而是以两个质子、两个中子结合在一起的方式释放。这种两个质子、两个中子结合在一起的粒子称为 α 粒子。

α 粒子流形成的射线称为 α 射线。α 射线穿透能力较小,在空气中容易被吸收。其外照射对人体伤害不大,但由于它电离能力强,进入人体后会因为内照射对人体造成较大的伤害。

2) β 衰变

β 衰变的过程包括 β⁻ 衰变、β⁺ 衰变和电子俘获三种类型。

可以把 β⁻ 衰变看作是核素中子对质子的比率太高、中子数过多而不稳定,中子衰变成一个质子留在核素中使得中子对质子的比率下降,同时放出一个 β⁻ 粒子和反中微子的衰变过程。放射出来的 β⁻ 粒子被物质阻止后,就变成了自由电子。β⁻ 衰变过程中有三个生成物:子核、β⁻ 粒子和反中微子。

可以把 β⁺ 衰变看作是原子核内的一个质子转变成中子,同时放出一个 β⁺ 粒子和中微子的衰变过程。β⁺ 衰变发生后,子核与母核具有相同的核质量,仅原子序数减少 1。天然存在的放射性核素不存在 β⁺ 衰变,这种衰变的核素都是人工放射性核素。β⁺ 衰变过程中有三个生成物:子核、β⁺ 粒子和中微子。

可以把电子俘获看作是母核俘获了它的一个核外电子,使得原子核中的一个质子转变成中子,同时放出中微子的过程。

3) γ 衰变和 γ 射线

各种类型的核衰变往往形成处于不稳定的激发态的子核,子核处于激发态的时间十分短暂,几乎立即跃迁到较低能态或基态并放出 γ 射线。此外,受快速粒子的轰击或吸收光子也可以使原子核处于激发态而不稳定,也可产生跃迁到较低能态或基态并放出 γ 射线的过程,这种过程称为 γ 跃迁,或称为 γ 衰变。在 γ 衰变过程中,核素将保持其原来的组成,即原子核的质量数和原子序数都不发生改变,只是过剩的能量释放出来导致原子核的能量状态发生了变化。

在 γ 跃迁过程中,从核衰变所得到的 γ 射线通常是伴随着 α 射线、β 射线或其他射线一起产生的,电子俘获的核衰变有的也伴有 γ 射线。γ 射线也是一种电磁辐射,它是从原子核内放射出来的,波长也比较短,一般为 $10^{-8} \sim 10^{-11}$ cm,其性质与 X 射线十分相似。γ 射线穿透能力极强,对人体危害极大。

5.2.2　放射性污染来源

放射性污染来源主要有天然源和人工源。

1) 天然放射源

天然放射源主要包括宇宙射线、地表放射性物质、水体放射性物质、大气放射性物质、食物和人体中的放射性物质。

(1) 宇宙射线　宇宙射线是从宇宙中辐射到地球上的射线,主要由各种高能粒子流组成。它是人类长期受到的天然辐射源。宇宙射线能够引发地磁爆,使得高层大气密度增加,还会影响卫星、航行和通信的正常运作。

宇宙射线在地球大气层外的外层空间称为初级宇宙射线。初级宇宙射线主要由高能质子(约占 87%)、氦粒子(α 粒子,约占 10%)以及少量的重粒子、电子、光子和中微子构成。初级宇宙射线具有极大的动能,其能量平均值为 10^{10} eV,最高可达 10^{19} eV,其穿透能力极强。

初级宇宙射线进入大气层后与空气中的原子核发生剧烈碰撞,致使原子核破碎。这种撞击核反应产生了中子、质子、π 介子、K 介子和一些放射性核素,如 ^{3}H、^{7}Be、^{22}Na、^{24}Na 和 ^{14}C 等,这些粒子形成了次级宇宙射线。次级宇宙射线还能够继续与大气中的原子核进行核反应,形成更多的次级粒子。部分次级宇宙射线的穿透能力较大,可透入深水和地下。

(2) 地表放射性物质　在地表的岩石、土壤、煤炭中也含有少量的原生天然放射性核素。它们主要分为中等质量天然放射性同位素(原子序数小于 83)和重天然放射性同位素两种。由于地质条件的原因,世界上有一些地区地表层含有较高的天然放射性物质,称为高本底区。如巴西的独居石和火山侵入岩地带、印度喀拉拉邦、中国广东阳江地区等。这些地区的高本底辐射多是由于岩石、土壤中具有较高含量的独居石而引起的。

(3) 水体放射性物质　水系统中也含有一定量的放射性核素。水中天然放射性物质的浓度与水所接触的岩石、土壤以及地面沉降的宇宙放射性核素有关。海水中含有大量的 ^{40}K,天然矿泉水中多含铀、钍和镭。

(4) 大气放射性物质　大气中的天然放射性核素主要来自地壳中铀系和钍系的气体子代产物散射,其他天然放射性核素含量很少。这些放射性气体子代产物很容易附着在空气溶胶颗粒上,形成放射性气溶胶。大气中天然放射性物质浓度与季节有关。一般冬季浓度较高,夏季最低。空气中含尘量大时其天然放射性物质浓度也会升高。在某些特殊地方,如山洞、地下矿穴等的空气中的放射性物质浓度也较高。此外,室内空气中放射性物质的浓度较室外高,这与建筑材料和通风情况有关。

(5) 食物和人体中的放射性物质　由于岩石、土壤、大气和水体中都含有一定量的放射性核素,经过生态系统的物质、能量流动,它们不可避免地会转移到生物圈中。生物圈中的放射性物质通过食物链进行传递和交换。人类作为食物链的最高营养级,食物是主要的天然放射性核素来源。进入人体的微量放射性核素分布在全身各个器官和组织。如天然铀、钍在人体肌肉中的平均质量分数分别是 $0.19\ \mu g/kg$ 和 $0.9\ \mu g/kg$,在骨骼中的平均质量分数是 $7\ \mu g/kg$ 和 $3.1\ \mu g/kg$。镭通过食物进入人体,70%～90%的镭沉积在骨骼里,其余部分均匀分布在软组织中。根据测量,人体骨骼中每千克钙含 ^{226}Ra 的中位数为 $0.85\ Bq$。

2) 人工放射源

人工放射源主要来自核试验、核工业、核动力及医疗等方面。

(1) 核试验的沉降物　在大气层进行核试验时,核爆炸产生的高温蒸汽和气体形成放射性烟云,夹带着金属碎片、地面物上升。它们在上升过程中不断与空气混合,热量降低,气态物逐渐凝聚成颗粒或附着在其他尘粒上,随着大气运动,这些放射性颗粒不仅沉陷在核爆区附近,而且可能扩散到更广泛的地区,造成对地表、海洋、人和动植物的污染。有些细小的放射性微粒甚至可能上升到平流层并随大气环流流动,经过很长时间才回落到对流层,造成全球性的污染。

核试验产生危害较大的放射性污染物有 ^{90}Sr、^{137}Cs、^{131}I 和 ^{14}C。由于放射性核素都有半衰期,在这些放射性核素完全衰变之前,其放射性污染不会消失。核试验造成的全球放射性污染比其他原因造成的放射性污染要严重得多,是重要的人工放射性污染源。

(2) 核工业和核动力　核动力是核工业的主体。核燃料的开采、生产、使用及回收等各个环节都会产生数量不同带有放射性的废水、废气、废渣,这些放射性污染物对环境造成了不同程度的影响。

核燃料的开采、冶炼、加工及精制过程中排放的放射性污染物主要是含有氡和其子体以及含放射性粉尘的废气;含有铀、镭、氡等放射性物质的废水和冶炼过程中产生的含镭、钍等放射性物质的废渣以及精制、加工中产生的含镭、铀的废液、烟雾和废气等。

核反应堆在运行过程中产生大量裂变产物,一般情况下裂变产物密封在特制的燃料元件盒内。正常运行条件下,反应堆排放的废水中主要是被中子活化后所生成的放射性物质,废气中主要是反应堆裂变产物及中子活化产物。

核燃料使用后运送到核燃料后处理厂进行处理,提取铀和钚再次循环使用。在核燃料的后处理过程中排出的废气中含有裂变产物,排放的放射强度较高的废水中含有半衰期长、放射性强的核素。因此,核燃料的后处理过程是整个核燃料循环过程中最重要的污染源。

对于整个核工业来说,其正常运转时一般不会对环境造成严重污染。严重的核污染一般都是由于事故造成的。如1986年苏联切尔诺贝利核电站爆炸导致的核泄漏事故。因此,如何控制事故排放是减少环境放射性污染的重要环节。

(3) 其他人工放射性污染　在日常生活中,还有些医疗设备,如某些分析、检测、控制设备使用了放射性物质。这些放射性源对职业操作人员会产生辐射危害。一些建筑材料如花岗岩等,含有超量的放射性核素,造成居住环境的放射性污染。此外,还有一些日常用品,如夜光表、电视机等,也含有少量的放射性物质。

5.2.3　放射性污染对健康的危害

放射性核素是通过外照射与内照射两种途径危害人类健康的。外照射是由废物中含有的辐射直接对人体照射产生的生物效应。在大剂量的照射作用下,人体体内的造血器官、神经系统、消化系统均会遭受损伤而导致病变。内照射则是废物中含有以辐射为主的核素,它会通过各种途径进入人体的内部,按其不同的性质分别聚集于人体不同的器官,从而产生损伤作用。这种照射作用因具有积累性,比外照射的危害性更严重。它的危害程度有以下两个特点:首先,能广泛分布于人体各器官的放射性核素比易于聚集于单一器官的核素危害性小;其次,半衰期愈长的放射性核素的危害性愈大。

当我们从放射性污染物的角度来研究其对人体健康危害时,主要是研究各种放射线在其中所起的作用。一般来说,放射性物质会产生三种主要的射线,即 α 射线、β 射线和 γ 射线。这些射线的特点在前面已有介绍,它对人类机体主要有两种作用:一是能够穿透人类机体,从而对体内的组织和器官产生破坏作用。二是当它们通过人体时,会产生电离作用,从而使某些组织的细胞死亡,最终影响机体正常的新陈代谢作用。当人们在短时期内遭受较大量的放射线作用时,会产生恶心、呕吐、无力等症状。当放射性物质进入人体后,能在肺、卵巢、骨骼、皮肤等部位和组织引起恶性肿瘤和其他病症。强的放射线对人体的危害性很大,有的时候会在短时间内致人死亡,而存活下来的会终身残疾,其留下的后遗症会遗传给下一代。

1) 放射性辐射的生物效应

放射性辐射具有足够的能量,能够引起电离。细胞主要由水组成,在水中的电离将产生自由基 H^+ 和 OH^- 以及强氧化剂 H_2O_2,这些反应产物会与细胞的重要有机分子相互作用,有可能破坏构成染色体的复杂分子,在分子水平变化的基础上,细胞发生变化。由于各种细胞对辐射的敏感性不同,在相同的辐射剂量条件下,不同的细胞有不同的损伤。细胞损伤是细胞代谢、功能和结构的不利变化,是生物机体损伤发生和发展的基础。

由于细胞受到损伤,机体的组织、器官和系统的功能将发生变化,机体调节功能受到干扰,甚至遭破坏,人可能会感到不舒服,甚至会因此出现一些由辐射引起的疾病症状。

电离辐射生物效应的发展过程如图 5-1 所示。

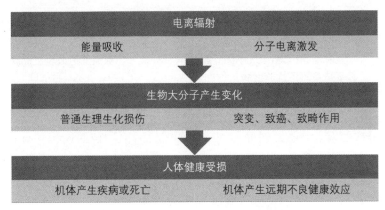

图 5-1　电离辐射生物效应的发展过程

机体吸收很少的辐射能量即可发生显著的生物效应。

影响辐射生物效应的因素可分为辐射种类、剂量、照射方式和被照生物体对辐射的敏感度四个方面。

辐射种类指的是不同类型的辐射线,辐射线不同引起的生物效应也不同。为比较各类电离辐射效应,定义相对生物效应 B 为

$$B = D_1/D_2 \qquad\qquad (5-1)$$

式中,D_1 为 $^{60}Co\gamma$ 射线或相当的 X 射线引起的机体的某种损伤所需的吸收剂量;D_2 为所要研究的某种辐射线引起同样的损伤所需的吸收剂量。

表 5-2 列出了几种电离辐射的 B 值。

表 5－2　几种电离辐射的 *B* 值

辐射类型	B 值	辐射类型	B 值
X, γ	1	快中子	10
β	1	α	10
热中子	3	重核	20
中能中子	5～8		

从表 5－2 可以看出,不同的辐射线在相同的吸收剂量情况下,生物效应是不同的。

其次,受辐射剂量越大,产生的生物效应越显著,但并非是线性关系。表 5－3 列出了人体受辐射后引起的损伤效应与吸收剂量的关系。

表 5－3　人体受辐射后引起的损伤效应与吸收剂量的关系

D/Gy	病 理 变 化	D/Gy	病 理 变 化
0～0.25	不易察觉	2.0～3.5	中度造血型急性放射病
0.25～0.5	可逆性功能变化,可能有血象改变	3.5～5.5	重度造血型急性放射病
0.5～1.0	功能和血象改变,但无临床症状	5.5～8.0	极重度造血型急性放射病
1.0～2.0	轻度造血型急性放射病		

照射方式分为内照射和外照射。外照射又分为单方向照射和多方向照射,一次照射和分次照射。分次照射又与间隔时间、被照部位、被照面积等有关,这些都会影响到辐射的生物效应。

被照生物体对辐射的敏感度与被照体个体、器官、组织、细胞以及分子水平的辐射敏感性有关。就人而言,发育越成熟,对辐射的敏感性越低。老年机体因各种功能衰退,对辐射的敏感性增强。组织、细胞的辐射敏感性从强到弱排列如下:淋巴组织→淋巴细胞→胸腺(细胞)→骨髓→胃肠上皮(特别是小肠隐窝上皮细胞)→性腺(睾丸和卵巢的生殖细胞)→胚胎组织(以上为高度敏感)→感觉器官(角膜、晶状体、结膜)→内皮细胞(血管、血窦和淋巴管内皮细胞)→皮肤上皮→唾液腺(以上为中度敏感)→内分泌腺→心脏(以上为轻度敏感)→肌肉组织→软骨及骨组织→结缔组织(以上为不敏感)。在同一细胞内,不同亚细胞结构的辐射敏感性相差很大,如细胞核比脑浆高 100 倍。从分子水平来说,下列次序时辐射敏感性渐小:DNA→mRNA(m 核糖核酸)→rRNA→tRNA→蛋白质。

2) 放射性损伤的特点

放射性辐射引起的生物损伤与普通损伤不同。放射性损伤具有潜伏性,可能需经过一定时间才会显现出来。辐射引起的生物损伤按照时间顺序可分为潜伏期、显示期和恢复期三个阶段。

（1）潜伏期　从物体受到辐射，到首次检测出伤害之前，通常会有一段延迟时间，这段时间称为潜伏期。潜伏期的时间范围可能会很长。辐射引发的生物效应可分为急性和慢性两类。急性伤害效应可能在数分钟、数日或数周就表现出来，而慢性伤害效应则可能延迟数年、数十年或数代才表现出来。

（2）显示期　在显示期可以观察到一些不同的生物效应，最常见的现象是细胞停止进行有丝分裂。这种现象可能是暂时的，也可能是永久的，它与辐射剂量的多少有关。还可能产生的生物效应包括染色体破坏、染色质结团、形成巨大细胞或进行不正常的有丝分裂、细胞质颗粒化、染色体特征发生变化、原生质体黏度改变以及细胞壁渗透性的变化等。人体急剧接受 1 Gy 以上的剂量会引起恶心和呕吐；2 Gy 的全身照射可致急性胃肠型放射病；当剂量大于 3 Gy 时，被照射个体的死亡概率变得很大；而 3～10 Gy 的剂量范围则称为感染死亡区。

急性照射的另一种效应是皮肤产生红斑或溃疡。因为皮肤最容易受到 β 射线和 γ 射线的照射，接收到较大的剂量。例如，单次接收 3 Gy 的 β 射线或低能 γ 射线的照射，皮肤会产生红斑；剂量更大时，将出现水泡、皮肤溃疡等病变。

（3）恢复期　经过辐射暴露后，生物效应会在一段时间内恢复到某种程度，这种现象在急性伤害中尤为明显。在受照射后的数日或数周内出现的损伤可以恢复。然而，有后效的损伤不能恢复，这也是延迟伤害发生的原因。无论是来自体外的辐射照射，还是来自体内的放射性核素的污染，辐射对人体的作用都会导致不同程度的生物损伤，并在以后作为临床症状表现出来。这些症状的性质和严重程度以及它们出现的早晚取决于人体吸收的辐射剂量和剂量的分次给予情况。

3）造成疾病

（1）急性放射病　急性放射病是指人体在短时间（一般是数日内）受到一次或多次大剂量辐射所引起的全身性疾病。根据病情的基本改变，分为骨髓型（造血型）、肠型和脑型三种。

（2）慢性放射病　慢性放射病是指人体在较长时间内受到超过最大容许剂量当量外照射而引起的全身性疾病。在长期小剂量辐射中，机体对射线有一定适应能力和自身修复的能力。在受照剂量很小的情况下，只要平时注意防护，严格遵守操作规程，所受影响不大，不致引起放射损伤。只有在受到较大剂量照射或累积剂量达到一定水平时，才能造成职业性放射损伤或放射病。

慢性放射病的临床表现如下：头昏、头痛、乏力、易激动、记忆力减退、睡眠障碍、心悸、气短、食欲减退、多汗等植物神经紊乱综合征。早期一般没有明显体征，常见的是一些神经反射变化和神经血管调节方面的变化。病情如果继续发展，常伴有出血倾向，前臂试验呈阳性，内分泌有变化，皮肤营养障碍，眼晶体出现混浊等。少数较重患者可见早衰现象,外观和年龄极不相符。

(3) 小剂量外照射对人体的影响　小剂量外照射一般指小于1 Gy的辐射。它包括两个方面:一是指一次照射较小的剂量,二是指长期受低剂量率的照射。

近期效应是在受照后60天以内出现的变化。早期临床症状常在受照射后当时或头几天内出现。根据国内外一些核事故受照人员临床资料分析,早期临床病症多数是在受照后当天出现,持续时间较短,大部分在照射后1~2天不加处理症状即自行消失。从症状的严重程度来看,剂量较小时,一般仅头晕、乏力、食欲减退、睡眠障碍、口渴、易出汗等;而剂量较大时,可出现恶心等。随着剂量的增加,症状的发生率也增加。早期临床症状的轻重与受照部位、照射面积的大小有着密切关系,同时也与个体的精神状态、体质强弱以及工作劳累程度有关。

远期效应是在受照后几个月、半年、几年或更长时间才出现的变化。远期效应可发生在急性损伤已恢复的人员,也可发生在长期受小剂量照射的人员。由于剂量低、作用时间长,因此机体对射线的作用有适应和修复能力。如受较低剂量的照射,机体的修复能力占优势,在受照后相当长的时间内机体反应不明显。如受较高剂量的慢性照射,累积剂量达到一定程度时,可出现慢性损伤。常见的小剂量慢性照射远期效应主要有血液和造血系统的变化、眼晶体混浊、白血病与肿瘤以及对生育力、遗传和寿命的影响。

5.3　电磁污染与健康

在我们生活的环境中充满了各种各样的电磁波。我们身边的各种电器设施、设备,大到输变电工程,小到一个移动电话,都在不同程度地向外界辐射电磁波。据统计,电子设备的平均辐射功率在以每10年10~30倍的速度增长。堆积如山的电器设备也带来了堆积如山的电磁辐射。电磁污染是指天然的和人为的各种电磁波干扰以及对人体有害的电磁辐射。在环境保护研究中,电磁污染主要是指当其强度达到一定程度,对人体机能产生不利影响的电磁辐射。电磁辐射污染已成为继空气、水源、噪声等污染之后的新型污染,电磁辐射污染是肉眼看不见的电磁波污染,常被称为"电子烟雾"。

广义地说,一切对人类和环境造成影响的电磁辐射都可看作是电磁污染。电磁波谱的范围很大,从长波、中波、短波、超短波等无线电波,到以热辐射为主的远红外及红外线,再到可见光、紫外光,直至X射线、γ射线等放射性辐射,都属于电磁波范围。我们在这里讨论的电磁污染指的是由无线电波范围内的电磁辐射所造成的环境污染。电磁辐射污染通常是指人类使用产生电磁辐射的器具而泄漏的电磁能量流传播到环境中,其量超出本底值,其性质、频率、强度和辐射时间综合影响到一些人,使其感到不适,并对人体健康和周围环境产生影响。电磁辐射污染已经成为当今危害人类健康的重要污染类型之一。

5.3.1 电磁污染源

电磁辐射污染按其来源,主要可分为天然电磁辐射污染和人为电磁辐射污染。天然电磁辐射污染是由某些自然现象造成的。像自然界中的雷电、火花放电、太阳黑子活动、宇宙中的恒星爆发、地球和大气层的电磁场、火山爆发、地层等都会产生电磁干扰。天然电磁辐射污染严重时对通信、导航和精密仪器设备都会造成明显的影响。

人为电磁辐射污染可来自各种人工制造的电子设备,以及放电、工频电磁场和射频电磁辐射造成的电磁污染。目前,随着大量无线技术的推广和使用,射频电磁辐射成为环境电磁污染的主要因素。主要的人为电磁污染源分类如表 5-4 所示。除按来源分类以外,还可按照频率的不同,将电磁辐射污染源分为工频场源和射频场源;按照电磁波的连续或间断,将电磁辐射污染源分为连续波源和脉冲波源等。

表 5-4 主要的人为电磁污染源分类

主要类别	电 磁 污 染 源 特 征
射频辐射	FM 与 TV(高峰值在白天至午夜,尤其是在发射塔附近区域)、移动通信基站、手机通信等
微波	雷达、卫星通信、电视转播、对讲、电视甚高频、微波加热(家庭、食品加工、理疗)
其他	高压输电线、变电站、电器的使用(空调、电视、电脑主机和非液晶显示器、冰箱、空气清新器、音响等)

5.3.2 电磁辐射的危害机理

电磁辐射按是否产生电离作用可分为电离辐射与非电离辐射两类。电离辐射多为放射性辐射(详见 5.2 节放射性污染与健康),本节讨论的电磁辐射危害主要指非电离辐射危害。一般认为,电磁辐射对生物体的作用机制大体可分为热效应、非热效应以及累积效应。电磁辐射的作用机理如图 5-2 所示。

非电离辐射危害主要是指工频场与射频场的危害。工频场的电磁场强度达到足够高时,能对人体发生作用。机体处在电磁辐射下,能吸收一定的辐射能量而发生生物学作用,这种作用主要表现为热作用。人体组织中含有的电介质可分为两类:在一类电介质中,分子在外电场不存在时,其正、负电荷的中心是重合的,称为非极性分子;在另一类电介质中,即使没有外电场的作用,分子正、负电荷的中心也不重合,则称为极性分子。如果分别把极性分子电介质与非极性分子电介质置于

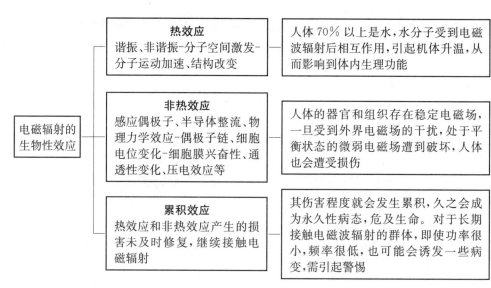

图 5 - 2　电磁辐射的作用机理

电磁场之中,在电磁场作用下,非极性分子的正、负电荷分别向相反的方向运动,致使分子发生极化作用成为偶极子(被极化的分子)。因偶极子的取向作用,极性分子发生重新排列。电磁场方向变化极快,致使偶极子发生迅速的取向运动。在这个过程中,偶极子与周围分子发生剧烈碰撞而产生大量的热。此外,人体内电解质溶液中的离子因受场力作用会产生位置变化,当电磁场频率很高时,会在其平衡位置附近振动,使电解质发热。同时,人体内的某些成分为导体,如体液等,在不同程度上具有闭合回路的性质,在电磁场作用下,也可产生局部的感应涡流而生热。由于体内各组织的导电性能不同,电磁场对机体各个组织的热作用也不尽相同。

电磁场对人体的作用程度是与场强度成正比的。电磁场强度愈大,分子运动过程中将场能转化为热能的量值也愈大,身体热作用就愈明显与剧烈。当电磁场的辐射强度在一定量值范围内,可使人的身体产生温热作用,有益于人体健康;当电磁场的强度超过一定限度时,将使人体体温或局部组织温度急剧升高,破坏热平衡而有害于人体健康。每个人的身体条件、个体适应性与敏感程度以及性别、年龄或工龄不同,电磁场对机体的影响也不相同。因此,衡量电磁场对机体的不良影响是一个综合分析的过程。

电磁辐射对人体的作用特征主要有如下几种。

1) 人体对电磁波的吸收作用

电磁波在不同介质中进行传播时,因介质的性质各不相同,在界面上必然发生电磁波反射、折射、绕射等现象。同时,在介质内还会发生电磁波能量被吸收甚至被极化等现象。人体也是电解质的一种,且人体由多层具有复杂形状的电解质所组成。

依据电磁波特性与人体组织含水量的关系,人体对电磁波的吸收大致可划分为下述两种情况:

(1) 含水量达 70% 以上的组织,如皮肤组织、肌肉、肝脏、肾脏、心脏等,频率在 $100 \sim 1\,000\,\text{MHz}$ 时,其介电常数为 $50 \sim 70$,电阻率为 $100\,\Omega \cdot \text{cm}$。含水量高的物质,其吸收电磁波能量多。

(2) 含水量在 70% 以下的组织,如脂肪、骨骼、骨髓等,其介电常数为 $4 \sim 8$,电阻率达 $600 \sim 3\,500\,\Omega \cdot \text{cm}$。这类组织对电磁辐射吸收少,且呈反射、折射现象。

依据电磁场频率不同,人体吸收电磁波能量的情况也不一样,大致分为以下四种情况:

(1) $150\,\text{MHz}$ 以下频段。在该频段,电磁波在体内传播时衰减比较慢,人体组织的任何一部分对电磁波能量的吸收系数均较小,多数呈现直接透过,这一特征称为人体对电磁波的透过性。

(2) $150 \sim 1\,200\,\text{MHz}$ 频段。在这个频段,人体对电磁波的吸收系数较大,透入深度在 $2\,\text{cm}$ 以上,体表吸收少。大部分电磁波能在人体内部被吸收,并被转化为热能。在人体吸收的电磁波能量转化为热量的值接近人体新陈代谢散热值的情况下,人体开始感到热负荷的作用;当吸收的电磁波能量转化为热量的值超过散热值时,会破坏人体的热平衡,体温上升很快,可造成某些病变。这种热作用发生在体内组织中,一般不易被觉察,所以该频段被认为是危险频段。

(3) $1\,200 \sim 3\,300\,\text{MHz}$ 频段。在这个频段,人体对电磁波的吸收系数也比较大,并且表面与深层均有吸收。含水量多的组织吸收多,含水量少的组织吸收少。人的骨骼对电磁波呈现反射作用,因此,骨骼附近的组织吸收电磁波能量更多。在 $3\,000\,\text{MHz}$ 频段,对眼睛的伤害最大,所以该频段被认为是次危险频段。

(4) $3\,300\,\text{MHz}$ 以上频段。这个频段的电磁波能量大部分被体表所吸收,主要危及皮肤与眼睛。

2) 人体对电磁波的反射与折射作用

当电磁波从含水量低的组织(如脂肪、骨髓等)向含水量高的组织(如肌肉等)传播时,在分界面上将发生反射现象。当反射波的相位与入射波的相位相差 $180°$ 时,在含水量低的组织上(如脂肪)将出现驻波。反之,当电磁波从含水量高的组织向含水量低的组织传播时,在其分界面上也发生反射、折射现象,这些反射与折射作用的结果,可使电磁能量转化为热量的作用加剧,并且造成局部组织热负荷过大。骨骼对电磁波也可发生反射作用。

5.3.3　电磁污染对健康的危害

电磁辐射是隐形的,肉眼看不到,所以不容易引起人们的注意,但是长时间接触,会造成一些慢性伤害。电磁辐射危害的一般规律是随着波长的缩短,对人体的作用增大,微波危害最为突出。研究发现,电磁场的生物学活性随频率加大而递增,危害程度也与频率成正比关系。不同频段的电磁辐射在大强度与长时间作用下,对人体的不良影响主要包括如下几方面。

1) 中、短波频段(高频电磁场)

长时间暴露在高强度的高频电磁场下,作业人员及高场强作用范围内的其他人员会产生不适反应。高频辐射时机体的主要作用是引起神经衰弱症候群和心血管系统的植物神经功能失调。症状主要表现为头痛、头晕、周身不适、疲倦无力、失眠多梦、记忆力减退、口干舌燥。部分人员会发生嗜睡、发热、多汗、麻木、胸闷、心悸等症状。女性有月经周期紊乱现象发生。体检发现,少部分人员血压下降或升高、皮肤感觉迟钝、心动过缓或过速、心电图窦性心律不齐等,少数人员有脱发现象。

通过研究发现,高频电磁场对机体的作用是可逆的。脱离高频作用后,经过一段时期的休息或治疗,症状可以消失,一般不会造成永久性损伤。大量的调查研究表明,性别、年龄不同,高频电磁场对人体影响的程度也不一样。一般女性和儿童对高频电磁场比较敏感。

2) 超短波与微波

由于超短波与微波的频率很高,特别是微波频率更高,均在 3×10^8 Hz 以上。在这样高频率的电磁波辐射作用下,人体可将部分电磁能反射、部分电磁能吸收。微波辐射的功率、频率、波形以及环境的温湿度、被照部位不同,对伤害的深度和程度有一定的影响。

微波辐射对人体的影响,除了引起比较严重的神经衰弱症状外,最突出的是造成植物神经机能紊乱,主要反映在心血管系统。如心动过缓、血压下降或心动过速、血压升高等。此外,微波还可能引起生殖系统和眼睛的损伤,微波对生殖系统和眼睛的伤害多为生物效应实验的结果,在实际当中这两方面的病例较少,尚不构成普适性。

微波辐射对人体的作用还有非热效应的存在。人体暴露在强度不大的微波辐射时,体温没有明显的升高,但往往出现一些生理反应。长时间的微波辐射可破坏脑细胞,使大脑皮质细胞活动能力减弱,已形成的条件反射受到抑制,反复经受微波辐射可能引起神经系统机能紊乱。某些长时间在微波辐射强度较高的环境下工作的人员曾出现过疲劳、头痛、嗜睡、记忆力减退、工作效率低、食欲不振、眼内疼痛、手发抖、心电图和脑电图变化、甲状腺活动性增强、血清蛋白增加、脱发、嗅觉迟钝、性功能衰退等症状。但是这些症状一般都不会很严重,经过一段时间的休息后就能复原。

微波辐射对生物体的危害具有累积效应。一般一次低功率辐射之后会受到某些不明显的伤害,经过 4 天之后可以恢复。如果在恢复之前受到第二次辐射,伤害就将积累,这样多次之后就形成明显的伤害。而长期从事微波工作,并受到低功率照射时间较长,要在停止微波工作后 4~6 周才能恢复。

5.4　其他物理污染

除了上面介绍的噪声污染、放射性污染、电磁污染,物理性污染还包括光污染、热污染和振动污染等。随着人类社会的不断发展,物理性污染呈现增长的趋势,对人体和环境的影响也日益加重,必须对其有足够的认识,并进行控制和治理。

5.4.1　光污染

眼睛是人体最重要的感觉器官。人靠眼睛获得 75% 以上的外界信息。人必须在适宜的光环境下工作、学习和生活。随着城市规模的不断扩大和城市的日益繁华,我国不少大中城市的光污染也在与日俱增。繁华都市的花花绿绿、五光十色,虽说是增添了现代城市的美丽和气派,给人们带来了欢乐和美的享受,但也给人们带来烦恼和忧虑。因为过强、过滥、变化无常的光也会损害人的视觉功能和身体健康。

早在 20 世纪初期,天文学家发现,室外照明光对天文观测的负面影响越来越严重,渐渐提出"光污染"概念。目前,国内外对光污染并没有一个明确的定义。一般认为,光污染泛指过量的光辐射对人类的生活、工作、休息和娱乐带来的不利影响,进而损害人们的观察能力,并引起人体不舒适感的现象。据调查研究显示,光污染令 1/5 的人看不见银河,在远离城市的夜空,可以看到几千颗星星,而在大城市却只能看见几颗。

光污染主要来源于人类生存环境中日光、灯光以及各种反射、折射光源造成的各种过量和不协调的光辐射。光污染一般可分为三类,即白亮污染、人工白昼污染和彩光污染。

1) 白亮污染

阳光照射强烈时,城市里建筑物的玻璃幕墙、釉面砖墙、磨光大理石和各种涂料等装饰反射光线,明晃白亮、炫眼夺目。研究发现,长时间在白色光亮污染环境下工作和生活的人,视网膜和虹膜都会受到不同程度的损害,视力急剧下降,白内障的发病率高达45%。炫目的白光还使人头昏心烦，甚至发生失眠、食欲下降、情绪低落、身体乏力等类似神经衰弱的症状。夏天，玻璃幕墙强烈的反射光进入附近居民楼房内，增加了室内温度，影响人们正常的生活。有些玻璃幕墙是半圆形的，反射光汇聚还容易引起火灾。1987年，在柏林市发生的某建筑物起火案就是一个典型的例子。烈日下驾车行驶的司机会出其不意地遭到玻璃幕墙反射光的突然袭击，眼睛受到强烈刺激，很容易诱发车祸。

2）人工白昼污染

各种商场、酒店上的广告灯、霓虹灯在夜晚闪烁夺目，令人眼花缭乱，使得夜晚亮度过高，形成所谓的人工白昼。在这样的光环境里，夜晚难以入睡，扰乱人体正常的生物钟，导致白天工作效率低下。人工白昼还会伤害鸟类和昆虫，破坏昆虫在夜间的正常繁殖过程。

3）彩光污染

各种舞厅、夜总会安装的黑光灯、旋转灯、荧光灯以及闪烁的彩色光源构成了彩光污染。据测定，黑光灯所产生的紫外线强度大大高于太阳光中的紫外线，且对人体有害影响持续时间长。人如果长期接受这种照射，可诱发流鼻血、脱牙、白内障，甚至导致白血病和其他癌变。彩色光源让人眼花缭乱，不仅对眼睛不利，而且干扰大脑中枢神经，使人感到头晕目眩，出现恶心呕吐、失眠等症状。科学家最新研究表明，彩光污染不仅有损人的生理功能，还会影响人的心理健康。

光污染的危害主要有以下表现：人体在光污染中首先受害的是直接接触光源的眼睛和皮肤。不同于水污染、大气污染、噪声污染，光污染经常被忽视，然而它严重损害着人们的眼睛，造成各种眼部疾病。引发青少年近视率迅速攀升的原因之一就是光污染。据统计，我国高中生近视率超过60%，居世界第二位。室内光污染，尤其是夜间过度使用灯光，会导致人体生理节律如血液循环系统节律、睡眠节律、内分泌系统节律等紊乱，并且使人心情烦躁、感情失控，提高女性乳腺癌产生的概率，从而引发很多健康问题。

5.4.2 热污染

随着科技和工农业生产的迅速发展，人们在利用能源的同时，也向自然界排放了大量二氧化碳、水蒸气、热水等物质。近一百年来，整个地球的年平均气温升高了0.7～1.0℃，而大城市的平均温度升高了2～3℃。热污染问题已经成为一个日益严重的环境问题。

所谓热污染就是指日益现代化的工农业生产和人类生活中所排放的各种废热危害环境而产生的污染。热污染可以污染大气和水体，如工厂的循环冷却水和工业废水中都含有大量的废热。而废热排入水体后，会造成水温骤升，并导致水中溶解氧锐减,造成一些水生生物在热效力作用下发育受阻或死亡,从而影响环境和生态平衡。在物理学中,热能的衡量标准是温度,因此在环境中,热能超标的直接表现就是环境温度的上升。热污染主要包括大气热污染和水体热污染。

近一百年来全球气候变化的主要影响因素按重要程度排序如下:CO_2 浓度增大、城市化、海温变化、森林破坏、气溶胶、沙漠化、太阳活动、臭氧、火山爆发、人为加热。概括来讲,热污染的原因包括异常的气候变化带来的多余热量和各种有害的"人为热",后者是主要原因。

在人为热污染源中,工业排放热污染是最主要的因素。在工业发达的美国,每天所排放的冷却水达 4.5×10^9 m^3,接近全国用水量的 $1/3$。废热水含热量约为 1.0×10^5 J,足够让 2.5×10^9 m^3 的水温升高 10 ℃。为了减少热污染的危害,美国环境保护机构建议控制废热的排放,并提出废热水进入水体经混合后,温度升高不得大于下列数值:河水 2.83 ℃,湖水 1.66 ℃,海水冬季 2.2 ℃、夏季 0.83 ℃。

工业的迅速发展带来各种燃料(煤、石油、天然气等)的消耗剧增,产生大量的废热气和废热渣,热被释放到大气中,造成热污染。工业生产(如电力、冶金、石油、化工、造纸、机械等)过程中的动力、化学反应、高温熔化等以及居民生活(如汽车、空调、电视、电风扇、微波炉、照明、液化气、蜂窝煤等)向环境排放了大量的废热水、废热气和废热渣,散失了大量热量。在各个行业中,电力工业是排放温热水最多的行业。据统计,排入水体的热量有 80% 来自发电厂。在火力发电厂燃料燃烧的能量中,40% 转化为电能,12% 随烟气排放,48% 随冷却水进入水体;在核电站,能耗的 33% 转化为电能,其余的 67% 均变为废热全部转入水中。

此外,由于大量砍伐森林,草场过度放牧,使荒漠化、沙漠化状况日趋严重,加速了地球大气平均温度的增高。在城市地区,企事业单位、饭店、汽车、电气化设施及居民住宅区等无时无刻不在排放着热量,在城市内形成了明显的"热岛效应"。热岛中心区域近地面气温高,大气上升,与其周围区域形成气压差异,周围近地面大气区域向中心区辐合,从而形成一个以城区为中心的低压旋涡,结果就使工业生产、日常生活、交通工具运转等产生的大量大气污染物(如硫氧化物、氮氧化物、碳氧化物、碳氢化合物等)聚集在热岛中心,危害人们的身体健康。

热污染不仅破坏地球上的热平衡,使局部或全球环境增温,还对人类及其生态环境产生直接或间接危害。热污染全面降低了人体机理的正常免疫功能,与此同时致病病毒或细菌对抗生素的耐药性却越来越强,从而加剧了各种新、老传染病的流行。热污染使温度上升,为各种病原体微生物等提供了最佳的滋生繁衍条件和传播机制,形成一种新的"互感连锁效应",导致以疟疾、登革热、血吸虫病、恙虫病、流行性脑膜炎等病毒病原体疾病的扩大流行和反复流行。传染病呈急剧增长的趋势。1965 年澳大利亚曾流行过一种脑膜炎,后经科学家证实,祸根是一种变形原虫,由于发电厂排出的热水使河水温度增高,这种变形原虫在温水中大量滋生,造成水源污染而引起了这次脑膜炎的流行。

热污染使大气热量增加,地面反射太阳热能的反射率增高,吸收太阳辐射热减少,这就使得地面上升的气流相对减弱,阻碍云、雨的形成,进而影响正常的气候,造成局部地区炎热、干旱、少雨,甚至造成更严重的自然灾害。此外,热污染还会使臭氧层遭到破坏,使太阳光和其他放射线长驱直入,直接到达地面,导致人类皮肤癌等疾病的发生。

此外,城市的热岛效应会造成气候的异常变化,能源消耗增大,从而给居民的生活和健康带来很大的影响。污染物聚集在热岛区域,直接刺激人们的呼吸道黏膜,轻者引起咳嗽流涕,重者会诱发呼吸系统疾病;还会刺激皮肤,导致皮炎,甚至引起皮肤癌。人们长期生活在"热岛"中心,会表现为情绪烦躁不安、忧郁压抑、精神萎靡、胃肠疾病多发等,这就提醒我们热污染危害的严重性。

5.4.3　振动污染

当物体在其平衡位置围绕平均值或基准值做从大到小,又从小到大的周期性往复运动时,就可以说物体在振动。当振动引起人体伤害或建筑物、机械设备损坏时,就形成了振动污染。日常生产和生活中接触到的振动源有电锯、电钻等电动工具,水泵、机床等机械,交通运输工具等。在振源的振动过程中,能量被消耗,转化成热能、声音、动能等。物理上的声波就是由于振动产生的,可以说物理上的各种"波"是因为振动才产生的。并不是所有的振动都是不好的,例如电场、磁场振动产生的电磁效应,就是现代电工的基础;弹跳运动对骨骼、肌肉、肺及血液循环系统都是一种良好的锻炼。这其中有一个度的问题。

人接触过量的机械振动,会产生不舒适、疲劳,甚至导致人体损伤。例如现在市场上常见的振动减肥机,并不是所有的人都可以使用,而且使用的时间有要求,过度使用会导致肌肉受损。振动形成的波产生了各种各样的噪声,不合时宜的振动以噪声的形式影响或污染环境,尤其是飞机、铁路、地铁、公路附近,经常会感觉到刺耳的声浪。所以说振动是环境污染的一个重要方面。我国于 1989 年 7 月 1 日起实施的《城市区域环境振动标准》对城市不同区域的环境振动标准限值做出了规定。

对振动的强度进行定量,同时研究不同程度的振动对人的影响,可以发现振动对人的影响大致有如下四种情况:

(1) 人体刚能感受到振动的信息,这就是通常所说的"感觉阈"。人们对刚超过感觉阈的振动,一般并不觉得不舒适,即多数人对这种振动是可容忍的。

(2) 振动的振幅加大到一定程度,人就感觉到不舒适,或者做出"讨厌"的反应,这就是"不舒适阈"。"不舒适"是一种心理反应,是大脑对振动信息的一种判断,并没有产生生理影响。

(3) 振动振幅进一步增加,达到某种程度,人对振动的感觉就从"不舒适"进到"疲劳阈"。对超过疲劳阈的振动,不仅有心理的反应,而且也出现生理的反应。这就是说,振动的感受器官和神经系统的功能在振动的刺激下受到影响,并通过神经系统对人体的其他功能产生影响,如注意力的转移、工作效率的降低等。对刚超过"疲劳阈"的振动来讲,振动停止以后,这些生理影响可以恢复。

(4) 振动的强度继续增加,就进到"危险阈"(或"极限阈")。超过危险阈时,振动对人不仅有心理、生理的影响,还产生病理性的损伤。这就是说,这样强的振动将使感受器官和神经系统产生永久性病变,即使振动停止也不能复原。

研究表明,长期接触振动会引起脑电图改变、条件反射潜伏期改变、交感神经功能亢进、血压不稳、心律不稳等;还会引起皮肤感觉功能降低,如触觉、温热觉、痛觉等出现迟钝。长期使用振动工具可产生局部振动病,是一种以末梢循环障碍为主的疾病,也可累及肢体神经及运动功能。发病部位一般多在上肢末端,典型表现为发作性手指变白(简称白指)。我国 1957 年就将局部振动病定为职业病。

影响振动作用的因素是振动频率、加速度和振幅。人体只对 1~1 000 Hz 振动产生振动感觉,频率在发病过程中有重要作用。30~300 Hz 主要是引起末梢血管痉挛,发生白指。频率相同时,加速度越大,其危害也越大。振幅大、频率低的振动主要作用于前庭器官,并可使内脏产生移位。频率一定时,振幅越大,对机体影响越大。寒冷是振动病发病的重要外部条件之一,寒冷可导致血流量减少,使血液循环发生改变,导致局部供血不足,促进振动病发生。接触振动时间越长,振动病发病率越高。人对振动的敏感程度与身体所处位置有关。人体立位时对垂直振动敏感,卧位时对水平振动敏感。有的作业要采取强制体位,甚至胸腹部或下肢紧贴振动物体,振动的危害就更大。加工部件越大时,工人所受危害也越大,冲击力大的振动易使骨、关节发生病变。

讨论题:

(1) 使用手机、微波炉以及办公室的一些办公设备会影响你的健康吗?

(2) 电热毯是否会影响你的健康?

第6章 职业环境与健康

　　生产劳动或职业活动是人一生的重要组成部分。人类在从事各种职业,包括工农业生产、科学技术以及各种服务事业的劳动过程中及所处的职业环境中,都可能遇到对人的身心健康产生影响的因素,这些因素可统称为职业因素。当职业环境中的各种因素对人体健康产生不利影响,甚至造成损害时,则称为职业性有害因素或职业危害。

　　生产或工作环境中的有害因素包括生产工艺过程、原料及使用的设备等所产生的有害因素。其中又可分为化学因素、物理因素、生物因素。化学因素包括各种有毒化学物质及粉尘,如铅、汞、苯、一氧化碳、有机磷农药、矽尘等;物理因素如噪声、振动、电离辐射(X射线、γ射线)、微波、紫外线、红外线等非电离辐射、高温、低温等;生物因素如附着于皮毛上的炭疽杆菌、医务工作者接触到的各种传染性病原微生物等。

　　此外,劳动过程中也会产生有害因素,包括劳动组织和劳动制度不合理、劳动时间过长、劳动休息制度不健全、精神(心理)紧张、劳动强度过大(如安排的作业与劳动者生理状况不相适应)、个别器官或系统过度紧张(如视力紧张)、长时间处于某种单一的工作体位(如立位、蹲位、坐位)等。

6.1 职业环境中常见的危害因素

　　职业环境中存在与作业过程密切相关,并对健康造成危害的物理、化学等因素,对这些工作中接触的职业危害因素进行识别,并采取有效的预防控制措施,对于保护职业人群的安全与健康具有重要作用。

6.1.1 有毒物质对职业人群健康的危害

　　职业人群在生产工作的过程中,可广泛接触各种化学物质。如化学工业中的石油加工、橡胶、合成纤维、塑料、制药、油漆、染料等生产,机械工业中的电焊、电镀、喷漆等作业,纺织工业中的印染、人造纤维及化学纤维生产,以及印刷、仪表制造等工业生产过程,均涉及大量的化学物质。在化学实验室、医院手术室、牙科诊室、干式洗衣店、美容美发店等场所工作,也会在工作过程中使用和接触化学物质。

6.1.1.1 有机溶剂

有机溶剂种类繁多,包括苯乙烯、丙酮、变性酒精、苯、甲苯、二甲苯、二氯甲烷、烷基苯、白色酒精等,工业用途很广。有机溶剂可对人胚胎产生毒性反应。调查发现,母亲接触有机溶剂者,幼儿中枢神经系统畸形的概率相当于母亲为非接触者的 6 倍。

下面通过对职业环境中几种典型有机溶剂进行概述,以了解职业环境中有机溶剂来源、毒害效应和防治措施等。

1) 苯、甲苯、二甲苯

苯、甲苯、二甲苯均为无色透明有芳香味的液体,挥发性强。在生产环境空气中,苯、甲苯、二甲苯常同时存在,俗称"三苯"。

(1) 接触行业或作业 石油化工生产中可接触苯、甲苯、二甲苯,三者主要用作溶剂及化工原料。橡胶、油漆、喷漆、制药、涤纶、染料、农药、人造革生产以及印刷业中均可接触苯。甲苯毒性较苯低,近年来大量用来代替苯作为橡胶、树脂的溶剂及油漆、喷漆、油墨等的稀释剂,也用于炸药、制药及其他化工生产。二甲苯毒性较甲苯小,用作油漆、农药的溶剂、染料、涤纶的原料及苯、甲苯的代替品。

苯作业主要存在于:皮革、毛皮及其制品(制鞋、家具、皮革制品等),石油加工业(三苯生产),化学农药生产,有机化工原料的制造,涂料及颜料制造业,黏胶剂生产使用,油漆生产使用,家居装修等。

(2) 苯中毒危害 对于急性职业接触苯,轻度中毒时可出现眼及呼吸道黏膜刺激症状,不久出现头痛、头晕、酒醉感、倦怠、无力及恶心、呕吐。之后神志忧伤,步态不稳,此时如立即脱离现场,短期内可恢复。重度中毒时可发生昏迷、惊厥、呼吸表浅、脉搏细速,最后可因呼吸麻痹而死亡。

对于慢性职业接触苯,除出现轻重不等的神经衰弱综合征外,主要为造血系统的变化。初期白细胞总数可增高,随着中毒的发展,周围血液中白细胞、红细胞和血小板皆减少,发展为全细胞贫血。患者早期即出现出血倾向,如鼻、齿龈、黏膜及皮下出血,女性月经过多等。晚期则发展为再生障碍性贫血。苯作业工人白血病发病率比一般人群高约 20 倍,苯中毒时可出现白血病。

甲苯蒸气主要经呼吸道侵入人体,皮肤仅能微量吸收。甲苯对皮肤黏膜有较强刺激作用。急性中毒时表现为对中枢神经系统的麻醉作用,慢性中毒时出现神经衰弱综合征。

二甲苯的侵入途径同甲苯,急性毒性主要为对中枢神经系统的麻醉作用,对皮肤黏膜具有较强刺激作用。长期慢性作用可引起神经衰弱综合征和植物神经机能失调。

（3）苯中毒预防　首先，改革生产工艺，改善劳动条件。以无毒或低毒物质代替苯，如喷漆作业改用无苯稀释料，制药工业以酒精代替苯作为萃取剂，用无苯胶制鞋，采用静电喷漆等。使用苯作为化工原料的生产设备要最大限度实行密闭化、自动化，敞开部分安装局部抽风设备，废气集中收集处理后排放。在生产苯和使用含苯化合物的车间，加强通风，使工作场所空气中苯系物浓度达到国家卫生标准。

其次，加强个人防护。进入通风不良的贮罐、车间、船舱内喷漆时，应预先打开送风设施，并实行间歇作业制度，必要时，需戴好送风式防毒面具。在加料、开盖、分装时，尽量减少出口；不用苯洗刷机件和手；不直接用口吸胶皮管；必要时，可在工作前使用聚乙烯醇皮肤防护膜涂抹双手，作业后用清水冲去；不在工作场所休息、进食。

最后，做好职业健康监护。对于从事苯作业的人员应每年进行职业健康检查。在上岗前、离岗时，也需要进行相关的职业健康检查。对于有苯职业禁忌的人员，不得安排从事相关工作。

2）二硫化碳

二硫化碳是工业上应用广泛的化学溶剂，也用于黏胶纤维、四氯化碳、农药生产等，为无色易挥发的液体。二硫化碳经呼吸道进入人体，也可经皮肤和胃肠道吸收。进入体内后，10%～30%仍经肺排出，70%～90%经代谢从尿排出。急性中毒者会发生脑水肿，出现兴奋、谵妄、昏迷，甚至因呼吸中枢麻痹死亡。个别可能有中枢及周围神经损害。慢性中毒主要损害神经和心血管系统。

（1）接触行业或作业　接触二硫化碳的作业主要有人造（黏胶）纤维和包装用的玻璃纸制造业，人造纤维的原料有二硫化碳，全部生产过程均释放二硫化碳和硫化氢。二硫化碳还用作矿石浮洗剂、油脂溶剂和化工原料，为羊毛去脂的羊毛加工业，用作衣服去渍剂的干洗业，以及种库、粮仓用作熏蒸剂为粮食消毒、灭虫。

（2）二硫化碳中毒危害　由于二硫化碳对金属、木质及橡胶等都有较强的腐蚀作用，故生产设备、管道极易受腐蚀而发生跑、冒、滴、漏或突然破裂等意外事故，导致急性中毒发生。在通风不良环境中作业过久而吸入大量高浓度二硫化碳气体，引起中毒。

急性中毒仅见于生产事故时。轻者为酒醉样表现，有眩晕、头痛、恶心、步态蹒跚及精神症状；重者开始呈兴奋状态，会出现谵妄，随后表现意识丧失、痉挛性震颤，终至呼吸循环衰竭。二硫化碳对皮肤和黏膜有刺激作用，会引起疼痛、充血、红斑和大疱形成。

慢性中毒主要损伤神经系统，常见有神经衰弱综合征，如头晕、头痛、失眠、乏力、记忆力减退、心悸、手足多汗、血压波动等。中毒性多发性神经炎较多见，早期表现为感觉障碍、四肢麻木，患者常诉有戴"手套"或"袜套"样异常感觉；随后会有肌张力减退,偶伴有沿神经干通路的肌肉疼痛等;记忆、判断、概念形成、操作速度和共济失调等。重症中毒时可出现精神障碍和中毒性脑病,患者可出现癫痫样发作及震颤麻痹等。心脑血管系统常见有脑血管弹性减退、动脉粥样硬化等。眼常见有视力障碍、球后视神经炎或视网膜炎、眼底微血管瘤发生率增高。也可出现消化系统症状,食欲不振,腹痛,便秘或腹泻,还可出现肝肿大。

（3）中毒预防　二硫化碳易挥发,易燃,易爆,故在制造和使用的车间里,通风、照明、电源系统均须有防火、防爆装置。禁止在车间里抽烟或以明火取暖,还应安装有效的通风、排气设备。在运输或贮存二硫化碳的容器内应加入大量的水,以封闭液面,防止液体和蒸气逸出。在黏胶化纤生产厂,二硫化碳与硫化氢同时存在,设备、容器、管道等应尽量改用水泥、陶瓷、塑料管。对废气、废液,应安装二硫化碳冷却塔进行回收处理。加强个人防护,进入高浓度危险地带操作,如洗涤黏胶搅拌器、投料、管道疏通或反应炉炉顶加料等,必须事先穿戴好防毒面具、塑料手套和防护衣服,防止皮肤接触。对二硫化碳作业人员应进行就业前和每年一次的职业性体检,对患有器质性精神神经系统疾病、严重神经官能症、视网膜疾病及肝、肾疾病者,或怀疑有慢性中毒者,均不得上岗作业。

3）三氯乙烯

三氯乙烯为无色液体,有似氯仿的气味。工业上主要用作金属的脱脂剂和脂肪、油、石蜡等的萃取剂,也用于有机合成工业。三氯乙烯属于蓄积性麻醉剂,可经呼吸道、消化道及皮肤吸收,对中枢神经系统有强烈抑制作用,并有一定的后作用。

（1）接触行业或作业　用于机械仪表制造业的金属脱脂和金属零件清洗,化工行业作为油脂、树脂、橡胶、硝化纤维和生物碱的溶剂及制备农药的原料等,也用作冷冻剂、杀虫、消毒剂及洗衣业干洗剂等。

（2）三氯乙烯中毒　急性三氯乙烯中毒是短期内大量吸入高浓度蒸气或液体所引起的以中枢神经系统抑制为主,累及心、肝、肾等脏器的全身性疾病。急性中毒主要发生在其生产、贮存、运输及使用过程中,因开放性操作或管道设备意外泄漏等使作业者短期内大量吸入高浓度蒸气所致。一般在 $1\sim5\ g/m^3$ 空气浓度下 $1\sim2$ 小时或 $6\sim20\ g/m^3$ 下数分钟即可发生急性中毒。在极高浓度下（$53.8\ g/m^3$）可立刻发生昏迷甚至死亡。

慢性中毒呈疲乏无力,工作能力减退,头痛、发作性头晕、睡眠障碍,胃肠机能紊乱,胸部压迫感,心律不齐、心悸,周围神经炎,植物神经机能障碍和肝脏损害等。三叉神经麻痹的特点和急性中毒后所见相同。皮肤接触能引起皮炎、湿疹及造成皮肤干裂和继发性感染。

（3）中毒预防　使用三氯乙烯或以其作为原料的产品生产设备应密闭化,并要定期检修,防止大量意外泄漏。作业场所应具有良好的通风排气设施。三氯乙烯作业应尽量杜绝开放工位或裸手浸泡和操作。当嗅及其特有的氯仿样气味,对眼睛有明显刺激感时,表明其空气浓度已超过1 g/m³,应立即戴口罩、面罩,并加强通风,及时排除泄漏源,清除泄漏液。三氯乙烯作业人员应进行上岗前及每年定期的职业健康检查。对神经系统、心、肝、肾及眼底等有病变者,应禁止上岗。

4)正己烷(白电油)

正己烷是一种高危险的溶剂,无色,易挥发,无味。在空调环境和没有良好的通风设备时使用正己烷易经过皮肤和呼吸道渗透,进入人体后会引起周围神经损害,往往造成集体性中毒事件,导致严重后果,且发病症状像风湿,易误诊。2009年的"毒苹果事件"就是美国苹果公司在华供应商、位于苏州工业园区的联建(中国)科技有限公司在无尘作业车间使用价钱更便宜、清洁效果更好的正己烷替代酒精等清洗剂进行擦拭显示屏作业,造成数百名作业人员出现正己烷中毒。

(1)接触行业或作业   工业用品中正己烷常含有一定量的苯、甲苯等有机物,植物油提取、合成橡胶、聚乙烯薄膜印刷以及鞋厂、电子厂、运动器材厂等均可接触到正己烷溶剂。

(2)正己烷中毒危害   正己烷可吸入、食入、经皮肤吸收,含有麻醉和刺激作用。长期接触可致周围神经炎,主要表现为肌力、肌张力下降,肌肉萎缩,四肢末端感觉异常,植物神经功能失调。

吸入高浓度正己烷会出现头痛、头晕、恶心、共济失调等,重者引起神志丧失甚至死亡,对眼和上呼吸道有刺激性。

职业性慢性正己烷中毒是由于长期接触生产环境中正己烷气体而引起的以神经系统损伤为主的全身性疾病。正己烷进入人体后主要对中枢神经系统能量代谢产生影响,致神经纤维变性,导致神经衰弱综合征及植物神经功能紊乱。长期接触出现头痛、头晕、乏力、胃纳减退;早期出现四肢远端麻木、痛触觉异常、遇冷水触电感。进一步加重会出现肌力、肌张力减退,植物神经功能失调症状。严重会出现生活不能自理乃至瘫痪。轻症患者应尽早脱离正己烷作业,中度患者一般可治愈,重症患者留下终身残疾。

(3)正己烷中毒预防   改进工艺,尽量使用无毒或低毒物质替代物(如酒精、异丙醇等)。使用含正己烷溶剂应尽量保持密闭通风,以减少其蒸气逸出。车间应安装有效通风装置,降低工作环境中毒物浓度,定期监测工作环境毒物浓度。加强个人防护,佩戴防毒口罩、手套,不在车间吸烟、进食,皮肤污染后立即用清水洗干净。对作业工人进行上岗前和每年一次的定期职业健康检查。

6.1.1.2   金属及其化合物

1)铅

(1)接触铅的作业   铅矿开采、金属冶炼、熔铅、熔锡;蓄电池制造与修理;印刷行业;油漆颜料生产与使用;焊接、造船;塑料制造;制造四乙基铅;陶瓷釉料、玻璃、景泰蓝;农药制造;制造合金、轴承合金、电缆包皮与接头、铅槽与铅屏蔽的修造;军工生产等。

(2)职业性铅中毒 铅能引起神经衰弱综合征,表现为头昏、头疼、失眠、健忘、记忆力减退。严重者会出现周围神经损害,造血系统损害,出现贫血;对消化系统影响表现为食欲减退、便秘或与腹泻交替、腹隐痛甚至绞痛。

职业性铅中毒是由于接触铅烟或铅尘所致的,以神经、消化、造血系统障碍为主的全身性疾病。铅中毒可分为轻度、中度、重度中毒。轻度、中度中毒应及时治疗,治愈后恢复原工作,不必调离铅作业岗位;重度中毒治愈后,必须调离铅作业岗位,并可根据病情给予休息。慢性铅中毒严重并长期存在时,可导致中毒性肝病及肾损害。

2)汞及其化合物

(1)接触汞的行业和作业 汞可用于仪表制造工业:如温度表、气压表等;汞弧整流器、荧光灯、电流开关;制造各种汞盐、镜子;作为有机物质氧化过程的催化剂,从矿中提取金和银;制造汞合金;用于外科作为填充料;化学工业中用汞作为电极、催化剂等。此外,硝酸汞用于毛毡制造,升汞用于印染、鞣革,雷汞用于军火生产,有机汞化合物如甲基汞,氯化乙基汞等为农药杀菌剂,用于种子消毒。

(2)汞中毒 在生产条件下,汞及其化合物主要通过呼吸道进入人体。有机汞则多由于食用被农药污染了的食品经口进入。吸入的汞蒸气经肺泡,入血分布于周身,易贮存在富于脂质的器官和组织内,如肝、肾。金属汞及甲基汞可通过血脑屏障进入脑组织内及侵犯神经系统,在脑中达到一定的含量。汞主要通过肾及肠道经粪便及尿排出,少量可自唾液、汗腺及乳汁排出。

短期内大量吸入汞蒸气可发生急性中毒,患者起病急,出现头疼、头晕、睡眠障碍、易激动、手指震颤、无力、低热等全身症状;有明显的口腔炎症状,如流涎、口干、齿龈和口腔黏膜肿胀、溃疡、出血、疼痛等;伴恶心、呕吐、食欲不振、腹痛、腹泻;呼吸道刺激症状有咳嗽、咳痰、胸痛、胸闷、气急,重者会发生化学性肺炎;可有蛋白尿、尿汞增高;可伴有皮炎,全身性红斑、丘疹,可融合成片形成水泡渗出;少数患者在吸入大量汞蒸气后可发生间质性肺炎。

长期接触汞可发生慢性中毒,出现睡眠障碍、情绪不稳定等;随着中毒症状的加重会出现疲劳、注意力不集中、记忆力减退、流涎及出汗多,肌颤,以眼睑、舌、手指明显;重者出现肌张力改变,部分患者会感觉异常,也可能出现口腔炎、牙根松动、牙齿脱落。

3)镉

(1)接触镉的行业和作业 接触镉的工业有镉的冶炼、喷镀、焊接和浇铸轴承表面,核反应堆的镉棒或覆盖镉的石墨棒作为中子吸收剂,制造镍镉电池、镉合金及其他镉化合物,制造颜料如镉黄(即硫化镉),以及光电元件的制造等。

(2)镉中毒　在镉及其化合物的生产与使用中会产生镉烟、镉尘,主要通过呼吸道吸收而中毒,产生急性气管炎,支气管炎严重者会引起支气管肺炎和肺水肿,甚至死亡。未致死者可导致严重的肺通气功能障碍。口服镉化合物或含镉化合物的食品经消化道吸收也可导致镉中毒,一般经15分钟至数小时的潜伏期后出现恶心、呕吐、腹痛、腹泻,重者会有大汗、虚脱、肌痛等。由于镉具有催吐作用,故很少发生死亡。慢性中毒的主要症状表现为肾脏和肺脏的损害,还可出现嗅觉丧失、骨质疏松、镉性黄齿、贫血等。镉对女性生殖机能也有影响。

4)砷

(1)接触砷的行业和作业　熔炼或焙烧含砷矿石时,砷以蒸气状态逸散于空气中,迅速形成氧化砷;砷酸铅为农药,用于杀虫灭螺;三氧化二砷(即砒霜)在农业上用于杀虫灭鼠,在皮毛工业中用于消毒防腐,在玻璃工业中用作脱色剂。雌黄、雄黄、巴黎绿(醋酸铜和偏砷酸铜)均可制成含砷颜料,我国医学中应用雄黄、三氧化二砷为外用药治疗皮肤病。

(2)砷中毒　砷的氧化物和盐类可经呼吸道、消化道或皮肤进入体内。职业中毒主要由呼吸道进入引起,常称砒霜中毒,多因误服或药用过量中毒。生产加工过程吸入其粉末、烟雾或污染皮肤中毒也常见。砷影响细胞正常代谢,导致细胞死亡,因而引起神经系统及其他系统的功能与器质性病变。目前认为长期接触高浓度含砷粉尘可引起肺癌及皮肤癌。

6.1.1.3　高分子化合物生产中的毒物

1)氯乙烯

(1)接触行业和作业　在氯乙烯和聚氯乙烯的生产过程中,都有接触氯乙烯的可能,尤其是生产聚氯乙烯的聚合釜的清理,清釜工的慢性氯乙烯中毒可能性最大。应用聚氯乙烯树脂或含有氯乙烯的共聚物熔融后制作各种塑料制品时,释放出氯乙烯单体。当作业环境空气中的氯乙烯浓度很高时,极易引起中毒。

(2)氯乙烯中毒危害　氯乙烯主要经呼吸道进入人体,亦可经皮肤吸收。经呼吸道吸收的氯乙烯在停止接触后10分钟内约可排出82%。急性中毒主要发生于氯乙烯聚合釜清釜工。轻度中毒时会出现眩晕、头痛、恶心、胸闷、嗜睡、步态蹒跚等症状。及时脱离现场,呼吸新鲜空气即可恢复。严重中毒时,会导致昏迷甚至死亡。慢性中毒出现神经衰弱综合征及四肢末端麻木,感觉减退等周围神经炎症状。消化系统症状可出现食欲减退、恶心、腹胀、便秘或腹泻,肝脾肿大,有贫血倾向及血小板减少。氯乙烯还具有致癌作用,氯乙烯致肝血管肉瘤已列为国家法定职业病名单。

2）氯丁二烯

（1）接触行业和作业　工业上主要用于制造氯丁橡胶（聚氯丁二烯），氯丁橡胶有耐热、耐油、耐酸碱等性能，用以制造水下电缆及电线包皮，矿石等高温物件的运输带，印刷胶漆，化工厂的防腐蚀材料等。制造氯丁橡胶时的合成、聚合及后处理过程中有氯丁二烯逸出。

（2）中毒危害　氯丁二烯可经呼吸道侵入人体，皮肤也能吸收一部分。经呼吸道吸入后，仅有 2% 从呼吸道及尿排出，有刺激作用及麻醉作用。

氯丁二烯急性中毒不多见。轻度中毒时，眼鼻黏膜有刺激症状，轻咳、气急，重者可出现步态不稳、震颤、呕吐、面色苍白、四肢厥冷，血压下降，甚至意识丧失。

氯丁二烯慢性中毒常见头痛、头晕、倦怠乏力等神经衰弱综合征。部分患者有消瘦、恶心、呕吐、盗汗等。在生产中接触氯丁二烯人员最突出的表现为脱发，常见头发、眉毛脱落，腋毛、汗毛也会脱落。脱离接触后可重新生长。少数人可发生接触性皮炎，严重者可出现贫血、肝肿大，肝功能异常。

3）苯乙烯

（1）接触行业和作业　苯乙烯是制造聚苯乙烯塑料的单体，聚苯乙烯多用作高频电绝缘材料，收音机、电视机、电话机等的外壳，与丁二烯可制成丁苯橡胶，与二乙烯苯可制造离子交换树脂，也可作为造漆、制药、香料等的化工原料和溶剂。

（2）中毒危害　苯乙烯可经呼吸道、皮肤和胃肠道吸收。吸入体内后 60% 被吸收，在体内大部分转化由尿排出。急性中毒高浓度苯乙烯蒸气能引起眼、呼吸道黏膜刺激症状，流泪、结膜充血、喷嚏、咳嗽。重者有眩晕、头痛、恶心、呕吐、食欲减退、步态蹒跚等症状，眼部受苯乙烯液体污染可致灼伤。慢性中毒常出现神经衰弱综合征，同时伴有多汗、手指震颤、腱反射亢进等，严重时可出现周围神经病变。肝胆疾患的发病率增高，有消化系统症状，恶心、食欲不振、腹胀、右肋部疼痛等。血象轻度改变，粒细胞减少，淋巴细胞百分比相对增高。有明显黏膜刺激症状，皮肤粗糙或干裂。

6.1.1.4　胶黏剂

胶黏剂是指按照规定程序，把纸、布、皮革、木、金属、玻璃、橡皮或塑料之类的材料黏合在一起的物质。胶黏剂的种类很多，通常用作胶黏剂的组分或者溶剂的化学品有丙酮、丙烯酰胺聚合物、丙烯腈、己二酸、脂肪胺、苯、醋酸正丁二酯、丙烯酸正丁酯、丁基羟基甲苯、对叔丁酚、氯乙烯胺、氯苯、胶原、松香、环己烷、环己酮、二氨基联苯甲烷、马来酸二丁酯、反二氯苯、1,1-二氯乙烷、二氯甲烷（氯代亚甲苯）、2,2-二甲基丁烷、环氧树脂、乙醇、醋酸乙酯、乙基丁基酮、氰基丙烯酸甲酯、乙烯基丙烯酸乙酯、甲醛、正庚烷、正己烷、甲基丙烯酸、2,2-羟基丙酯、异丁醇、异佛尔酮二胺、异丙醇、醋酸异丙酯、煤油、马来酸酐、甲醇、甲基丁基酮、甲基氯仿、氰基丙烯酸甲酯、甲基乙基酮、甲基异丁基酮、甲基丙烯酸甲酯、甲基戊烷、石脑油溶剂、VMP 石脑油、天然橡胶乳液、氯丁橡胶、硝基苯、2 - 硝基丙烷、五氯苯酚、正戊烷、全氯乙烯、酚醛树脂、聚酰胺树脂、聚酯树脂、聚酰亚胺树脂、斯托达德溶剂(干洗溶剂)、丙烯酸苯乙烯酯、四氢呋喃、甲苯、二异氰酸甲苯、1,1,1 - 三氯乙烯、醋酸乙烯酯、二甲苯。

(1) 接触的行业和作业 胶黏剂使用范围非常广泛,涉及二十余个行业,分别是胶带制造业、空调业(空调设备制造和安装)、飞行器制造和维修业、家用电器组装、装订业、建筑业(地板铺设和墙面涂料)、波纹纸板制造、花纹装饰物制造、发泡垫制造、鞋类制造、家具制造、珠宝业、其他工业和服务业中的贴加商标和包装活动、叠层纸和纸板制造、皮革制品业、管道工程(聚乙烯管道和其他塑料管道)、制冷工业、橡胶制品业、玩具制造业、室内装修业。在制鞋、皮革加工、玩具制造、箱包制造等行业经常使用胶黏剂,这些都属于劳动密集型产业。

(2) 中毒危害 胶黏剂中的有毒有害物质(苯、甲苯、二甲苯、正己烷、三氯乙烯等)挥发到工作环境中,作业者主要是通过呼吸道(也可通过皮肤和消化道吸收)吸入,达到了一定的剂量就易发生职业中毒。胶黏剂分装、配胶、刷胶、涂敷、晾胶和固化干燥过程中易发生胶黏剂中毒。著名的"白沟职业中毒事件"就是在生产箱包过程中,由于使用有毒胶黏剂而又缺乏有效的职业卫生防护所引起的职业性苯中毒事件。有关部门检测其生产环境中有害物质的浓度超出国家标准达一百多倍。使用胶黏剂的企业多为中小型企业(乡镇企业、私有企业为主),胶黏剂使用与管理比较混乱,生产环境职业卫生条件差,工人的安全和健康与职业健康监护不到位等都是造成职业中毒频发的原因。

6.1.2 粉尘对职业人群健康的危害

生产性粉尘是指在生产过程中形成的并能较长时间悬浮在生产环境空气中的固体微粒。粉尘不仅是严重危害职工健康的主要职业性有害因素,还污染周围环境,危害居民健康。在生产作业过程中接触粉尘可导致职业病,尘肺是在生产过程中长期吸入粉尘而发生的以肺组织纤维化为主的疾病。不同的粉尘可致不同的尘肺。如在纺织厂工作的职业女性经常会吸入棉、亚麻或大麻等粉尘,可引起棉尘症。粉尘还可致粉尘性支气管炎、肺炎、哮喘性鼻炎、支气管哮喘等,引起堵塞性皮脂炎、粉刺、毛囊炎、脓皮病等。粉尘还可导致中毒,如铅、砷、锰等粉尘。

1) 接触粉尘行业或作业

(1) 固体物质的破碎或机械加工,例如矿石的钻孔、爆破和粉碎,金属的切削和研磨以及粮谷的脱粒和磨粉等均可产生粉尘。

(2) 可燃性物质的不完全燃烧,例如煤炭燃烧时可产生烟尘。

（3）某些物质加热时产生的蒸气在空气中冷凝或氧化,例如熔炼黄铜(含锌)时可产生氧化锌的烟尘。

（4）粉末状物质的混合、过筛、包装、搬运等,例如调制型砂、包装水泥等均可产生粉尘。

此外,沉积于车间的降尘由于振动或气流的影响又悬浮于空气中(二次扬尘),也可成为生产性粉尘的来源。

2) 生产性粉尘对人体健康的影响

生产性粉尘在呼吸道的阻留和清除:粉尘颗粒进入呼吸道后,通过截留、撞击、沉降、弥散等方式阻留在呼吸道各部位,但可通过人体的各种清除功能绝大部分被排出体外,仅有 $2\% \sim 3\%$ 沉积在体内。人体对吸入的粉尘虽然有各种清除功能,但若长期吸入高浓度的粉尘而使尘粒过量沉积,则可对人体产生不良影响,形成疾病。

（1）局部刺激:吸入的粉尘颗粒首先作用于呼吸道黏膜,可引起鼻炎、咽炎、喉炎、气管炎和支气管炎等呼吸道炎症;刺激性强的粉尘(如石灰、砷、铬酸盐尘等)可引起鼻黏膜糜烂、溃疡,甚至发生鼻中隔穿孔。进入眼内的粉尘颗粒可引起结膜炎等;金属和磨料粉尘颗粒可引起角膜损伤,导致角膜感觉低下和角膜混浊。沉着于皮肤的粉尘颗粒可堵塞皮脂腺,易于继发感染而引起毛囊炎、脓皮病等。

（2）中毒:吸入铅、锰、砷等毒物粉尘,可引起全身中毒。

（3）变态反应:棉、大麻、对苯二胺等粉尘可作为致敏原引起变态反应,出现支气管哮喘、湿疹等。

（4）光感作用:沉着于皮肤的沥青粉尘在日光的照射下产生光化学作用,可引起光照性皮炎等。

（5）致癌:放射性物质、镍、铬酸盐等的粉尘可引起肺癌;石棉粉尘可引起间皮瘤。

（6）感染:旧布屑、谷物和兽毛等粉尘能携带病原菌(如丝菌、放射菌和炭疽杆菌等),可引起肺霉菌病或炭疽病等。

（7）致纤维化作用:长期吸入矽尘、石棉尘等可引起肺组织的进行性、弥漫性的纤维组织增生而发生尘肺。

6.1.3　物理因素对职业人群健康的危害

在工作环境中,与作业者健康密切相关的物理性因素包括气象条件,如气温、气湿、气流、气压,噪声和振动,电磁辐射(如 X 射线、γ 射线、紫外线、可见光、红外线、激光、微波和射频辐射)等。在正常条件下所接触到的物理因素,其强度或剂量对人体是无害的,但当其强度、剂量超过一定限度时,则可对人体产生不良影响。

下面列出几种异常条件对健康的影响。

1）高温作业

高温作业分为三种类型：① 高温、强热辐射作业型。其特点是气温高，热辐射强度大，相对湿度低，形成干热环境。② 高温、高湿作业型。气象特点是气温、气湿高，而辐射强度不大，形成湿热环境。③ 夏季露天作业型。除夏季太阳的辐射外，还接受被加热的地面及周围物体放出的辐射热，形成高温热辐射作业环境。

高温、高湿作业的场所主要有印染、缎丝、造纸等工业中液体加热或蒸煮等作业车间，气温常可达 35 ℃以上，相对湿度达 90％以上。如通风不良，就会形成高温、高湿和低气流的湿热环境。

高温作业会引起人体一系列生理功能的改变，主要为体温调节、水盐代谢、循环系统、消化系统、神经系统、泌尿系统等方面的适应性变化。机体向外散热的方式主要是传导、对流、辐射和蒸发。气温在 30 ℃以下而低于皮肤温度时，人体主要通过对流和辐射散热；当气温升高到与皮肤温度接近（33 ℃），具有较强的辐射源存在时，对流和辐射方式散热即受到限制，人体只能靠出汗蒸发来散热。在高温生产环境里，特别是炎热季节，若劳动强度大，体内产热多，必须蒸发更多的汗液才能维持机体的热平衡。但如果排出的汗液不是以蒸发的方式散出，而是以成滴的汗液淌下来，则不但起不到蒸发散热的作用，还可能造成机体蓄热而引起中暑。

在长期的高温作用下，由于机体水分损失，血液浓缩，以及为增加散热而向高度扩张的皮肤血管网内输送大量血液，使心脏负担加重、血液温度增高、心率增加。长期在高温环境下劳动，心脏经常处于紧张状态，久之会使心脏生理性肥大、血压下降。

高温还能引起热痉挛、热衰竭和日射病。热痉挛是由于水和电解质平衡失调所致。高温作业时由于大量出汗，引起缺水、缺盐，而发生肌痉挛。痉挛成对称性、阵发性，伴有肌肉收缩痛。轻者不影响工作，重者剧痛难忍，体温多正常，患者神志清醒。热衰竭也称热晕厥或热虚脱。一般认为是由于热引起外周血管扩张和大量失水，造成循环血量减少，导致颅内供血不足。起病迅速，头晕、头痛、心悸、恶心、呕吐、便意、大汗、皮肤湿冷、体温不变、脉搏细弱、血压下降、面色苍白，继而晕厥。日射病是中暑的一种类型，多发生于炎热夏季露天作业，日射病是由于太阳辐射或强烈的热射线直接作用于无防护的头部，致使颅内组织受热，脑膜温度升高，脑膜和脑组织充血等变化而引起。表现为剧烈头痛、头晕、眼花、耳鸣、恶心、呕吐、兴奋不安、意识丧失、体温升高等症状。

2）低温作业

国家标准规定：在生产劳动过程中，工作地点平均气温等于或低于 5 ℃的作业为低温作业。低温作业多见于寒冷季节从事室外作业，某些需要在低温环境下的操作（如食品、药品生产加工），冷冻冷藏室或冷库中的作业。此外，国家标准还规定,在生产劳动过程中,操作人员接触冷水温度等于或低于 12 ℃的作业为冷水作业。冷水作业多见于捕鱼、打捞、水产品养殖、水产品或海产品加工、农副产品加工、餐饮业、冷冻冷藏等生产劳动中。

低温使人脑高能磷酸化合物的代谢降低,神经兴奋性与传导能力减弱,出现痛觉、迟钝,如嗜睡状态。长时间的寒冷条件会导致循环血量、白细胞和血小板减少,引起凝血时间延长,血糖降低,血管长时间痉挛,易于形成血栓。全身过冷引起身体组织血液供应障碍,免疫力降低,抵抗力下降,易患感冒、肺炎、心内膜炎、肾炎及其他传染性疾患。在低温条件下,易引起肌肉酸痛、神经痛、肌炎、神经炎、腰腿痛和风湿性疾病等。低温还会引发冻伤,最易发生冻伤的环境温度在冰点以上 0～10 ℃的潮湿阴冷环境。

3) 噪声作业

生产环境中,由于物体的冲撞,机器的转动,高压气流的运动等,可产生噪声。噪声有连续性的和间断性(脉冲性)的。接触强烈噪声的工种有使用风动工具(风钻、风铲)的工人,纺织厂的织布工人,发动机试验人员等。长期接触噪声会对人体产生危害,其危害的大小主要取决于噪声强度(声压)的大小、频率的高低和接触时间的长短。一般认为强度大、频率高、接触时间长则危害大,其他如噪声特性(连续噪声或脉冲噪声)、接触方式(连续或间断接触)和个体敏感性也有关,脉冲噪声比连续噪声危害大、连续接触比间断接触危害大。

噪声对人体的影响是多方面的,50 dB 以上开始影响睡眠和休息,特别是老年人和患病者对噪声更敏感;70 dB 以上会干扰交谈,妨碍听清信号,造成心烦意乱、注意力不集中,影响工作效率,甚至发生意外事故;90 dB 以上,若长期接触则会造成听力损失和职业性耳聋,甚至影响其他系统的正常生理功能。如果连续接触高噪声,则病程进一步发展,语言频段的听力开始下降,出现了语言聋的现象时,其耳聋的病理变化是不可逆转的。有些作业如爆破、武器试验等,由于防护不当或缺乏必要的防护措施,会因爆破所产生的强烈噪声和冲击波造成急性听觉系统的严重损伤而丧失听力,称为爆震性耳聋,会出现鼓膜破裂、中耳听骨错位、韧带撕裂、内耳螺旋器破损,甚至出现脑震荡。患者主要表现为耳鸣、耳痛、恶心、呕吐、眩晕,检查会发现听力严重障碍甚至全聋。

噪声还会对身体其他方面产生影响,如引发神经衰弱综合征、脑电图异常、植物神经功能紊乱、血压不稳、心跳加快、心律不齐、胃液分泌减少、胃蠕动减慢、食欲下降、甲状腺功能亢进、肾上腺皮质功能增强、性功能紊乱、月经失调等。对噪声性耳聋目前还没有有效的治疗方法,故早期进行听力保护,加强预防措施非常重要。

4) 振动作业

生产中,机械设备的运转和物件加工时会产生振动。振动按其作用于人体的方式,有局部振动及全身振动。使用风动工具时,工人的手接触到的振动为局部振动,机器设备开动对地面的振动以及交通运输工具行驶过程中的振动作用于人体时是全身振动。生产劳动中有些工种受到的振动以局部振动为主,有的以全身振动为主,有的可同时接受两种振动作用。生产中振动往往与噪声同时存在。生产性振动的来源接触作业主要如下:① 风动工具(如铆钉机、凿岩机、风铲等)作业:铆接、凿岩、清砂、喷砂等;② 电动工具(如电锯、电钻、研磨机、砂轮等)作业:割据、钻孔、研磨等;③ 交通工具(如内燃机车、飞机、船舶等)作业;④ 农业机械(如拖拉机、收割机、脱粒机等)作业。

对于人体手部接触的局部振动,如长期持续使用振动工具,则能引起末梢循环、神经和骨关节肌肉系统的障碍,严重时会患局部振动病,对神经系统、心血管系统、肌肉系统、骨组织、听觉器官等产生影响。

人体立位、坐位或卧位接触而传至全身的全身振动一般为大振幅、低频率的振动。接触强烈的全身振动可能导致内脏器官的损伤或移位,周围神经和血管功能的改变可能导致组织营养不良。振动加速度还会出现前庭功能障碍,导致内耳调节平衡功能失调,出现面色苍白、恶心、呕吐、出冷汗、头疼、头晕、呼吸浅表、心律和血压降低等症状。晕车、晕船也属于全身振动性疾病。全身振动性疾病还会造成腰椎损伤等运动系统疾病。

振动可导致的振动病已被我国列为法定职业病。振动病一般是对局部疾病而言,也称雷诺现象、振动性血管神经病、气锤病和振动性白指病等。

5) 电磁辐射

电磁辐射以波的形式向外发射,称为电磁波。电磁波具有波的一般特性(波长、频率、速度),波长越短,频率越高,产生辐射的电子能量越大。电磁辐射中对人体影响作用比较大的有电离辐射和微波辐射。

接触电离辐射的工作种类主要有放射性矿石的勘探、开采、选矿及冶炼,制造和使用荧光涂料,原子反应堆、粒子加速器相关工作,利用核动力发电的交通运输工具上的工作,制作和使用放射源的工作,工农业生产及科学研究中利用人工放射性同位素的工作(如金属探伤、放射测井、食品消毒、选种育种、农作物储藏、保鲜、消灭农作物害虫,放射性仪器仪表自动测厚、测密度、测水分含量,在医疗方面用 X 射线进行透视、诊断以及利用放射性同位素进行治疗等)。

高频电磁场和微波是电磁辐射谱中量子能量最小而波长最长的频段,常用于热加工。如用于金属的热处理、熔炼、焊接,木材、棉纱、纸张加热干燥,橡胶硫化、塑料黏合等,以及雷达导航、无线电通信、电视及无线电广播,医学上用于理疗等。

电离辐射一次大剂量或短时间内多次作用于人体,能引起急性射线病,其主要临床表现为造血机能障碍,胃肠道症状及中枢神经系统机能障碍,脱发、出血症候群,以及由于机体免疫机能低下而并发的局部或全身感染。以神经系统及造血系统机能障碍为主要特点,出现神经衰弱综合征及植物神经机能失调的症候以及血象变化,进而发生再生障碍性贫血,出现出血倾向。如全身状况逐渐恶化,则较多的器官和系统均出现改变,可出现皮炎、皮肤萎缩、甲床变形、骨炎、骨坏死及骨肉瘤,以及肺癌、支气管癌、白血病等。

微波及高频电磁场对机体的主要作用是引起中枢神经和植物神经的功能障碍,主要表现为神经衰弱综合征,以头昏、乏力、睡眠障碍(白天嗜睡、晚上失眠多梦)、记忆力减退为常见症状,还会有情绪不稳定、易激动、工作能力低下、多汗、脱发、消瘦等表现。植物神经功能紊乱的主要表现有心动过缓、血压下降,但在长期大强度影响的后阶段,会引起脑电图改变、心血管系统机能紊乱,大多为非器质性损害,一般脱离接触 2～3 个月后,症状会减轻或消失。

6.1.4　视屏作业人员的职业危害因素

随着信息技术的高速发展,计算机迅速、广泛地进入各个领域,人们接触视屏显示终端(video display terminal,VDT)的机会与日俱增。接触视屏作业人数和现代智能化办公室中的白领越来越多,神经衰弱、视力下降、颈肩腕综合征不断产生,因此视屏作业人群的职业健康危害也越来越受到关注。

1) 对视觉的影响

视觉疲劳、视力模糊、眼干、眼痛、远视力减退是视屏作业者常见的症状。研究发现,视屏作业者的视觉疲劳阳性率明显高于对照组,视力下降与对照组有非常显著性差异。此外,视屏作业者眼部阳性症状如流泪、眼胀、视力下降等的发生率明显高于对照组。这与视屏作业者长期盯着计算机屏幕,使眼睛超负荷工作有关。

2) 颈肩腕综合征

颈肩腕综合征即颈肩关节、腕关节、肩、颈、背部的疼痛、麻木、痉挛等,是视屏作业对肌肉骨骼系统损害的主要表现。研究发现,视屏作业对健康最突出的影响是颈肩腕综合征和颈椎异常。X 射线颈椎侧位片的报告结果显示,颈椎生理曲度变直占调查人数的 51.2%。研究还发现,由于长时间键盘操作,视屏作业人员的头部、眼睛和手腕等部位一直在不停地移动中,容易造成眼、手和关节疲劳,特别是手腕部。现场工作条件调查发现,很多视屏作业人员使用的电脑桌椅不符合人-机工效学原理。电脑桌均为固定式(高度不可调节),相应键盘的位置也固定,椅子有65.0% 为可调式,其余均为固定式。操作人员很少主动随时根据自己的身高、坐高、姿势调整座椅的高度,使腰背、手腕等部位常处于强迫体位。而且视屏作业人员大部分时间处于不良姿势下工作。不良的坐姿、不配套的桌椅和不良的工作习惯可加重腰背部、手腕部的不适度。视屏作业操作时间每周超过 20 小时者,骨骼肌不适的危险性明显升高,提示其损害与操作时间有关,而且女性视屏作业人员肩痛、背痛的患病率显著高于男性。

3) 对神经系统的影响

视屏作业以脑力劳动为主,通常要求工作人员注意力高度集中,精神处于紧张状态,心理负荷较大,容易产生神经衰弱综合征,主要表现为记忆力减退、失眠、头晕、乏力等。研究发现,视屏作业人员常感到工作要求高、压力大、工作被动且单调,易产生厌烦和心理紧张;过度心理紧张不仅可导致行为功能下降,还会引起一系列与心理紧张有关的反应和疾病,女性操作者的总体心理健康状况低于对照组。

6.2 职业病

改革开放以来,随着我国国民经济,特别是工业支柱产业的发展,职业病危害因素逐渐增多并缺乏严格的控制,导致我国职业病的发病率逐年增高。近年来,群体性的职业病危害事件不断,由职业病引发的纠纷、上访事件时有发生。目前,职业病已成为影响社会稳定的重大公共卫生问题。

职业病就是与个体职业有关的一类疾病。当职业性有害因素作用于人体的强度和时间超过一定的限度时,人体不能代偿其所造成的功能性或器质性病理改变,从而出现相应的临床症状,影响个体的劳动能力,这类疾病通称为职业病。例如,冶炼工人的铅中毒、粉尘作业人员的尘肺病、潜水作业人员的减压病、皮毛作业人员的炭疽及煤矿井下作业工人的滑囊炎等。

《中华人民共和国职业病防治法》规定:职业病是指企业、事业单位和个体经济组织等用人单位的劳动者在职业活动中,因接触粉尘、放射性物质和其他有毒、有害物质等因素而引起的疾病。各国法律都有对于职业病预防方面的规定,一般来说,凡是符合法律规定的疾病都能称为职业病。

根据我国最新的《职业病分类和目录》,职业病分为132种。其中,职业性尘肺病及其他呼吸系统疾病共计19种,职业性皮肤病9种,职业性眼病3种,职业性耳鼻喉口腔疾病4种,职业性化学中毒60种,物理因素所致职业病7种,职业性放射性疾病11种,职业性传染病5种,职业性肿瘤11种,其他职业病3种。

职业病具有下列5个特点。

(1) 病因明确,为职业性有害因素,控制病因或作用条件可消除或减少疾病发生。

(2) 病因与疾病之间一般存在接触水平(剂量)-效应(反应)关系,所接触的病因大多是可被检测和识别的。

(3) 群体发病,在接触同种职业性有害因素的人群中常有一定的发病率,很少只出现个别患者。

（4）早期诊断，及时合理处理，则预后良好。大多数职业病目前尚无特殊治疗方法，发现愈晚，疗效愈差。

（5）重在预防，除职业性传染性疾病外，治疗个体无助于控制人群发病。

讨论题：

（1）从事白领工作的人会有职业性疾病吗？

（2）现代高科技行业还会有职业病吗？

第7章 室内环境与健康

现代人平均有80%以上的时间是在室内度过的。城市中的老人、婴儿等则可能有高达95%的时间生活在室内。随着科学技术的发展和生活水平的提高,大量新型建筑和装饰材料、日用化学品、家用电器等进入住宅和公共建筑物,使室内环境污染物的来源和种类日益增多,造成室内空气污染日趋突出。统计资料表明,室内空气污染往往超出室外2~5倍,有时甚至超出100倍。室内空气污染成为人体接触环境污染物、造成健康危害的主要途径之一。可以说,室内空气污染是继煤烟型污染、光化学污染后的第三代污染问题。

室内环境主要指居室,广义上讲是人类生存和活动的重要场所,包括办公室、会议室、教室、医院等室内环境和宾馆、饭店、图书馆、候车室等公共场所以及火车、轮船、飞机等交通工具。

室内环境从它的物理特性来定义,包括空气质量、照度、环境布置和噪声等,其中最难以控制的是室内环境的空气质量问题。由于室内引入能释放有害物质的污染源或室内环境通风不佳而导致室内空气有害物质无论是从数量上还是种类上不断增加,并引起人的一系列不适应症状,称为室内空气受到了污染。

7.1 室内空气污染与健康

环境污染物主要是通过空气、水和食物侵入人体的。我们可以选择无污染的水和食物,却无法选择所呼吸的空气。不管空气污染程度如何,我们每时每刻都在呼吸。一个成年人平均每天吸入15 kg空气,与每天摄入1.5 kg食物和2 kg水相比,吸入空气是接触环境污染物的主要途径。室内空气污染主要是人为污染,其中以化学性污染最突出。室内空气主要污染物种类如表7-1所示。

近年来,由室内空气污染而引起的人口健康问题日益突出,室内环境已经成为许多国家关注的重大问题之一。随着人类社会的不断进步与发展,在满足了基本的安全和御寒要求之后,人们开始希望建筑能满足舒适、健康和节能的要求。在寒冷的冬季或者炎热的夏季,为了节能,人们往往会减少通风换气量,使污染物浓度不

表 7-1　室内主要污染物种类

污染物类别	主 要 污 染 物
颗粒物	可吸入颗粒物(PM_{10} 和 $PM_{2.5}$)
物理污染	噪声
	电磁辐射
	光污染
	热污染
化学污染	无机污染物：石棉、铅等重金属、二氧化碳、氨
	有机污染物：醛类、可挥发有机物(苯等)、半挥发有机物、多氯联苯、燃烧产生的污染物、香烟污染
生物污染	主要有细菌、真菌、病毒、尘螨、昆虫、宠物和它们的代谢物等
放射污染	氡

能充分稀释；室内湿度增高，增加了霉菌滋生的可能性；室内空气品质恶化，影响人们的舒适和健康。相对于成年人来说，学龄前儿童在室内停留的时间更长，在这种情况下，儿童在住宅内会面临着更大的健康威胁。

室内环境对健康影响的特点如下：

(1) 室内的小气候比较适宜，有利于人们从事各项活动，但同时也利于微生物的生长、繁殖，使得室内人群接触病原微生物的机会增多。

(2) 室内的空间相对狭小，有害因素较难扩散稀释。一旦出现污染物，则暴露机会更为频繁而密切。

(3) 与生产环境相比，室内环境中有害因素的种类更多，所以多因素综合作用较为突出。

(4) 室内环境中的某些有害因素可以出现高浓度污染而引起机体急性中毒，但多数情况下是有害因素低浓度长期作用而引起机体慢性中毒。

7.2　室内环境污染的来源及危害

世界人口向城市集结而形成城市化。由于城市土地有限，又造成城市楼层化的趋势。不良建筑物综合征便是由高度楼层化引发的一种新型疾病，直接与室内环境污染有关。不良建筑物综合征(sick building syndrome, SBS)也称为病态建筑物综合征，是指某些建筑物内由于空气污染、空气交换率很低，以致在该建筑物内活动的人群产生了一系列症状。其主要症状表现为眼、鼻、咽、喉部位有刺激感、头疼、易疲劳、呼吸困难、皮肤刺激、嗜睡、哮喘等非特异症状。目前认为，SBS 是多因素综合作用而成，除了污染和通风以外，还可能由于温度、湿度、采光、声响等舒适因素的失调。

室内空气污染呈现如下特点：

首先，接触时间长。当人们长期暴露在有污染的室内环境中时，污染物对人体的作用时间也相应很长。

其次，污染物浓度高。室内环境特别是刚装修完毕的环境，从各种装修材料中释放出来的污染物浓度很高。在通风换气不充分的条件下，污染物不能被排放到室外，大量的污染物长期滞留在室内，使得室内污染物浓度很高，往往可超过室外的几十倍。

再次，污染物种类多，有化学污染、物理污染、生物污染等。特别是化学污染，其中不仅有无机物污染如氮氧化物、硫氧化物、碳氧化物等，还有更复杂的有机物污染，种类繁多；并且这些污染物又可以重新产生新的污染物，即二次污染物。

此外，一些污染物排放周期长。从装修材料中排放出来的污染物如甲醛，尽管在通风充足的条件下，它还是能不停地从材料孔隙中释放出来。有研究表明甲醛的释放可达十几年之久。对于放射性污染，其发生危害作用的时间可能更长。

最后，室内空气污染具有累积性。室内环境是相对封闭的空间，室内的各种物品包括建筑装饰材料、家具、地毯、复印机、打印机等都可能释放出一定的化学物质。如不采取有效措施，它们将在室内逐渐积累，导致污染物浓度增高。

主要的室内环境污染种类有化学性污染、生物性污染、物理性污染。

1) 化学性污染

现代建筑所使用的合成材料通过排出某些化学物质造成居室内空气污染，使居住者产生一系列自觉症状，主要有眼、鼻、咽喉的刺激，疲劳、头痛、皮肤刺激、呼吸困难和嗜睡等，在离开居室后症状可以自然消失，这就是所谓的"建筑综合征"。其中，甲醛、苯、氨、氡四大室内有害气体的危害尤为严重。

(1) 甲醛　甲醛($HCHO$)又称蚁醛，是无色有强烈刺激性气味的气体，对空气的比重为1.06，易挥发，易溶于水、醇和醚，30%～40%的水溶液为福尔马林液。甲醛易聚合成多聚甲醛，受热易发生解聚作用，并在室温下可缓慢释放甲醛。甲醛的嗅阈值为0.06～1.2 mg/m³，眼刺激阈值为0.01～1.9 mg/m³。甲醛在室内主要来源于建筑材料、家具、木质地板、各种黏合剂涂料、合成织品及室内其他污染源。甲醛因具有较强的黏合性及有加强板材硬度、防虫、防腐功能且价格便宜，故目前首选用于室内装修的胶合板、细木工板、小密度纤维板、刨花板等原材料。板中残留的和未参与反应的甲醛会逐渐向周围环境释放，最长释放期可达十几年，是形成室内空气中甲醛的主体。经测定，100 cm²的胶合板，1小时可以释放3～18 μg甲醛。此外，地毯中的黏合剂以及贴墙布、贴墙纸、泡沫塑料等室内装饰材料也散发甲醛。据估算，1 kg合成织物可释放750 mg甲醛。

早在 1995 年,甲醛就被国际癌症研究机构(IARC)确定为可疑致癌物。甲醛对人体的影响主要是甲醛的刺激、致敏、致突变作用,表现在嗅觉异常、刺激、过敏、肺功能和免疫功能异常等方面,个体差异很大。大多数报道其作用质量浓度在 12 mg/m³ 以上,个别报道质量浓度为 0.06～0.07 mg/m³ 时,儿童发生气喘。甲醛对健康危害主要有如下几个方面:

刺激作用

甲醛的主要危害表现为对呼吸道黏膜、眼睛和皮肤的刺激作用。甲醛是原浆毒物质,能与蛋白质结合,高浓度吸入时出现呼吸道严重的刺激和水肿、头痛。

低浓度甲醛对人体影响主要表现在皮肤过敏、咳嗽、多痰、失眠、恶心、头痛等。甲醛对中枢神经系统的影响是明显的,生活在甲醛质量浓度为 0.01～3.1 mg/m³ 的环境中的人群,有头痛、头晕、失眠症状的人明显多于生活在无甲醛污染环境中的人。

致敏作用

皮肤直接接触甲醛可引起过敏性皮炎、色斑、坏死,吸入高浓度甲醛时可诱发支气管哮喘。甲醛对人体皮肤有极强的刺激作用,空气中质量浓度为 0.5～10 mg/m³ 时,会引起肿胀、发红,低浓度甲醛能抑制汗腺分泌,使皮肤干燥。

致突变作用

高浓度甲醛还是一种基因毒性物质。实验动物在实验室高浓度吸入的情况下,可引起鼻咽肿瘤。目前认为,非工业性室内环境甲醛浓度水平还不至于导致人体的肿瘤和癌症。甲醛与空气中离子形成氯化物反应生成的致癌物——二氯甲基醚,已引起人们警觉。

对于室内甲醛限制,我国公共场所卫生标准规定,空气中甲醛最高允许质量浓度为 0.12 mg/m³,居室空气中甲醛的卫生标准为 0.08 mg/m³(GB/T 16127—1995)。《室内空气质量标准》(GB/T 18883—2002)规定室内甲醛标准值为 0.1 mg/m³。

(2) 氨　氨(NH_3)为无色、有强烈刺激气味的气体,相对分子质量为 17.03,沸点为 -33.5 ℃,熔点为 -77.8 ℃,对空气的相对密度为 0.596 2。氨极易溶于水、乙醇和乙醚。氨的水溶液由于形成氢氧化铵而呈碱性。氨可燃,与空气混合,氨含量在 16.5%～26.8%(按体积)时,能形成爆炸性气体。

在建筑施工中,为加快混凝土的凝固速度和冬季施工防冻,在混凝土中加入了高碱混凝土膨胀剂和含尿素与氨水的混凝土防冻剂等外加剂,这类外加剂在墙体中随着温度、湿度等环境因素的变化而还原成氨气从墙体中缓慢释放出来,造成室内空气中氨的浓度大量增加。特别是夏季气温较高,氨从墙体中释放速度较快,造成室内空气中氨浓度严重超标。在家具制作过程中,木制板材在加压成型过程中使用了大量由甲醛和尿素聚合而成的黏合剂。该黏合剂在室温下易放出气态甲醛和氨。此外,家具涂饰时所用的添加剂和增白剂大部分都用氨水,氨水已成为建材市场中必备的商品,它们在室温下易释放出气态氨,造成室内空气中氨的污染。但是,这种污染释放比较快,不会在空气中长期大量积存,对人体的危害相对小一些。

人对氨的嗅阈为 $0.5\sim1.0\ mg/m^3$。氨对人体的危害主要如下:① 氨对接触的皮肤组织有腐蚀和刺激作用,可以吸收皮肤组织中的水分,使组织蛋白变性,并使组织脂肪皂化,破坏细胞膜结构。② 氨对上呼吸道有刺激和腐蚀作用,可麻痹呼吸道纤毛和损害黏膜上皮组织,使病原微生物易于侵入,减弱人体对疾病的抵抗力。浓度过高时除腐蚀作用外,还可通过三叉神经末梢的反射作用而引起心脏停搏和呼吸停止。③ 氨被吸入肺后容易通过肺泡进入血液,与血红蛋白结合,破坏运氧功能。

短期内吸入大量氨气后可出现流泪、咽痛、声音嘶哑、咳嗽、痰带血丝、胸闷、呼吸困难,可伴有头晕、头痛、恶心、呕吐、乏力等症状,严重者可发生肺水肿、成人呼吸窘迫综合征,同时可能发生呼吸道刺激症状。所以碱性物质对组织的损害比酸性物质更深、更严重。在大型理发店中,因烫发水中的氨挥发到空气中,可使室内氨质量浓度达到 $28.8\ mg/m^3$,使店中工作人员普遍有胸闷、咽干、咽痛、味觉和嗅觉减退、头痛、头昏、厌食、疲劳等感觉,部分人出现面部皮肤色素沉着、手指有溃疡等反应。

对于室内氨的限制,我国洗发店、美容业卫生标准规定,空气中氨质量浓度限制为 $0.5\ mg/m^3$,在《室内空气质量卫生规范》和《室内空气质量标准》(GB/T 18883—2002)中规定空气中氨的质量浓度限值为 $0.2\ mg/m^3$。

2) 生物性污染

主要来自地毯、毛毯、木制品及结构主体等,包括螨虫、白蚁及其他细菌等。以尘螨为例:它是一类极强的变应原,各年龄段均可受到影响,尤以儿童最为敏感,可以引起过敏性哮喘、过敏性鼻炎、过敏性皮炎等疾病。

3) 物理性污染

主要来自室外以及室内的电器设备等,包括噪声、光辐射、电磁辐射、放射性污染等,这些对人体健康也会产生不同程度的影响。

7.3 吸烟与健康问题

烟草烟气中有3 800多种成分,有的是烟草本身的固有成分,如尼古丁;有的与烟草产地的土地污染有关,如镉;有的与种植烟草过程中使用化肥有关,如有机磷中含放射性物质 ^{210}Po;有的与烟草燃烧不完全有关,如煤焦油、一氧化碳等。

据世界卫生组织专家工作小组鉴定,烟草烟气中的"肯定致癌物"不少于44种,主要是多环芳烃、亚硝胺类、氯乙烯、砷、镍、甲醛等。烟草危害是当今世界最严重的公共卫生问题之一。目前,全球共有 11 亿吸烟者,烟草每年造成的死亡约为 1 000 万人。

吸烟所散发的烟雾,可分为主流烟(即吸烟者吸入口内的烟)、侧流烟(即烟草点燃外冒的烟)和环境烟气(包括吸烟者呼出的烟气和侧流烟气)。一般情况下,侧流烟雾中的浓度大大超过主流烟雾中的浓度,含有至少 60 种致癌物,所以被动吸烟者受害更甚。例如,一氧化碳侧流烟是主流烟的 5 倍,焦油和烟碱是 3 倍,胺是 46 倍,亚硝胺是 50 倍。吸烟者呼气中包括主流烟雾进入体内后的代谢产物和残留的主流烟雾,与侧流烟雾一起形成环境中的二手烟雾,造成近旁不吸烟者被动吸烟。根据定义,不吸烟者每日被动吸烟 15 分钟以上者,为"被动吸烟",又称"强迫吸烟"或"间接吸烟"。在日常生活中绝大多数人不可能完全避免接触烟草烟雾,因而成为被动吸烟者。据计算,在通风不畅的场所,不吸烟者 1 小时内吸入的烟量平均相当于吸入 1 支卷烟的剂量。根据全国吸烟情况抽样调查结果得知:343 563 名不吸烟者中,39.75% 受到被动吸烟危害。在这些被动吸烟者中,家中吸烟者对其造成侵害的占 67.1%,占较大比重,可见家庭被动吸烟现象最为突出。

下面分别介绍主动吸烟与被动吸烟的健康危害。

1) 主动吸烟

烟草烟雾是重要的室内污染物。1993 年,美国环境保护局将香烟烟雾列入"人群 A 级致癌物",即任何剂量的暴露都不安全。烟草烟雾可对人的呼吸系统、心血管系统、神经系统、生殖系统、免疫系统等造成严重危害。对女性(并殃及胎儿)和未成年人的危害尤为严重,这些人群大多是二手烟雾受害者。专家们认为,肺癌死亡率的 90%,慢性支气管炎死亡率的 75%,心血管病死亡率的 25% 均与吸烟有关。据统计,我国每年有 73 万人因患与吸烟相关的疾病死亡。因此,"吸烟有害健康"并不是一句骇人的空话。

烟草燃烧时产生的烟气中含有 4 万多种成分,目前能分析鉴定出来的达 4 200 种,已明确的对人体健康有害的成分主要有如下几种。

(1) 尼古丁　尼古丁是一种无色透明的油状挥发性液体,具有刺激的烟臭味,为剧毒物质。尼古丁有兴奋神经的作用。吸 1 支烟,可使心率每分钟加快 10 次,血压升高 10 mmHg。尼古丁进入大脑,可使吸烟者有一种愉快的感觉,这种快感与海洛因等毒品对人体的作用性质相同,使吸烟者在生理上对香烟产生依赖,只是它的作用程度不如毒品强烈。尼古丁长期作用于人体可导致胃肠功能失调(如发生消化性溃疡),以及引起生殖系统功能失调(如不育症)。此外,尼古丁还是癌症发病的"帮凶",为癌症的发生打开了"方便之门"。因连续大量吸烟而致中毒死亡的案例不乏记载。例如,英国曾有一位长期吸烟的人有一天夜里连续吸了 14 支雪茄烟和 40 支卷烟,第二天早晨感到身体不适,后经医生极力抢救无效而死亡。

(2) 烟焦油　烟焦油是多种有机物质的混合物,含有多种致癌物质、促癌物质和致癌引发剂。烟焦油常吸附在吸烟者的咽部、气管、支气管和肺泡表面,有刺激性,可损伤人体呼吸功能;积存多年后,可诱发异常细胞生成,形成癌症。美国佛罗里达大学的科学家发现,低焦油含量卷烟并不安全,不会因吸烟者改吸这类烟而减少其心肌梗死、脑卒中(俗称中风)、肺部疾病的发病危险,只是在吸烟者的意识中造成"安全卷烟"的假象。

(3) 一氧化碳　一氧化碳进入人体可破坏血液中红细胞的正常输氧功能,造成组织和器官缺氧,由此使大脑、心脏等多种器官因缺氧而产生损伤,最终使心血管系统深受其害,其他器官(如脑等)因缺氧而产生病变。此外,一氧化碳还能促进体内胆固醇贮量增多,加速动脉粥样硬化。

(4) 放射性物质　放射性物质通过烟草种植过程中添加的化肥进入烟草中。凡是在烟草种植中,使用含有铀的磷肥,可分解出放射性核素如^{210}Po、^{210}Pb、^{226}Ra和^{222}Rn等放射性同位素。这些物质在吸烟时可被吸入肺并沉积于肺内。它们不断放出射线,损伤肺组织。这些放射性核素除对呼吸系统有损害作用外,对肝、肾等均有损害作用,还可致癌。

(5) 苯并(a)芘　苯并(a)芘是一种强致癌物质。如果每天吸 20 支卷烟,一年就可能吸入苯并(a)芘 $800\ \mu g$ 左右。它可刺激支气管上皮细胞使其发生癌变。有调查结果表明,空气中的苯并(a)芘含量每 $1\ 000\ m^3$ 增加 $1\ \mu g$,会使癌症发病率增加 $5\%\sim15\%$。

(6) 有害金属　烟草中含有砷、汞、锡、镍等有害金属物质。这些重金属可蓄积于体内,是强烈的致癌物质,也是引起癌症的主要物质。微量的镉可杀灭输精管内的精子,引起男性不育;大量镉进入骨组织,可引起骨骼脱钙、变性、变脆,极易发生骨折。

(7) 刺激性化合物　烟草烟雾中含有多种刺激性化合物,如氰化钾、甲醛、丙烯醛等。它们可破坏支气管及肺组织的天然防护功能,引起呼吸系统感染。

因此,吸烟对人体健康的危害很大。其中,吸烟对心脑血管、呼吸系统的伤害比较为人熟知。此外,吸烟还能造成血栓闭塞性脉管炎,使脚部发凉、怕冷、麻木;对人的消化系统、泌尿系统、循环系统也会造成很大的损害;加快人体衰老,缩短人的寿命。有关研究证明,在所有疾病中,吸烟人群患病率比不吸烟人群高,尤其在肺癌、心血管疾病、呼吸器官疾病方面,几乎无一不是吸烟人群位居"榜首"。尽管香烟在加工时做了一定的技术处理,并且加装了过滤嘴,但仍然有大量的有害物质进入肺部,并逐步到达身体的其他部位而损害身体健康。

2) 被动吸烟

主动吸烟者在吸烟时,约把 70% 的烟雾吐到空气中,供旁人"分享"。若室内通风不佳,所有在场者都会"受益匪浅"。而且被动吸烟者"分享"吸入的烟尘中有害物质浓度并不比主动吸烟者低。有研究显示,主动吸烟者吐出的冷烟雾中,烟焦油含量比自己吸入的热烟雾中的多 1 倍、苯并(a)芘多 2 倍、一氧化碳多 4 倍。婴儿、老人、患者的免疫功能发育不完全或有所下降,香烟烟雾对他们的影响也比成年人、健康人更大。被动吸烟的危害主要表现在如下几方面。

(1) 诱发肺癌。吸烟是肺癌发病的第一因素,这是由于烟草中的亚硝醚类化合物是主要的致癌物。而被动吸烟者虽然吸入的是侧流烟气,但由于侧流烟气中含有大量的多环芳烃,同样容易诱发肺癌。

(2) 引发心脏病。世界心脏病联合会 2003 年 5 月在瑞士日内瓦公布的资料显示,80%的被动吸烟者患中风的危险度较大,25%易得肺癌和心脏病。世界上 7 亿儿童生活在吸烟家庭,而中国类似的被动吸烟者达 1.3 亿人。

(3) 导致死胎、流产或低出生体重儿。被动吸烟对婴幼儿、青少年及妇女的危害尤为严重。对于孕妇来说,被动吸烟影响胎儿的发育,会导致死胎、流产或低出生体重儿。

(4) 引发儿童呼吸道症状和疾病,影响正常的生长发育。对儿童来说,被动吸烟可以引起呼吸道症状和疾病,并且影响正常的生长发育。被动吸烟能增加婴儿猝死的危险,是一般婴儿的 2 倍。

为此,2006 年 1 月 26 日美国加利福尼亚环境管理机构做出一项决定,将被动吸烟列入空气污染黑名单,其污染级别与柴油尾气污染级别相同。吸烟所产生的颗粒物大部分都小于 2.5 μm,其释放的烟雾是室内环境中细颗粒物的主要来源。调查发现,办公类环境中,香烟烟尘在颗粒物浓度中所占的比重很大,约为 50%～80%,会议室和休息室中更是高达 80%～90%。研究结果表明,香烟在燃烧过程中平均每分钟可产生细小颗粒 1.67 mg。有报告指出,一支香烟在其燃烧周期中平均可释放 PM_{10} 为(22±8) mg,其中 $PM_{2.5}$ 为(14±4) mg。可见,香烟烟雾的确是破坏室内空气质量的重要污染源。

讨论题:

(1) 人一生中有多少时间是在室内环境中度过的?

(2) 不科学的装修会对室内住户造成什么后果?

第 8 章　环境新污染物与健康

随着工业现代化时代的到来,大量人工合成的化学物质不断地进入环境,并逐渐对野生动物的健康构成严重威胁,进而影响野生动物物种的繁衍与生存。同时也对人类构成巨大的潜在威胁。截至 2015 年 7 月,美国化学文摘登记的化学品数量超过 1 亿,每天新增数量约 15 000 种。这些化学品通过各种途径不断进入环境。随着环境分析技术的发展,研究人员陆续发现这些新进入环境中的化学物质具有潜在环境或公众健康风险,将它们称为新污染物(emerging contaminants,EC 或 contaminants of emerging concerns,CEC)。一些 EC 近来已被发现广泛存在于各种环境介质中。但由于大多数新污染物浓度极低,常规的检测方法几乎无法测定,对其危害研究不充分,缺乏数据,因此很难确定其环境风险。目前常说的 EC 主要包括药物和个人护理品(PPCPs)、内分泌干扰物(EDC)、纳米物质等。

8.1　PPCPs 与健康

PPCPs 是药物和个人护理用品(pharmaceuticals and personal care products)的英文缩写。1999 年,Daughton 和 Ternes 首次提出了 PPCPs 的环境污染问题,Daughton 在文章 *Pharmaceuticals and personal care products in the environment: Agents of subtle change?* 中写道:"在过去的 30 年里,有关化学污染影响的研究几乎完全侧重于传统的'优先'污染物排放,特别是那些具有急性毒性或持久性致癌农药、工业中间体。然而,这些化学物质只是风险评价这个难题中的一小部分。另一组具有生物活性的潜在的环境污染物却只受到了相对较小的关注,它们包括药物以及个人护理品中的活性成分……"Daughton 在文章中将该类物质简称为 PPCPs,自此,PPCPs 开始作为药物及个人护理品的专有名词而被广泛接受。同年,美国环境保护局也正式将 PPCPs 列为环境新生污染物质并开始对这一领域展开研究。该类物质在日常生活中被大量、频繁地使用,因而,已造成了假性"持久性"的环境污染现象,表 8-1 列出了目前被广泛关注的几种 PPCPs 类化合物。由此可见,PPCPs 作为一类新生环境污染物已得到世界范围的高度关注,而个人护理品(personal care products，PCPs)作为 PPCPs 的一类主要污染物质，随着其产量、用量的逐年增加而成为近年来国内外环境领域的研究热点。它是目前国内外广泛关注的一类新污染物，主要包括药物(如消炎止痛药、抗生素、降血脂药、β-阻滞剂、激素、类固醇、抗癌药、镇静剂、抗癫痫药、利尿剂、X 射线显影剂、咖啡因等)和个人护理用品(包括香料、化妆品、遮光剂、染发剂、发胶、香皂、洗发水等)。

表 8-1　环境中主要的 PPCPs 成分

类　　别		化 合 物 举 例
药品	抗生素	林可霉素、氯霉素、阿莫西林、四环素
	消炎药	布洛芬、萘普生、双氯芬酸、酮洛芬
	β-阻滞剂	美托洛尔、普萘洛尔、索他洛尔
	精神类	卡马西平、扑米酮、沙丁胺醇
	减肥药	氯苯氧异丁酸、苯扎贝特、非诺贝酸
	X 射线显影	碘普罗胺、泛影葡胺
	类固醇激素类	雌激素、雌三醇
个人护理品	香料添加剂(合成麝香)	硝基麝香、多环麝香
	抑菌剂	三氯生、三氯卡班
	防晒剂	二苯甲酰甲烷类、肉桂酸酯类、二苯甲酮类
	其他类	有机硅氧烷

8.1.1　药物

药物是目前人类对抗疾病所必不可少的一种武器。其中，许多药物(如抗生素)除了广泛用于人类疾病的防治和治疗外，还大量应用于家禽饲养、水产养殖及食品加工等，并极大地促进了这些行业的发展。但是，人们对各种药物缺乏足够的了解，导致在药物的使用过程中出现了很多问题，给人们的生活和健康带来严重隐患。药物残留还会通过一定的途径进入环境中，不但污染环境，破坏生态，还会对人类健康构成威胁。2007 年 10 月 25 日，联合国环境规划署(UNEP)在《全球环境展望：保护环境是为了发展》报告中明确提出，必须考虑诸如止痛片和抗生素这类药品对水生态系统的影响。"全球环境展望(GEO)"是联合国环境规划署最重要的评价项目及报告系列，此次提出要关注抗生素类药物，足以看出抗生素已经成为环境中的一种新生污染物而不能再被忽略。

我国是一个人口大国，不仅水资源相对匮乏，而且水污染问题严重。水环境中药物残留对水环境质量保护提出新的挑战，迫切需要加强对水环境中重要药物残留污染水平的调查，深入研究其迁移转化规律、生态与健康风险以及污染控制技术等，以保障人类健康和生态安全。

8.1.1.1 水环境中药物的来源

药物的大量使用是导致水环境中存在大量药物的最根本原因。2000 年奈普生在英国的用量超过 35 t;2001 年阿司匹林在德国的用量超过 836 t,对乙酰氨基酚用量超过 622 t,布洛芬用量超过 345 t,双氯酚酸用量超过 86 t,糖尿病药物甲福明二甲双胍用量超过 517 t,抗癫痫药物卡巴咪嗪用量超过 88 t。我国被称为世界上最大的药物生产国家,2003 年生产的 70% 的药物是抗生素:28 000 t 青霉素(占世界总量的 60%),10 000 t 土霉素(占世界总量的 65%),盐酸多四环素(一种四环素)和头孢菌素生产量居世界第一位;而在西方国家,抗生素产量只占药物总量的 30%。据世界卫生组织调查显示,目前我国住院患者抗生素药物使用率高达 80%,其中使用广谱抗生素和联合使用两种以上抗生素的占 58%,而家庭自备抗生素的使用率也已达 80%。与世界其他国家比,我国已成为世界上滥用抗生素最为严重的国家之一。

水环境中药物的来源主要包括如下几个方面。

(1) 污水处理厂外排污水中含有大量药物。人畜用药后,药物以原形或其代谢物形式通过粪便和尿液排出体外,然后进入城市污水、医院污水和动物养殖场污水等排放系统,少部分直接渗漏到地下水和土壤中,大部分经污水处理厂处理后排入地表水。现有的污水处理技术很难将其有效清除,所以这部分药物会污染地表水,继而对地下水和土壤造成污染。

(2) 制药厂废水及固体废弃物中也会含有各种药物。制药过程中会产生大量的废水,这些废水为有毒难降解的高浓度废水,含有生产工艺产生的剩余中间产物、残留药物及有机溶剂等,在生化处理中对微生物的生长有强烈的抑制作用,经生化处理后,废水内残留的药物不能被完全降解,排放至环境中对环境造成一定的污染。废水处理后的污泥常常吸附有未降解的药物(或其代谢产物),因此也是不可忽视的污染源。药物生产过程中也会排放大量的废弃物(菌丝体),这些废弃物内含有丰富的营养物质及少量药物(多数为抗生素),如果不加处理随意排放,不但严重污染环境,也浪费了宝贵的资源。此外,过期药物的不合理处理(主要是作为固体垃圾排放)也会导致其进入水环境中。实际上,药物污染除集中在制药厂外,许多化工企业造成的污染贡献也是值得关注的。目前许多化工企业为了增加其产品的杀菌效果,在所生产的工业或家庭用清洁卫生用品如洗涤剂、肥皂、洗澡液、清洁剂等中加入了一定量的抗生素,使得抗生素污染的范围进一步扩大。

(3) 农用药物造成的污染。农药并不是唯一的农用药物,农用药物还包括多种新兴的防治病虫害的药物,如农用抗生素。农用抗生素是微生物在新陈代谢过程中的自然产物和次生代谢产物,相关研究始于 20 世纪 50 年代。近些年来,已开发了大量高效、低毒、低残留的农用抗生素,包括阿维菌素、井冈霉素、赤霉素、硫酸链霉素、多抗霉素、宁南霉素、中生菌素、华光霉素、浏阳霉素、武夷霉素等,它们在农业防治病、虫、草害方面发挥了巨大作用。现在世界各国除致力于寻找防治细菌性和真菌性植物病害的抗生素外,对抗病毒、抗衰老、杀虫甚至能除草的抗生素也很重视。抗生素在农业生产上的作用毋庸置疑,但由于人们对抗生素功效的过度迷信及对农作物病虫害防治知识的不足,我国普遍存在着滥用农用抗生素的现象,使农用抗生素不可避免地进入水环境中。

(4) 饲用药物污染非常普遍。目前大量的饲用药物主要是饲用抗生素,作为饲料添加剂使用时称为抗菌生长促进剂(antimicrobial growth promoter, AGP),自 20 世纪 50 年代以来广泛用在畜禽养殖中。AGP 在使用时,动物本身并无明确的病症,目的也并不是为了治疗某种疾病,而是为促进动物的生长,提高畜禽生产效率。国内外使用饲用抗生素的现象也非常普遍,总用量是惊人的。饲用抗生素的使用不仅会使抗生素通过食品直接进入食物链,而且还会随家畜的排泄物大量进入农田,被农作物吸收后间接进入食物链。而当药物进入农田时也会污染农田用水和农田土壤。

8.1.1.2　水环境中药物的危害

1) 水环境中药物污染对生态环境的影响

水环境中药物浓度一般较低,不会引起水生物体急性中毒。但是,长期低浓度药物暴露会使水生物表现出慢性中毒效应。目前,关于药物引起慢性中毒的研究主要是针对水体和底泥中的微生物、藻类、无脊椎动物、鱼类及两栖类动物等进行的。

水环境中含有大量的微生物,它们对污染物有一定的耐受性,但是超过了其耐受性限度会表现出中毒现象,甚至导致死亡。

藻类试验由于操作简单、成本低,药物引起慢性毒性中毒的研究很多是针对藻类进行的。藻类对不同种类的药物都有很强的敏感性,如氟喹诺酮和磺胺类抗生素及雌激素等。Boxall 等发现微藻类和蓝绿细菌(如 *Microcystis aerμginosa*)对抗生素的敏感性比毒性试验标准藻类(如 *Pseudokirchneriella subcapitata*)对抗生素的敏感性强得多,但是非抗菌性藻类对抗生素的敏感性差别不大。

Schulte 等发现无脊椎动物蜗牛暴露于低浓度(小于 1 ng/L)的雌二醇中会产生毒性效应。Williams 等测得英国水体中雌二醇的最高浓度为 3.4 ng/L,因此推测英国水体中的无脊椎动物受到雌二醇的危害会更大。一般情况下,无脊椎动物受抗生素等药物危害的程度比藻类小得多。底泥被称为持续慢性污染源,其中沉积了多种不同浓度的药物,对底泥中的生物体(包括无脊椎动物)会造成很大危害。但是目前为止,关于药物对底泥中底栖无脊椎动物危害的研究报道较少。

研究发现,鱼类和两栖类动物对类固醇等有很强的敏感性,表现为其生育繁殖能力不断下降。Lanzky、Kim 和 Emblidge 等发现,抗生素对鱼类的直接危害不明显。但是一些水溶性差的药物会富集在鱼类及脊椎动物体内,最终会对水产养殖业产生很大危害,而且通过食物链会危及人体健康。

2)水环境中药物污染对人体健康的影响

被药物污染的地表水渗滤进入土壤,然后进入地下水,以此地下水为水源的饮用水中不可避免会含有一定量的药物。许多药物可干扰细胞的有丝分裂,具有明显的致畸作用和潜在的致癌、致突变效应。人体长期饮用这种受药物污染的水,就会长期接触这些药物,使消化道出现菌群失调,导致致病菌大量繁殖或体外病原菌的侵入,引起人类胃肠道的感染,同时还会导致人体内耐药菌增加。

含有药物或药物残体的污水如果用作"肥水"灌溉农田,会造成土壤药物污染,使土壤中细菌、真菌等微生物发生基因突变或发生耐药质粒的转移而成为耐药菌,还会影响土壤微生物群落功能多样性。已受污染土壤中生长的农作物中富集了不同浓度的药物,可通过食物链的传递,进入动物及人体内,危害动物及人体健康。

8.1.1.3 水环境中药物的污染现状

作为一种新生污染物,PPCPs 越来越受到欧盟国家及美国、加拿大等一些国家的重视,特别是其中的药物更成了人们研究的热点。近几年来,在地表水、饮用水、地下水、污泥、土壤、水生生物体等环境介质中都检测到不同水平的药物残留。

1)地表水

国外地表水中药物的研究较多,而且布洛芬、萘普生、安定、卡巴咪嗪和双氯酚等被频繁检出,这可能与国外这些药物的频繁使用有关。Kolpin 等在美国 139 个溪流水样及水产品中检测到 95 种微量污染物,包括类固醇、咖啡因和抗生素等。Calamari 等在意大利的 Po River 和 Lambro River 中检测到阿替洛尔、苯扎贝特、利尿磺胺、氯贝酸和安定等。Wiegel 等在 Elbe River 中检测到双氯酚、布洛芬、卡巴咪嗪、多种抗生素和调脂剂等,浓度范围为 20～140 ng/L。Bendz 等在瑞典的 Höje River 中检测到布洛芬、萘普生、双氯酚、阿替洛尔、美托洛尔、心得安、卡巴咪嗪等,浓度范围为 0.12～2.2 μg/L。Moldovan 等在罗马尼亚的 Somes River 中检测到了 15 种化合物,包括抗癫痫药、止痛剂、抗菌剂和细胞生长抑制剂,浓度范围为 30 ng/L～10.0 μg/L。其中,咖啡因和乙酰氨基安替比林的浓度为 300～10 000 ng/L,布洛芬、甲羧基氨基安替比林等的浓度为 100～300 ng/L,阿司匹林、卡巴咪嗪、可待因、安定和环磷酰胺的浓度低于 100 ng/L。

近几年来,国内水环境中也有关于药物残留的报道,但是多是关于抗生素的研究。徐维海等在珠江广州河段春季枯水期和夏季丰水期表层水中检测到多种抗生素,包括氧氟沙星、诺氟沙星、罗红霉素、红霉素、磺胺嘧啶、磺胺二甲嘧啶、磺胺甲噁唑、氯霉素等。刘玉春等应用固相萃取(SPE)及液相色谱/串联质谱(LC-MSP/MS)技术,建立了水中痕量大环内酯类抗生素即红霉素、脱水红霉素、罗红霉素的分析方法,测得珠江广州河段某水样中红霉素、脱水红霉素和罗红霉素质量浓度分别为164 ng/L、291 ng/L 和 134 ng/L。刘虹等利用固相萃取-高效液相色谱法检测出水、沉积物和土壤中有氯霉素、土霉素、四环素和金霉素 4 种抗生素,浓度水平为 μg/L 或 μg/kg。谭建华等利用固相萃取-高效液相色谱法对珠江广州河段的水体进行了分析,检测到磺胺甲唑、氧氟沙星、诺氟沙星及环丙沙星,质量浓度范围为 $0.197\sim0.510$ μg/L。叶计朋等采用固相萃取、液相色谱/串联质谱法调查了 9 种典型抗生素类药物在珠江三角洲重要水体(珠江、维多利亚港、深圳河与深圳湾)中的污染特征。结果显示,珠江广州河段(枯季)和深圳河中的抗生素药物污染严重,最高含量达 1 340 ng/L,地表水中大部分抗生素含量明显高于美国、欧洲等发达国家和地区河流中药物含量,红霉素(脱水)、磺胺甲噁唑等与国外污水中含量水平相当甚至更高。受深圳河污染的影响,深圳湾不同区域水体在一定程度上也受到抗生素药物污染,含量为 $10\sim100$ ng/L。在维多利亚港水体中,只有较低含量的喹诺酮和大环内酯类抗生素有检出。徐维海等采用 SPE 和 LC-MSP/MS 研究了 8 种常用抗生素(包括喹诺酮类、磺胺类、大环内酯类和氯霉素)在城市污水处理厂中的含量水平、去除特点及其行为特征。结果显示,药物的检出率和含量水平均高于美国及欧洲等国家和地区。氧氟沙星、诺氟沙星、红霉素(脱水)、罗红霉素和磺胺甲噁唑 5 种抗生素在 4 家污水处理厂(香港 2 家、广州 2 家)中都有检出,进水和出水中的含量范围分别为 $16\sim1$ 987 ng/L 和 $16\sim2$ 054 ng/L,其他 3 种抗生素仅在某些污水处理厂中有检出。姜蕾等采用高效液相色谱-串联质谱方法,对城市生活污水、养猪场和甲鱼养殖场废水进行抗生素污染检测。污水处理厂污水中检出磺胺二甲嘧啶、磺胺甲氧嘧啶和磺胺甲噁唑 3 种磺胺类抗生素,浓度都低于 5.0 μg/L。养猪场废水中检出磺胺甲噁唑、磺胺对甲氧嘧啶、磺胺嘧啶、磺胺二甲嘧啶和磺胺氯哒嗪 5 种磺胺类抗生素(小于 5.0 μg/L),四环素类的四环素、土霉素和强力霉素浓度范围为 $30.05\sim100.75.0$ μg/L。甲鱼养殖场废水中检测了氯霉素、甲砜霉素和氟甲砜霉素 3 种氯霉素抗生素,浓度均低于检测下限 0.1 μg/L。常红等调查了中国北京 6 个主要污水处理厂中磺胺类抗生素的浓度水平,检出了磺胺甲基异唑、磺胺吡啶、磺胺甲基嘧啶、磺胺嘧啶和磺胺甲二唑 5 个目标抗生素,其在进水中的平均浓度水平分别为 (1.20 ± 0.45) μg/L、(0.29 ± 0.25) μg/L、(0.048 ± 0.012) μg/L、(0.35 ± 0.52) μg/L 和 (0.33 ± 0.21) μg/L,出水中分别为 (1.40 ± 0.74) μg/L、(0.22 ± 0.19) μg/L、(0.021 ± 0.008) μg/L、(0.22 ± 0.21) μg/L 和 (0.01 ± 0.005) μg/L。其中,磺胺甲基异噁唑、磺胺吡啶、磺胺甲基嘧啶等在所有样品中全部检出,以磺胺甲基异噁唑的平均浓度水平最高,且除了磺胺甲二唑,其他抗生素在进出水中的浓度水平相仿。

磺胺甲二唑在出水中仅检出一次,而磺胺甲基嘧啶则是首次在污水处理厂中检测出来。

2) 饮用水

饮用水中药物的浓度较低,但是随着检测技术的进步,对其研究越来越多。Heberer 等对柏林地区的 40 个饮用水水样进行了检测,发现水样中含有氯贝酸和药物代谢物 N-苯磺酸-肌氨酸等,最高含量为 270 ng/L。Jux 等对西德及附近地区河流、池塘、自来水中的氯贝酸、双氯酚、布洛芬、消炎止痛药等进行了含量测定。研究发现,27 个水样中有 10 个水样中检测到了双氯酚,含量最高可达 15.0 μg/L。Reddersen 等在饮用水水样中发现了消炎止痛剂和退热剂(安替比林及丙基安替比林),其含量分别是 400 ng/L 和 120 ng/L。另外,在意大利、美国、英国和加拿大等国家的饮用水中也检测到了多种药物,如苯扎贝特(27 ng/L)、卡巴咪嗪(258 ng/L)、双氯酚(6 ng/L)和布洛芬(3 ng/L)等。2008 年 3 月 10 日,美联社报道称,美国 24 个主要大都市的生活饮用水中含有多种药物成分,包括抗生素、消炎药、镇痛解热药、抗痉挛类药物、镇静剂以及性激素等,至少 4 100 万人在日常生活中饮用这种存在安全隐患的水。

3) 地下水、污泥、土壤

药物可以通过垃圾填埋场的渗滤作用进入地下水和土壤,污水处理厂的污泥和动物粪便用于农田施肥也会导致药物在土壤中残留。目前关于地下水、污泥和土壤中药物的研究较少。Kim 等在韩国地下水中频繁地检测到布洛芬、萘普生、卡巴咪嗪和咖啡因,浓度最高的是布洛芬、磺胺甲唑和卡巴咪嗪。Kang 等对瑞士污泥中的药物进行了研究,结果表明污泥中喹诺酮类合成抗菌药含量达 1.4~2.4 mg/kg(干重)。Gobel 等测得污泥中磺胺嘧啶和甲氧苄氨嘧啶等的平均浓度为 28~68 μg/kg。Boxall 等对土壤中的恩诺沙星进行了研究,并阐述了人体暴露于其中的潜在危害性。

4) 水生生物体

水生生物体内也检测到了不同种类的药物。Brooks 等在鱼体内检测到诺氟沙星、5-羟色胺四萘胺和甲基 5-羟色胺四萘胺。

8.1.2 个人护理品活性成分

随着人类生活水平的日益提高,个人护理品(PCPs)的无控制排放已成为目前全球较为关注也是亟待解决的环境问题之一。PCPs 活性成分是属于 PPCPs 的一类新污染物。

PCPs 是直接用于动物或者人体的化学物质,例如肥皂、香波、牙膏、香水、护肤品、防晒霜、发胶、染发剂等,其有效成分主要包括合成麝香、抑菌剂、紫外防晒剂等。但是,这类生物活性物质在使用之后,它们本身及其代谢产物会排入环境。如图 8-1 所示,生产个人护理品的化工厂通过废水排放使该类化学物质直接进入水体;而外用的护理品可通过日常的清洗、游泳等途径进入水体,或者作为垃圾而残留于环境中,进一步被表层土壤吸附,随后又通过渗透、径流等途径进入水体。同时由于该类污染物包含一些易挥发组分,在日常使用过程中(后)很容易通过挥发作用以气态形态在空气中扩散,最终这类新生污染物又返回到生物圈。在众多的归趋途径中,最基本的途径就是通过水体径流或污水处理厂的排放进入自然水体。在自然条件下,大部分 PCPs 难以生物降解,通过食物链等途径在动物及人体内积累。因此,该类污染物在环境中的广泛存在已对环境乃至人体构成潜在风险。

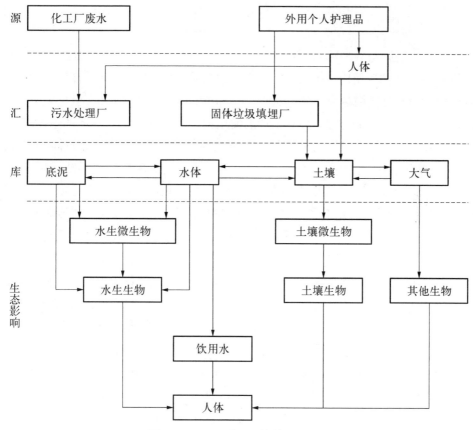

图 8-1　PCPs 进入环境的迁移途径

从涵盖的范围来看,PCPs 是一个十分宽泛的概念,其范围很广泛,涉及的天然或化学组分更是成千上万。目前针对个人护理品中活性成分的研究主要包括防腐剂类、引起皮肤刺激的物质、合成香精类、染料类或者激素干扰剂等。表 8-2 列出了目前常见的几种 PCPs 成分。

表 8-2　常见的几种 PCPs 成分

类　别	主 要 成 分	用　途	适 用 产 品
防腐剂类	三氯生、尼泊金酯	广谱抗菌剂	牙膏、肥皂、免洗产品等
合成香精类	多环麝香、硝基麝香	香精定香剂	香水、香料等
防晒剂类	二苯甲酮类、肉桂酸酯类、二苯甲酰甲烷类	抵御紫外线	防晒霜、彩妆、洗护产品等
其他类	邻苯二甲酸盐	增塑剂	指甲油、洗发水、头发喷雾等
	有机硅氧烷	稠化剂、悬浮剂、保湿剂	洗护产品、护肤霜等
	壬基酚	洗涤剂、乳化剂、发泡剂	洗发水、染发剂、指甲油、剃须膏等
	双酚 A	塑料原料、增塑剂	护理品塑料包装、涂层

对 PCPs 这类污染物质日益受到关注的原因可归纳为如下两方面：

第一，从 PCPs 使用情况以及它们本身的性质来看，作为人类日常生活的主要消费品，PCPs 的使用量是逐年增大的。Daughton 在 2004 年指出，全世界范围内大约有 600 万种 PCPs 商品，并且它们的使用量还在以每年 3‰～4‰的速度增长。与早年重点研究的优先控制污染物——持久性有机污染物（POPs）不同，大部分 PCPs 本身并不具有持久性的特点，但由于其在人类的日常生活中广泛使用，进而持续向环境中排放，致使环境中始终存在 PCPs 的残留，并且该类污染物的环境残留量呈现上升趋势，已造成了"环境持久性"的假象。1999 年，美国的国家研究项目对 139 条河流进行了检测，在超过 40％的河流中发现 PCPs，其中合成麝香类污染物检出率较高。

第二，PCPs 的环境污染问题是由社会生活引起的。随着居民生活水平的提高及城市化的推进，这种污染现象将日益突出，对生态环境的影响也将日益明显。近二十年来，美国和欧洲的很多国家对该类物质的理化性质、含量分析以及生态毒性等方面进行了研究。随着研究的深入，越来越多的 PCPs 通过痕量分析的方法在水体、大气、土壤、底泥等环境介质中被检测出来。研究表明，PCPs 类污染物以较低浓度存在于环境中，但即便其环境浓度低于 ng/L 的水平也会对生物体产生一系列毒副效应。由于这些物质在一般的环境条件下具有较强的生物活性、生物累积性和缓慢生物降解性，使得该类污染物能较长时间残留于自然环境中，使其长期暴露于人体和水生、陆生生物体，给人类健康和生态环境带来潜在的危险。迄今为止，大量研究表明，残留在环境介质中的 PCPs 以各种方式影响着环境中的非目标生物体，例如高等生物的性别比、地球生物化学循环的局部变化过程、植物生长的渐进改性、昆虫蜕皮或幼仔孵化的失败发生概率、各种畸形生命体在解剖过程中呈现出的生理结构等。因此,PCPs 对生态及人体健康构成了潜在风险。

目前,研究该类污染物在环境中的归趋行为及其去除机制逐渐成为该领域的研究热点,美国、荷兰、德国、瑞典等国家都已开展了专门的研究项目。我国是全球个人护理品市场发展速度最快的国家之一,有资料显示,1997—2006 年的年均增长率超过 10%。未来我国有望成为全球第二大个人护理品市场。然而,国内对 PCPs 的研究起步较晚,而主要的研究重点也仅侧重于该类污染物在环境中的含量水平。因此研究者应针对我国特有的 PCPs 使用模式,研究特定化合物在我国环境中的主要来源及其环境归趋行为,尤其突出探讨典型 PCPs 在污水处理过程中的季节性迁移去除规律,从而为进一步客观评价该类污染物对我国人群的潜在暴露风险及环境风险提供重要的理论基础。

8.1.2.1 合成麝香类

1) 合成麝香

合成麝香是香精香料行业中天然麝香的廉价替代物。由于天然麝香的逐渐匮乏和生活需求的日益增加,19 世纪末德国人 Baur 等首次通过化学合成方法合成了硝基麝香;随后,不同结构、不同性质的合成麝香作为香料添加剂广泛地添加在化妆品和洗涤用品中。合成麝香化合物极性较小,有较强的亲脂憎水性,根据其化学结构,该物质可分为硝基麝香、多环麝香和大环麝香三大类(见表 8 - 3)。

表 8 - 3 环境中主要的合成麝香

种 类	名 称	CAS 编码	分子式	化学结构式
硝基麝香 (nitro musk)	二甲苯麝香 (musk xylene, MX)	81 - 15 - 2	$C_{12}H_{15}N_3O_6$	
	酮麝香 (musk ketone, MK)	81 - 14 - 1	$C_{14}H_{18}N_2O_5$	
	西藏麝香 (musk tibetene, MT)	145 - 39 - 1	$C_{14}H_{18}N_2O_5$	
	伞花麝香 (musk moskene, MM)	116 - 66 - 5	$C_{14}H_{18}N_2O_4$	

（续表）

种　类	名　称	CAS 编码	分子式	化学结构式
	葵子麝香 (musk ambrette, MA)	83 - 66 - 9	$C_{12}H_{16}N_2O_5$	
多环麝香 (polycyclic musk)	加乐麝香 (galaxolide, HHCB)	1222 - 05 - 5	$C_{18}H_{26}O$	
	吐纳麝香 (tonalide, AHTN)	1506 - 02 - 1	$C_{18}H_{26}O$	
	萨利麝香 (celestolide, ADBI)	13171 - 00 - 1	$C_{17}H_{24}O$	
	粉檀麝香 (phantolide, AHDI)	15323 - 35 - 0	$C_{17}H_{24}O$	
	特拉斯麝香 (traseolide, ATII)	68140 - 48 - 7	$C_{18}H_{26}O$	
	开许梅龙 (cashmeran, DPMI)	33704 - 61 - 9	$C_{14}H_{22}O$	
大环麝香	麝香- T (musk - T)	105 - 95 - 3	$C_{15}H_{26}O_4$	
	麝香酮 (muscone)	541 - 91 - 3	$C_{16}H_{30}O$	

硝基麝香是人类最早合成的麝香化合物,它是一系列高度烷基取代的硝基苯类化合物,与天然麝香有着完全不同的化学结构,有典型的麝香香味。这些化合物自问世以来,就以其低廉的价格及优雅的香气,在 20 世纪得到广泛应用。据统计,1988 年全球硝基麝香的年产量达到 7 000 t,其中酮麝香(musk ketone,MK)和二甲苯麝香(musk xylene,MX)占据了硝基麝香市场的主要份额。但随后几年研究发现硝基麝香具有较强的生物富集作用,易渗入生物体细胞并对生物体有潜在毒性,例如,葵子麝香(musk ambrette,MA)可引发光敏反应并且对水生生物具有神经毒性,MK 和 MX 具有较强的生物蓄积作用和潜在致癌性。为此,美国、日本和欧洲许多国家开始限制该类麝香的生产。1985 年 IFRA 规定,在任何与皮肤接触的化妆品中禁止使用 MA,德国和荷兰也相继出台了类似的公告。硝基麝香的用量因此大幅下降,逐渐被多环麝香所取代。

多环麝香是一系列高度烷基取代的萘满、茚满和异色满类衍生物。1952 年第一个人工合成的多环麝香——粉檀麝香(phantolide,AHDI)在美国问世,随后的几十年里又不断出现了加乐麝香(galaxolide,HHCB)、吐纳麝香(tonalide,AHTN)等,由于这类化学物质在碱性和光照条件下更为稳定,受到人们广泛欢迎。至今,多环麝香已逐步替代硝基麝香大量用于香水、香皂、洗发水等化妆品和家庭日用品中,也作为食品添加剂、烟草添加剂等使用。目前,HHCB 和 AHTN 是多环麝香中使用最多的两种化合物,其产量占合成麝香总产量的 85%,也是环境中检出率最高的两种合成麝香成分。近几年,研究人员对多环麝香毒性研究发现,多数多环麝香都具有内分泌干扰性。除此之外,大剂量的注射多环麝香还会导致肝脏、肾脏等器官的损伤,并且抑制水生生物的正常生长。Luckenbach 和 Epel 在研究中发现,存在于海底的贝类 *Mytilus Californianus* 鳃中的多环麝香会抑制多种药物外流载体对复合型异型生物质抗性(multix-enobiotic resistance,MXR)的活性,其直接后果是原来可被生物机体外运的异型生物质在生物体内蓄积,从而影响了生物机体的正常代谢功能。

大环麝香的基本化学结构与天然麝香相近,分子为 13～19 元环,至少含有一个官能团。该类麝香对光、碱稳定,大多来自天然植物或者动物,带有 15～16 元环的大环麝香具有较浓郁的麝香香气。大环麝香的代表性化合物是麝香酮(muscone)和麝香-T(musk-T)。这类物质的制造工艺复杂,收率一般不高,因而价格较贵,推广应用有限,在合成麝香总产量中所占比例一直不大。

2) 合成麝香性质及其生产使用情况

常见的合成麝香大多是亲脂疏水性物质,水中的溶解度小,具有相对较高的辛醇-水分配系数。为了保证产品的稳定,人工合成麝香一般需要具有不易降解的特性。表 8-4 列出了 4 种合成麝香的主要性质。

表 8-4 4种合成麝香的主要性质

	HHCB	AHTN	MX	MK
相对分子质量	258.4	258.4	297.3	294.3
饱和蒸汽压/Pa	0.072 7	0.060 8	0.000 03	0.000 04
水溶性/(mg/L)	1.75	1.25	0.15	0.46
辛醇-水分配系数($\lg K_{ow}$)	5.7	5.9	4.4	3.8
有机碳-水分配系数($\lg K_{oc}$)	4.8	4.9	—	—
生物蓄积因子(BCF)	1 584	597	3 800	760

由于合成麝香的特性各不相同,它们用于不同用途的个人护理品中,例如 MX 基本上用于清洁剂和香皂;MK 基本上用于化妆品,许多香精油含有 2%～4% 麝香成分。OSPAR 结合欧洲地区合成麝香在日化用品中的使用比例及其物化性质,推算出该类化合物在使用后,只有小部分的合成麝香会留在人体皮肤表面,继而被人体吸收;而大部分麝香(约占总使用量的 77%)在使用后,将会随污水进入污水处理系统。

多环麝香,尤其是 HHCB 和 AHTN,是目前全世界使用量最大的合成麝香,已被美国环境保护局定义为"高产量污染物"(high-production volume products,HPV)。2000 年欧洲 HHCB 和 AHTN 的总产量分别为 1 427 t 和 358 t,而其他的多环麝香产量在 20 t 之下。硝基麝香,尤其是 MX 和 MK,曾一度大量地用于香皂、清洁剂等个人护理品中。但是,由于硝基麝香容易变色,留香欠佳,加上被发现具有潜在生态毒性,其产量大幅度下降。1992 年,仅在欧洲 MK 的用量达 124 t,MX 的用量达 174 t,而 1998 年的调查表明,MK 和 MX 的年使用量分别降为 40 t 和 86 t。

由于经济发展需要,中国和印度成为世界硝基麝香生产的主要基地,据报道,20 世纪 90 年代初,我国 MX 的产量猛增了 29%。除此之外,有报道指出,我国近五年内合成麝香的产量高达 8 000 吨/年。由此可见,我国合成麝香产量较大,并且合成麝香的生产、使用模式与国外不同,MX 和 MK 在我国的合成麝香市场中仍然占有一定份额,因此该类物质在我国的使用情况及其在不同环境介质中的分布特征更值得关注。

3) 环境中合成麝香的分布状况

随着近年来世界合成麝香产量和使用量的不断增加,研究人员不断在地表水、水体颗粒物、沉积物、污水处理厂的源水、出水和污泥以及大气中检测出合成麝香。研究发现合成麝香在不同的环境介质中其残留水平有较大差异。在水体中合成麝香的残留量大致在 μg/L 的水平,而在底泥中该物质浓度较高,浓度单位一般是 mg/kg(干重)。该物质的蒸气压很低,不易挥发,因此在空气中的含量极低,仅有几皮克/立方米。

4) 自然水体中的合成麝香

由于工业废水和生活污水的排放,人工合成麝香及其降解产物已广泛地分布在地表水(江河湖海等)中,因此有研究人员将主要的合成麝香作为分子示踪物(molecular tracers),指示生活污水对环境水域的污染情况。

自然水体中合成麝香污染的首次报道在 1983 年,日本东京的 Tama 河水中检测出两种主要的硝基麝香(MX 和 MK),其平均浓度为 4.1 ng/L(MX)和 9.9 ng/L(MK)。该发现为合成麝香在自然环境中的存在提供了有利依据,为以后的研究奠定了基础。

1993 年 Gatermann 等调查了位于德国的北海中合成麝香的含量情况,该研究首次报道了自然水体中多环麝香的含量水平。虽然研究表明合成麝香污染物的含量较低(HHCB: 0.09~4.8 ng/L,AHTN: 0.08~2.6 ng/L),但仍使更多的学者、专家认识到该类污染物对生态环境的影响。

近几年,自然水体中合成麝香含量的研究多有报道(见表 8-5),自然水体中多环麝香的含量可高达几百纳克/升的浓度水平,而硝基麝香的含量极其微小。

表 8-5 不同水体中合成麝香的浓度水平(ng/L)

	HHCB	AHTN	MX	MK
苏州河(中国)	20~93	8~20	<LOD[①]-4	<LOD-4
珠江(中国)	3~121	7~167	—	—
安大略湖(加拿大)	2~7	0.2~0.8	0.04	0.04
鲁尔河(德国)	3~600	1~120	—	—
河水(德国)	5~678	3~299	—	—

① LOD 表示检出限,全称为 limit of detection。

虽然,目前自然水体颗粒物和沉积物中的合成麝香污染研究并不多,但已有研究表明由于多环麝香的 $\lg K_{oc}$ 值较高,与有机质的吸附性较强,自然水体中大部分的多环麝香可被污泥吸附。Zhang 等对上海苏州河底泥的调查发现,HHCB 和 AHTN 仍是主要的合成麝香污染物,在底泥中含量分别为 3~78 $\mu g/kg$(干重)(平均含量为 23 $\mu g/kg$)和 2~31 $\mu g/kg$(干重)(平均含量为 10 $\mu g/kg$)。而两种硝基麝香的含量均低于检测限。由此可见,在上海水体沉积物中可检测出的合成麝香污染物以多环麝香为主,尤其以 HHCB 和 AHTN 的检出量最高。

5) 污水处理厂中的合成麝香

环境中人工合成麝香的主要来源是城市生活污水,因此该类污染物质在自然环境中的含量水平也与其在污水处理厂中的迁移转化行为密切相关。在传统污水处理工艺下,吸附态的合成麝香随着颗粒物的沉淀而转移到污泥中,这是一个相转移的过程,溶解态的合成麝香得不到有效去除,将随着最后排放的出水进入环境水域,成为环境水域中合成麝香污染的一个重要来源。因此,合成麝香在污水处理系统中的检测、去除率分析以及各种模型建立已成为这一领域近几年的研究重点。

Smyth 等对加拿大安大略湖附近的 6 家污水处理厂进行检测,以确定安大略湖中合成麝香的污染来源。研究发现,安大略湖附近这 6 家污水处理厂的出水仍含有多环麝香(4 000 ng/L)和硝基麝香(150 ng/L),这些污水处理厂所排放的污水是安大略湖中合成麝香污染的主要来源。

Reiner 等调查了纽约 2 家污水处理厂中 HHCB、AHTN 以及 HHCB 的降解产物 HHCB-lactone 的分布情况,结果表明 HHCB 和 AHTN 在入水中的含量较高,都在 $\mu g/L$ 的水平上,而 HHCB-lactone 的含量较少,仅有 146 ng/L。由于 HHCB 在处理过程中不断降解为 HHCB-lactone,导致 HHCB-lactone 在出水中的含量增加到 4 000 ng/L,同时,HHCB 和 AHTN 在出水中的含量都有明显减少(HHCB:1 780 ng/L,AHTN:304 ng/L)。

Bester 对德国 3 家污水处理厂进行了调查,结果显示,进水口污水中 HHCB 的浓度为 1.9～5.05 $\mu g/L$,AHTN 的浓度较低,仅有 0.58～1.18 $\mu g/L$;出水中 HHCB 和 AHTN 也均有检出,分别为 0.64～0.87 $\mu g/L$ 和 0.16～0.21 $\mu g/L$。Carballa 等对德国另一污水处理厂研究发现,进水处的 HHCB 和 AHTN 的浓度分别为 2.1～3.4 $\mu g/L$ 和 0.9～1.7 $\mu g/L$,而出水中该类物质的含量仅为入水中含量的 10%～30%。

Lee 等人对韩国的 10 家污水处理厂采样分析。结果表明,HHCB、AHTN 和 MK 在入水分析中全部检出,而 MX 仅在 4 家污水处理厂的入水中有检出。4 种合成麝香在入水中的总浓度都在 $\mu g/L$ 的水平(3.69～7.33 $\mu g/L$),而出水中总浓度可降至 0.96～2.69 $\mu g/L$。

Clara 等调查了澳大利亚的 3 家污水处理厂,结果显示,HHCB 和 AHTN 仍然是环境中的主要合成麝香成分,其中 HHCB 的入水浓度为 0.83～3.06 $\mu g/L$,AHTN 的入水浓度为 0.21～1.11 $\mu g/L$;出水中两种物质也均有检出,浓度分别为 0.37～0.87 $\mu g/L$ 和 0.09～0.17 $\mu g/L$。

污水处理厂中的剩余污泥是环境中合成麝香污染的另一个来源,Balk 和 Ford 估算出进入污水处理厂的合成麝香中,约有 40% 的 AHTN 和 HHCB 吸附在污泥相,而硝基麝香在污泥相中的检出率极低。在污泥相中富集的多环麝香会随着污泥的处置进入环境,如将污泥作为肥料施放到农田、绿化草地或者填埋在地下。进而,该类污染物会渗透进入地下水,或迁移到土壤颗粒物上。

　　Osemwengie 等对拉斯维加斯污水处理厂进行研究发现,合成麝香出水浓度比入水浓度低 2～3 个数量级。同时还发现在污泥样中 HHCB 和 AHTN 的浓度最高,分别是 10.36 mg/kg(干重)和 2.84 mg/kg(干重)。

　　Kupper 等在 2001 年对瑞士 3 种类型的污水处理厂(A,主要为生活污水;B,生活污水与工业废水混合,以生活污水为主;C,工业废水为主的混合污水)的污泥进行检测分析。研究结果表明,污泥中 HHCB 的平均浓度为 20.3 mg/kg(干重),AHTN 为 7.3 mg/kg(干重),而 ADBI、AHMI 和 ATII 的浓度仅为 0.4～0.8 mg/kg(干重)。Berset 等也对瑞士某污水处理厂进行检测,检测目标物同样是 5 种多环麝香。结果表明 5 种多环麝香在该污水处理工艺中都得到了有效地去除,而主要去除途径是污泥吸附。在活性污泥样中 HHCB 和 AHTN 的富集含量最高,HHCB 浓度高达 4.3 mg/kg(干重),AHTN 的含量为 1.72 mg/kg(干重),而 DPMI 的含量很低,在活性污泥样中并未检测出来。

　　Guo 等采集了韩国 18 家污水处理厂中的剩余污泥,检测了 4 种多环麝香(HHCB、AHTN、ADBI 和 AHMI)和一种硝基麝香(MK)。HHCB 和 AHTN 的检出率最高,仅一个采样点的样品中未检测出该类物质。这两种多环麝香在污泥中的浓度最高可分别达到 82.1 mg/kg(干重)和 28.8 mg/kg(干重)。而硝基麝香(MK)的检出率仅为 50%,最高浓度也只有 1.9 mg/kg(干重)。

　　近年来我国也日益关注该类污染物在污水处理厂中的含量,2005 年曾祥英等首次报道了国内合成麝香类化合物在环境中的污染状况。虽然只报道了 5 种多环麝香(HHCB、AHTN、DPMI、ADBI 和 ATII)在污水处理厂污泥中的含量情况,但是污泥中较高的 HHCB 吸附量[5.42～12.2 mg/kg(干重)]也警示了国内合成麝香污染的现状。随后,他们调查了广东省一个污水处理厂中入水和出水的合成麝香含量,其中 HHCB 和 AHTN 仍然是样品中检出率和检出浓度最高的两种合成麝香,HHCB 和 AHTN 在入水中的浓度分别为 11.5～146 $\mu g/L$ 和 0.89～3.47 $\mu g/L$,而在出水中,HHCB 的含量可降低至 0.95～2.05 $\mu g/L$,AHTN 的含量降低至 0.10～0.14 $\mu g/L$。2007 年 Zhang 等对上海市一家污水处理厂的入水和出水中合成麝香的含量水平进行调查,发现在入水和出水中 HHCB 的含量分别为 2.30 $\mu g/L$ 和 0.29 $\mu g/L$,均高于其他麝香含量。同时在此结果中也检测出硝基麝香(MK)(入水:0.74 $\mu g/L$,出水:0.08 $\mu g/L$),证实了硝基麝香在我国仍被使用的现状。随后,该组又调查了上海市多家污水处理厂的活性污泥及外排污泥中合成麝香的含量,其污泥中该类污染物总量为 1.16～9.57 mg/kg(干重),而其中多环麝香 HHCB 和 AHTN 是最主要的污染物,MX 在所有样品中均未检出。近期,Zhou 等对 3 家位于北京的污水处理厂进行调查,研究 HHCB 和 AHTN 在污水处理厂的含量特征。入水中 HHCB 和 AHTN 的含量水平分别为 1.25～3.00 $\mu g/L$ 和 0.11～0.29 $\mu g/L$;

出水中两类物质的含量均有较大幅度下降（HHCB：0.49～1.29 $\mu g/L$，AHTN：0.05～0.09 $\mu g/L$），其主要去除途径为污泥和颗粒物的吸附作用。

虽然各国已针对污水处理厂中合成麝香的含量及去除效果进行研究，但目前，大部分研究多停留在宏观分析上，通过进、出水以及剩余污泥中该类化合物含量计算该类物质总去除率，但这种分析方法并不能明确该类污染物在不同处理单元的具体归趋行为。同时研究表明，生物降解可有效提高合成麝香类污染物的去除效果，然而迄今为止，结合各种处理工艺，如生物反应器等，探讨合成麝香的去除规律却罕见报道。因此，比较不同的污水处理工艺，探讨不同反应单元、不同季节等因素对合成麝香去除率的影响将对明确该类污染物的归趋途径奠定基础。

6）室内环境中的合成麝香

由于合成麝香类化合物主要添加于各种日用品及化妆品中，该类化合物可挥发组分可通过挥发进入大气环境中，因此，该类化合物在室内环境中的污染状况不可忽视。然而目前关于合成麝香类污染物的含量报道多集中于室外环境，如自然水体、底泥、土壤等，其在室内环境中的存在情况并未引起广泛关注。Kallenborn和Gatermann调查结果显示，该类污染物在室内空气中的含量要远远超出室外空气中的含量，大概为室外含量的100～1 000倍。1999年挪威空气研究组织（NILU）首次开展对合成麝香在室内空气中暴露含量的研究。该研究采集了多个公共区域的室内大气，例如理发店、厕所、咖啡厅、休闲室、实验室等。结果表明，合成麝香在理发店暴露含量最高，其总量高达64 ng/m^3；咖啡厅中该类物质的污染状况也较严重，合成麝香总量为51 ng/m^3。研究显示，所有空气样品中均可检出HHCB，而AHTN的检出率次之。室内空气中HHCB的含量约占可检出合成麝香总量的68％～72％，而硝基麝香在空气中所占比例较低，仅为合成麝香总量的0.5％～3％。2001年Fromme等采集位于柏林市59个公寓和74个幼儿园的室内空气，调查该环境中合成麝香的污染状况。结果表明，HHCB和AHTN几乎在所有样品中均有检出，HHCB的最高检出浓度可高达299 ng/m^3，AHTN的最高检出浓度为90 ng/m^3，而MX和MK仅在一个空气样品中检出，其含量均低于10 ng/m^3。

由于该类物质具有较强的吸附性，进入室内空气的合成麝香大部分可通过大气沉降作用，沉降至地面，最终吸附于室内灰尘中。Butte认为合成麝香，尤其硝基麝香，挥发性较弱，其在室内灰尘中的含量要远远高于其在室内空气中的含量。目前，对室内灰尘中合成麝香含量状况的研究寥寥无几，只有德国、西班牙曾报道过该类污染物在室内灰尘中的含量水平。2001年Fromme等调查柏林市30个公寓的室内灰尘中HHCB和AHTN的污染状况。研究显示，HHCB和AHTN的检出率分别为63％和83％，其最高含量分别为11.4 $\mu g/g$和3.1 $\mu g/g$。Butte也研究了北德地区35户住宅的室内灰尘中合成麝香的含量，其中两种硝基麝香(MX 和 MK)在所有样品中均有检出,但检出浓度较低,最高含量也仅有几百纳克/克。而 HHCB 和 AHTN 的检出浓度较高,最高可达几十微克/克的含量水平(HHCB:77 $\mu g/g$,AHTN:94 $\mu g/g$)。Regueiro 等报道了西班牙西北部 8 户住宅的室内灰尘多种有机物的污染状况,其中 MK 在所有样品中均可检出,其浓度范围为 $0.01 \sim 2.3 \mu g/g$;MX 只在一个样品中未检出,其最高浓度为 $0.72 \mu g/g$。由此可见,室内灰尘是合成麝香类污染物的一个主要蓄积"库",也是人体暴露于该类污染物的一个主要途径,因此目前迫切需要了解该类污染物在我国室内环境的污染水平,以便今后更加透彻地分析该类污染物的来源特征及其对人体的暴露风险。

8.1.2.2 有机硅氧烷 VMS

人造硅酮类化合物自 1943 年就开始投入商业使用,广泛作为日化用品与工业产品的特制材料。由于其化学结构含有典型的硅氧键(Si—O—Si),因而人造硅酮类化合物常称为有机硅氧烷。经常使用的有机硅氧烷化合物有三类——挥发性甲基硅氧烷(volatile methylsiloxane,VMS)、聚二甲基硅氧烷(polydimethylsiloxane,PDMS)和聚醚甲基硅氧烷(polyethermethylsiloxane,PEMS)。有机硅氧烷独特的化学惰性和环境行为与迁移的特性会导致其显著的环境负荷。其中,VMS 由于其表面张力低、热稳定性好、无色无味、化学性质稳定,且具有疏水性、电绝缘性和润滑性,因而广泛用于许多工业生产过程,并频繁添加于日化用品中。VMS 可作为原材料合成高分子化合物聚硅氧烷,作为惰性载体广泛用于 PCPs(如洗发剂、保湿霜、止汗剂等)中,VMS 也可在电子工业中作为氟氯化合物溶剂的替代品。VMS 分子中硅、氧原子会交替键合成线型或环状结构,因此国际理论与应用化学联合会(International Union of Pure and Applied Chemistry,IUPAC)将 VMS 命名为 lVMS(linear VMS)和 cVMS(cyclic VMS)。lVMS 主要用于抛光剂及基底材料涂层、建材涂层等,cVMS 则是 PCPs 中活性成分的理想溶剂。lVMS(缩写为 L)与 cVMS(缩写为 D)可用分子中硅氧键数目(下标)来表征,几种典型的 lVMS($L_2 \sim L_5$),cVMS($D_3 \sim D_6$)结构如表 8-6 所示。

表 8-6 几种典型的 lVMS 与 cVMS 及其结构

VMS 名称	缩 写	CAS 编码	分子式	结 构
线型 VMS				
六甲基二硅醚	L_2(MM)	107-46-0	$C_6H_{18}OSi_2$	

（续表）

VMS 名称	缩 写	CAS 编码	分子式	结 构
八甲基三硅氧烷	L_3（MDM）	107 - 51 - 7	$C_8H_{24}O_2Si_3$	
十甲基四硅氧烷	L_4（MD_2M）	141 - 62 - 8	$C_{10}H_{30}O_3Si_4$	
十二甲基五硅氧烷	L_5（MD_3M）	141 - 63 - 9	$C_{12}H_{36}O_4Si_5$	
环状 VMS 六甲基环三硅氧烷	D_3	541 - 05 - 9	$C_6H_{18}O_3Si_3$	
八甲基环四硅氧烷	D_4	556 - 67 - 2	$C_8H_{24}O_4Si_4$	
十甲基环五硅氧烷	D_5	541 - 02 - 6	$C_{10}H_{30}O_5Si_5$	
十二甲基环六硅氧烷	D_6	540 - 97 - 6	$C_{12}H_{36}O_6Si_6$	

1）VMS 的来源

VMS 无已知自然源存在，其中 D_4 和 D_5 已被国际经济合作与发展组织（OECD）、美国环境保护局（USEPA）及欧洲委员会认定为高产量（HPV）化学品，D_3 和 D_6 被 OECD 和 USEPA 认定为 HPV 化学品。其中，OECD 定义 HPV 化学品为一个国家或地区内年产量超过 1 000 t 的化合物。2006 年,加拿大 cVMS 输入的总量 D_4 和 D_5 都高达 1 000～10 000 t, D_6 为 100～1 000 t。

VMS 产量高,用途广,在其自身及产品的生产、使用和处理处置过程中会不断进入环境,且数量巨大, D_4、D_5 和 D_6 年排放量仅在欧洲就高达 1 500 t、17 000 t 和 2 200 t,其潜在毒性、持久性及生物富集性近年来受到关注。

lVMS 主要用于抛光剂及基底材料涂层、建材涂层等,cVMS 则是 PCPs 中活性成分的理想溶剂。几种典型的 lVMS 和 cVMS 在 PCPs 中的检出浓度为数百至上万"百万分之一"。据文献报道,美国与日本市面上 76 件 PCPs(包括护发产品、化妆水、沐浴露、化妆品、奶嘴、厨具和家用护理品如清洁剂、家具抛光剂)中 cVMS D_4、D_5、D_6 和 D_7 的最高质量含量分别为 9 380 $\mu g/g$、81 800 $\mu g/g$、43 100 $\mu g/g$ 和 846 $\mu g/g$,lVMS $L_4～L_{14}$ 的最高质量含量为 73 000 $\mu g/g$。Wang 等报道了加拿大市面上 252 件 PCPs(包括香水、护发产品、止汗剂与除臭剂、指甲油、洁肤与护肤产品以及多种婴儿用品)中 cVMS D_3、D_4、D_5 和 D_6 的含量分别占总量的 0.8%、4.8%、14.3% 和 9.1%,其最高质量含量分别为 450 $\mu g/g$、11 000 $\mu g/g$、683 000 $\mu g/g$ 和 97 700 $\mu g/g$。Dudzina 等报道了欧洲市面上 51 件 PCPs(包括护发产品、护肤霜与润肤露、牙膏、止汗剂与除臭剂、粉底液)中 cVMS D_4、D_5 和 D_6 的最高质量含量分别为 5 000 $\mu g/g$、356 000 $\mu g/g$ 和 151 000 $\mu g/g$。Lu 等运用 GC－MS 技术检测发现中国市面上 158 件 PCPs 中,88% 含有 VMS, D_4、D_5、D_6、D_7 和 $L_4～L_{14}$ 的最高检出浓度分别为 72.9 $\mu g/g$、1 110 $\mu g/g$、367 $\mu g/g$、78.6 $\mu g/g$ 和 52 600 $\mu g/g$。相比于美国和日本,中国市面上销售的 PCPs 中 lVMS 所占比例较高,分别占总量的 79%(牙膏)、76%(香皂)、74%(化妆品)、72%(沐浴露)和 59%(化妆水)。

2) VMS 的理化性质

VMS 相对分子质量小于 600 AMU(atomic mass unit,原子质量单位),水溶性较低,密度小于 1.0 kg/L,而蒸汽压和亨利常数(大于 3)相对较高,辛醇-水分配系数($\lg K_{ow}$)较高,由于 Si—O 链的分子间作用力极低且具有化学惰性,与相对分子质量相近的有机化合物相比,VMS 的挥发性更高。这些物化性质表明 VMS 趋于分配进入大气,在大气中的停留时间约为 10～30 天,但其在大气中仍具有远距离迁移的趋势。

cVMS 理化性质较为特殊,几种典型 cVMS 的物理化学性质如表 8－7 所示。较高 $\lg K_{ow}$ 值及蒸汽压表明其兼有疏水性与挥发性,虽然其水溶性较低,在水中也存在水解过程,但由于其亲脂性较强,且难以生物降解,进而会在水生生物体内富集。因此,近年来 VMS 的潜在生态风险,特别是其远距离迁移性、持久性和生物富集性受到广泛关注。

表 8-7 主要环状硅氧烷的物理化学性质

化合物	化学名	CAS 编码	结构	相对分子质量	沸点/℃	密度/(km/m³)	水溶性/(mg/L)	lg K_{ow}	亨利常数/(kPa·m³/mol)
D_3	hexamethylcyclotrisiloxane	541-05-9		222.47	134	1 120	1.570	4.47	6.43
D_4	octamethylcyclotetrasiloxane	556-67-2		296.62	175.8	950	0.055	5.10	11.90
D_5	decamethylcyclopentasiloxane	541-02-6		370.78	210.0	954	0.017	5.20	31.00
D_6	dodecamethylcyclohexasiloxane	540-97-6		444.93	245.0	963	0.005	6.33	10.60
D_7	tetradecamethylcycloheptasiloxane	107-50-6		519.09	250.4	—	0.001	6.95	22.90

3）VMS 的环境分布

VMS 已在全球范围内多种环境介质中检出，包括大气、水体、土壤与底泥、生物质、污水处理厂进出水及污泥等。Kaj 等运用 GC-MS 技术，在北欧地区采集的环境样品（包括大气、污泥、土壤与底泥、水和生物质）中均检测出 lVMS 和 cVMS，且检出的 cVMS 含量显著高于 lVMS。

（1）大气环境中的 VMS。Wang 等采集了中国珠江三角洲地区广州、澳门与南海城市各区域大气样品，在所有大气样品中均检出 D_3 和 D_4，其最高检出浓度分别为 11.3 $\mu g/m^3$ 和 20.5 $\mu g/m^3$。各区域数据相比而言，工业区、垃圾填埋地与污水处理厂区域大气中 VMS 的含量相对较高，郊区和森林公园较低。

Mclachlan 等运用 GC－MS 技术分析检测了瑞典郊区大气样品固相萃取提取物中 D_5 的含量，其浓度范围为 0.3～9 ng/m^3。Genualdi 等研究了 lVMS 和 cVMS（L_3、L_4、L_5、D_3、D_4、D_5 和 D_6）在全球大气环境中的分布情况（采样点共 20 个，其中 5 处位于北极地区）。lVMS 在市区浓度较高[平均(0.63±0.49) ng/m^3]，而在北极地区与背景区域浓度较低[平均(0.03±0.04) ng/m^3]，表明 lVMS 主要来源于个人护理品的使用及其他室内点源，且难以进行远距离迁移。D_3 与 D_4 浓度显著相关，且在北美西海岸区域浓度较高，表明 D_3 和 D_4 主要来源于跨太平洋的远距离迁移；而 D_5 与 D_6 浓度显著相关，且在市区浓度较高，极有可能来源于个人护理品的使用。Krogseth 等研究了北极地区大气样品中 cVMS 的浓度及其季节变化，夏季 D_5 和 D_6 的浓度分别为(0.73±0.31) ng/m^3 和(0.23±0.17) ng/m^3，冬季分别为(2.94±0.46) ng/m^3 和(0.45±0.18) ng/m^3。

Shields 等检测了美国商务楼宇室内空气样品中 cVMS 的含量，几乎所有样品中均检出 D4 和 D5，含量分别为 2.5～10 $\mu g/m^3$ 和 7.0～39.6 $\mu g/m^3$，研究结果表明 PCPs 是室内空气中 VMS 的主要来源。在瑞典"建筑潮湿与健康"（dampness in building and health，DBH）计划中，采集了 400 户家庭室内空气样品。其中 D_5 在 250 户家庭室内空气中均有检出，cVMS D_3、D_4、D_5、D_6 和 D_7 的平均含量分别为 7.3 $\mu g/m^3$、9.0 $\mu g/m^3$、9.7 $\mu g/m^3$、7.9 $\mu g/m^3$ 和 6.4 $\mu g/m^3$，而检出 lVMS L_2、L_3 和 L_4 的平均含量分别为 1.5 $\mu g/m^3$、7.4 $\mu g/m^3$ 和 20 $\mu g/m^3$。Lu 等运用 GC－MS 技术在采集于中国的 100 个室内空气灰尘样品中，检出 11 种 lVMS（L_4～L_{14}）和 4 种 cVMS（D_4～D_7），VMS 总量为 21.5～21 000[平均(1 540±2 850)] ng/g，且 VMS 浓度与室内电器数目、人员及吸烟者数目有一定相关性。

（2）水环境中的 VMS。Kaj 等报道了北欧地区各水环境（包括沿海水域、河流等天然水体，以及污水处理厂进出水、垃圾填埋地径流与垃圾渗滤液、雨水）中 VMS（L_2、L_3、L_4、L_5、D_3、D_4、D_5 和 D_6）的含量，cVMS D_4、D_5 和 D_6 的最高检出量分别为 3.7 $\mu g/L$、26 $\mu g/L$ 和 3.8 $\mu g/L$，lVMS 和 cVMS 在天然水体中含量均低于检出限。Wang 等检测了加拿大 11 家污水处理厂污水中 cVMS 的含量,包括污水进出水及受纳水体,D_4、D_5 和 D_6 在污水进水中的含量最高,分别为 $0.282\sim6.69\ \mu g/L$、$7.75\sim135\ \mu g/L$ 和 $1.53\sim26.9\ \mu g/L$,在污水出水中最高检出量分别为 $0.045\ \mu g/L$、$1.56\ \mu g/L$ 和 $0.093\ \mu g/L$,而距离污水处理厂出水排放口 $0.005\sim3.1\ km$ 的受纳水体中,D_4、D_5 和 D_6 最高检出量分别为 $0.023\ \mu g/L$、$1.48\ \mu g/L$ 和 $0.151\ \mu g/L$,且受纳水体中 D_5 含量与污水出水中含量相关。Sparham 等报道了英格兰东部地区河水中 D_5 的含量为 $0.010\sim0.029\ \mu g/L$,污水处理厂污水出水中含量为 $0.031\sim0.400\ \mu g/L$,受纳水体中 D_5 含量随其与污水出水口距离的增加而降低,表明污水处理厂是河水中 D_5 的重要排放源。因此,VMS 的直接排放(主要是污水处理过程)成为周围水环境中 VMS 的重要点源。

(3) 土壤、污泥与底泥中的 VMS。Sanchez-Brunete 等研究了西班牙各区域土壤样品中 VMS 的含量,其中所有土壤样品中均检出 D_5 和 D_6,其在农业土壤中含量分别为 $9.2\sim56.9\ ng/g$ 和 $5.8\sim27.1\ ng/g$,在工业土壤中含量分别为 $22\sim184\ ng/g$ 和 $28\sim483\ ng/g$;lVMS $L_5\sim L_{14}$ 在农业土壤与工业土壤中总量分别为 $191\sim292\ ng/g$ 和 $1\ 411\sim8\ 532\ ng/g$。Wang 等在加拿大几处施用污水处理厂污泥的农业土壤中检出 cVMS D_4、D_5 和 D_6,最高检出量分别为 $17\ ng/g$、$221\ ng/g$ 和 $711\ ng/g\ dw$[①]。

Kaj 等运用 GC-MS 技术在北欧地区污水处理厂采集的所有污泥样品中,均检出 D_4、D_5 和 D_6,总量平均为 $26\ 000\ ng/g\ dw$,其中 D_5 占 $78\%\sim94\%$;在瑞典污水处理厂污泥中,cVMS D_4、D_5 和 D_6 含量分别为 $130\sim2\ 300\ ng/g$、$54\sim54\ 000\ ng/g$ 和 $37\sim84\ 000\ ng/g\ dw$,lVMS 含量相对较低,L_2、L_3、L_4 和 L_5 的最高检出量分别为 $8\ ng/g$、$22\ ng/g$、$37\ ng/g$ 和 $160\ ng/g\ dw$。中国东北地区沿松花江七大城市的 8 家污水处理厂(处理后污水排江)污泥样品中,均有环状与线性 VMS($D_4\sim D_7$ 和 $L_4\sim L_{16}$)检出,其中 $L_4\sim L_{16}$ 总量($98\sim3\ 310\ ng/g\ dw$)高于 $D_4\sim D_7$($602\sim2\ 360\ ng/g\ dw$),lVMS 和 cVMS 分别占 VMS 总量的 67% 和 33%。

Kierkegaard 等报道了英国亨伯河口沉积物中 cVMS D_5 和 D_6 的含量,分别为 $60\sim260\ ng/g$ 和 $30\sim95\ ng/g\ dw$。Sparham 等检测了英国河流与河口沉积物中 D_4 和 D_5 的含量,分别为 $12\sim24\ ng/g$ 和 $186\sim145\ ng/g\ dw$。Warner 等运用 GC-MS 技术在欧洲北极圈内的底泥样品中检出 D_5,且 D_5 浓度随采样点与污水出水口距离的增加而递减,表明居民生活排水是当地水环境中 D_5 的来源之一。Zhang 等运用 GC-MS 技术,检测了中国东北地区松花江底泥样品中环状与 lVMS($D_4\sim D_7$ 和 $L_4\sim L_{16}$)的含量。VMS 在各个样品中均被检出,其中 cVMS 含量($7.94\sim2\ 040\ ng/g\ dw$)显著高于 lVMS($1.14\sim79.9\ ng/g\ dw$),含量随采样位置存在明显

① dw(dry weight)表示干重。

梯度——河流下游 VMS 浓度显著高于上游,且大城市河流下游 VMS 浓度显著高于小城市,表明水环境中的 VMS 一部分来源于市区。

(4) 生物质中的 VMS。Kierkegaard 等报道了英国亨伯河口内 cVMS 在沙蚕 (*Hediste diversicolor*)体内的最高检出量,D_4、D_5 和 D_6 分别为 20 ng/g、762 ng/g 和27 ng/g ww[①]。Kaj 等采集了北欧地区的海洋鱼类肝脏样品,结果发现所有样品中均有 cVMS D_4、D_5 和 D_6 检出,总量为 5~100 ng/g ww,而在挪威一处采样点采集的鳕鱼(*Gadus morhua*)肝脏样品中,检出的 D_5 含量高达 2 200 ng/g ww。Warner 等在北极地区的生物样品中检出 cVMS,在大西洋鳕鱼(*Gadus morhua*)与杜父鱼(*Myxocephalus scorpius*)中检出 D_5 的平均浓度分别为 176 ng/g 和 531 ng/g ww。cVMS D_4、D_5 和 D_6 在英国亨伯河口比目鱼(*Pleuronectes flesus*)肌肉样品中最高含量分别为 10.4 ng/g、299 ng/g 和 4.7 ng/g ww。Kierkegaard 等报道了波罗的海海域内,cVMS D4、D5 和 D6 在鲱鱼(*Clupea harengus*)与灰海豹 (*Halichoerus grypus*)体内的积累量,其中 D4、D5 和 D6 在鲱鱼中的含量分别约为 10 ng/g、200 ng/g 和40 ng/g ww,而其在灰海豹脂油中含量低于鲱鱼,其中 D_5 和 D_6 可检出,含量分别为 9~24 ng/g 和 4.4~9.5 ng/g ww。北欧地区海洋哺乳动物海豹(*Phoca vitulina*)和巨头鲸(*Globicephala melas*)脂油中也有 cVMS 检出,其中 D_4、D_5 和 D_6 的最高浓度分别为 12 ng/g、24 ng/g 和 7.9 ng/g ww。

4) VMS 的毒性

(1) VMS 的生物富集性与生物放大性。进入环境中的 cVMS 绝大部分迁移进入大气,但有一小部分会随污水进入受纳水体。近年来,cVMS 在水环境中的潜在生态风险,其持久性及在水生食物网中的生物富集性、生物放大性受到关注。然而,与非挥发性化合物相比,挥发性化合物的生物富集性难以界定,在实验室环境下测定硅氧烷的生物富集性也存在一定难度,由于其亨利系数较高,难以确保受试生物在水中的暴露浓度。

Andersen 等运用一般 PBPK 模型(physiologically based pharmacokinetic model)对挥发性有机物(VC)的吸入进行药代动力学分析,并选取一种特别针对高亲脂性挥发性有机物的 PBPK 模型对 D_4 和 D_5 的吸入进行分析,认为引起富集性的主要因素是物质的全身清除率,而非脂溶性;并将生物富集性定义为物质重复多次暴露引起血液(或中央室)中浓度的增加。基于此定义,在重复多次暴露后,模型结果显示 D_4 和 D_5 不具有生物富集性。然而,一些学者研究却得到相反的结论。Tobin 等研究发现 D_5 会积存于大鼠脂肪组织中,且 D_5 在脂肪组织中的消除速率远远低于血浆及其他组织;Kierkegaard 等研究发现,D_5 和 D_6 在沙蚕体内的含量与栖息环境底泥

①　ww(wet weight)表示湿重。

中的含量具有显著相关性；Warner 等在北极地区的海豹（*Erignathus barbatus*）脂油样品中检出了 D_5 和 D_6，这都表明 cVMS 具有潜在生物富集性。Howard 和 Muir 为了在商业化学品中鉴别出新的具有持久性、生物富集性的有机物，通过 USEPA EPISuite 软件评价与专家判定，从加拿大国内物质清单（Canadian domestic substance list，DSL）和 USEPA 有毒物质控制法案（Toxic Substances Control Act，TSCA）更新规则（Inventory Update Rule，IUR）清单的 22 263 种化合物中筛选出 610 种化学品，其中 VMS 占 7.9%，这进一步证实 VMS 的持久性和生物富集性（persistence & bioaccumulation，P&B）较高。Kierkegaard 等选用生物富集性极强的多氯联苯（PCB）180 作为基准物质，以化合物与基准物质的多介质生物富集系数（multimedia bioaccumulation factor，mmBAF）比值 B_{ratio}（$mmBAF_{chemical}$／$mmBAF_{benchmark}$）作为评价生物富集性的标准，结果发现对于沙蚕和比目鱼（*Pleuronectes flesus*），D_5 平均 mmBAF 都约是 PCB 180 的 2 倍，而 D_4 的平均 mmBAF 分别是 PCB 180 的 6 倍和 14 倍，表明 D_4 和 D_5 对于沙蚕和比目鱼的富集作用高于 PCB 180。在生物富集性指标中，营养级放大因子（trophic magnification factor，TMF）是食物网中两营养级之间物质浓度变化的平均因子，利用它来评价化合物在食物网中的行为较为可靠。Borga 等为了分析 cVMS D_4、D_5 和 D_6 的生物富集性与生物放大性，定量研究了其在挪威米约萨湖食物网［包括浮游动物主要是水蚤（*Daphnia galeata*）和桡足类动物（*Limnocalanus macrurus*），糠虾（*Mysis relicta*），及食浮游动物性鱼类（*Gonus albula*）与胡瓜鱼（*Osmerus eperlanus*），食鱼性鱼类白鳟鱼（*Coregonus albula*）与褐鳟鱼］中的 TMF，并与传统污染物 PCB 153、PCB 180、多溴二苯醚（PBDE）同系物 PBDE 47、PBDE 99、p, p′-DDE 的 TMF 进行了比较。结果发现，D_5 的 TMF 显著高于 1（$TMF = 2.28$，CI：$1.22\sim4.29$），表明其在食物网中具有生物放大性，且与传统污染物相比，D_5 的 TMF 对食物网的生物组成更加敏感。D_5 与传统污染物之间生物放大性的差异表明，D_5 的生物放大性受种属特异性如生物转化速率或组织分布状况的影响。

（2）VMS 的生态毒性。Sousa 等研究了 cVMS D_4 对几种典型的淡水和海洋无脊椎动物及鱼类的急性与慢性毒性作用，包括水蚤（*Daphnia magna*）、虹蹲鱼（*Oncorhynchus mykiss*）、糠虾（*Mysidopsis bahia*）和杂色鳄（*Cyprinodon variegatus*）。发现虹鳟鱼是其中对 D_4 暴露最敏感的物种，对于体型较小（不大于 1 g）的虹鳟鱼，经 D_4 14 天急性暴露，得到半数致死浓度（50% lethal concentration，LC_{50}）为 10 $\mu g/L$，最高允许剂量（no observed effect concentration，NOEC）为 4.4 $\mu g/L$，阈剂量（low observed effect concentration，LOEC）为 6.9 $\mu g/L$；经 93 天慢性暴露得到 NOEC 同样为 4.4 $\mu g/L$。与对照组相比，15 $\mu g/L$ D_4 21 天慢性暴露引起水蚤的存活率显著降低，得到 D_4 21 天慢性暴露下对水蚤存活的 NOEC 为 7.9 $\mu g/L$，

LOEC 为 15 $\mu g/L$。Kent 等研究发现,摇蚊(*Chironomus tentans*)经 cVMS D_4 暴露 14 天,各浓度(0.49~15 $\mu g/L$)下均未观察到显著毒性作用,得到 D_4 14 天暴露的 NOEC 为大于 15 $\mu g/L$。

Parrott 等研究了 cVMS D_5 对黑头呆鱼(*Pimephales promelas*)胚胎-幼鱼时期生长作用的影响,经一系列浓度梯度(0.25 $\mu g/L$、0.82 $\mu g/L$、1.7 $\mu g/L$、3.6 $\mu g/L$ 和 8.7 $\mu g/L$)65 天暴露,发现与对照组相比,各浓度 D_5 均未对鱼卵孵化率、胚胎存活率或幼鱼的生长作用产生显著影响,得到 NOEC 为 8.7 $\mu g/L$。Drottar 报道了 cVMS D_6 对黑头呆鱼的水生生态毒性,经 0.41~4.4 $\mu g/L$ D_6 49 天暴露,与对照组相比并未观察到显著影响,得到 NOEC 为不小于 4.4 $\mu g/L$。Kent 等研究了 cVMS $D4$ 对摇蚊幼虫的沉积物毒性,摇蚊幼虫暴露于含有 ^{14}C-D_4 的三组沉积物中,结果发现经 14 天暴露,D_4 在有机碳含量分别为低、中、高(0.27%~4.1%)沉积物暴露组的 NOEC 分别为 65 $\mu g/g$、120 $\mu g/g$ 和 54 $\mu g/g$ dw。Kruege 等也评价了 D_4 对摇蚊的沉积物毒性,沉积物样品中 D_4 浓度梯度为 6.5~355 $\mu g/g$ dw,得到 D_4 28 天暴露对摇蚊存活的 NOEC 为 44 $\mu g/g$ dw。特别地,355 $\mu g/g$ dw D_4 暴露导致显著发育毒性,其 NOEC 和 LOEC 分别为 131 $\mu g/g$ 和 355 $\mu g/g$ dw。Krueger 等进行了 D_5 对摇蚊全生命周期的沉积物毒性试验,经一系列浓度梯度 13~580 $\mu g/g$ dw 10 天暴露,得到 D_5 对摇蚊的半数致死浓度(50% lethal concentration,LC_{50})为 450 $\mu g/g$ dw,对摇蚊存活率的半数有效浓度(50% effective concentration,EC_{50})为 410 $\mu g/g$ dw。此外,在研究 D_5 对摇蚊幼虫的发育毒性时,经一系列浓度梯度 12~570 $\mu g/g$ dw 28 天暴露,得到 D_5 的 LC_{50} 为 69 $\mu g/g$ dw,LOEC 为 180 $\mu g/g$ dw。

Norwood 等报道了 D_5 对底栖无脊椎动物端足虫(*Hyalella azteca*)的慢性沉积物毒性,选用两种自然湖泊沉积物,有机碳含量分别为 0.5% 和 10%,经 28 天暴露得到 D_5 的 LC_{50} 分别为 191 $\mu g/g$ 和 857 $\mu g/g$ dw,表明随沉积物中有机碳含量的降低,D_5 的生物可利用性增加。

Velicogna 等研究评价了 cVMS D_5 的土壤生态毒性,D_5 暴露梯度浓度为 0~4 074 $\mu g/g$ dw,以植物大麦(*Hordeum vulgare*)、红三叶(*Trifolium pretense*)及土壤无脊椎动物蚯蚓(*Eisenia andrei*)、跳虫(*Folsomia candida*)为受试生物,结果发现 D_5 显著影响大麦生长、跳虫生长和繁殖作用,得到 D_5 对大麦和跳虫生长作用的半数抑制浓度(50% inhibitory concentration,IC_{50})分别为 767 $\mu g/g$ 和 209 $\mu g/g$ dw。

(3) VMS 的健康风险。总体上,cVMS 在人体内的毒代动力学与大鼠类似,在吸入暴露实验中,3%~5% 的 D_4 和 D_5 经吸收分布于大鼠体内。Tobin 等实验发现大鼠一次或重复(14 次)暴露于 7×10^{-6} 和 1.6×10^{-4} 的 ^{14}C-D_5 蒸气 6 小时,体内 D_5 残留量为吸入量的 1%~2%。cVMS D_4 和 $D5$ 也可经皮渗透进入人体中,实验得到真皮中 D_4 和 D_5 的吸收量分别为施用量的 0.5% 和 0.04%,所施用的 D_4 和

D_5 大部分（90%）都未经皮肤吸收而挥发。cVMS 一般会通过呼吸作用排出体外，或经新陈代谢后通过尿液排出。Varaprath 等研究了 cVMS D_5 与 lVMS L_2 在大鼠体内的代谢转化，尿液中并未检出 D_5 和 L_2，仅检测到其代谢产物，包括 $Me_2Si(OH)_2$ 等，一方面证实了 VMS 在代谢过程中 Si—Me_2 键上会发生脱甲基作用，另一方面表明尿液不适于检测 VMS 在体内的暴露水平。Tobin 等的研究也证实了这一点，Fischer 344 大鼠经 D_5 吸入暴露后在其尿液中并未检出 D_5，仅检出 D_5 的 5 种代谢产物，也表明呼吸作用是 D_5 从大鼠体内排出的主要途径。cVMS 更易分布于富含脂质的组织或器官中，且会贮存于脂肪中，这与其较高的亲脂性和 $\lg K_{ow}$ 值有关，cVMS 在脂肪中的半衰期也较长。Tobin 等研究发现 cVMS D_5 在大鼠体内的半衰期与暴露剂量、性别、重复暴露次数以及分布组织有关，雌性大鼠经 6 小时暴露得到 D_5 在脂肪中的半衰期长达 495 小时，而在血浆、肺与肝脏中则分别为 50 小时和 80 小时。

相关研究发现，VMS 具有潜在的内分泌干扰效应，且表现出繁殖毒性，甚至会对人体神经系统产生不利影响。D_4 暴露会引起子宫增重，McKim 等实验发现，剂量大于 100 mg D_4/(kg·d) 口服暴露会引起 SD 大鼠与 Fischer 344 大鼠子宫及子宫上皮细胞显著增重。切除卵巢的小鼠经 250～1 000 mg D_4/(kg·d) 连续暴露 7 天，随 D_4 暴露浓度增大，子宫显著增重，子宫过氧化氢酶活性也随 D_4 暴露浓度增加而显著增加。Quinn 等研究发现 D_4 对于 SD 大鼠和 Fischer 344 大鼠的子宫增重均有显著影响。但小鼠经雌激素受体拮抗剂 ICI－182780 预先处理后，D_4 诱导子宫增重的过程受到阻滞，切除卵巢的小鼠雌激素受体 α 基因敲除后，经 D_4 暴露子宫也无增重现象。在体外雌激素受体结合实验中，D_4 可与 ^3H－雌二醇显著竞争结合雌激素受体 α，Quinn 等也实验得到暴露剂量为 900 mg/(kg·d) 时 D_4 可与雌性激素受体结合，且体外暴露试验中 10 μmol/L D_4 暴露可激活报告基因。研究结果表明 D_4 具有弱雌激素活性，并通过雌激素受体 α 表现。Meeks 等实验发现 700 mg/kg D_4 吸入暴露会引起雌性 SD 大鼠着床位点减少、产仔数降低，表现出繁殖毒性。Siddiqui 等进一步实验得到 D_4 6 小时/天连续 70 天吸入暴露对雌性和雄性 SD 大鼠繁殖毒性的无明显损害效应剂量（NOAEL）分别为 300 mg/kg 和 700 mg/kg。D_5 与 D_4 性质略有不同，并没有直接表现出雌激素活性，但其不仅对生殖系统有不良影响、减少催乳激素水平，而且对脂肪组织、胆汁产生甚至免疫系统都有不良影响。1.6×10^{-4} D_5 暴露会引起大鼠子宫肿瘤显著增长，但目前认为 D_5 在大鼠体内的肿瘤发生机制并不会对人体产生影响。此外，D_5 还可作为多巴胺受体激动剂，对人体神经系统产生不利影响。D_6 暴露可引起大鼠肝脏与甲状腺重量增加，且具有生殖毒性作用。

（4）VMS 的人体暴露水平。PCPs 与化妆品的使用是 VMS 人体暴露的重要途径,近年来已有文献报道 cVMS 在欧洲、美国与日本、加拿大、中国市面上销售的多种 PCPs 中均有检出,其中欧美地区 PCPs 中的主要成分是 cVMS D_5,而在中国则是 lVMS。

基于 PCPs 中 VMS 的平均含量和 PCPs 的日均用量,Horn 和 Kannan 估算出 VMS(包括 lVMS 与 cVMS)经 PCPs 对美国女性的暴露水平为 307 mg/d,中国则为 4.51 mg/d,加拿大仅 cVMS 暴露水平高达 996 mg/d,而 Dudzina 等估算得到欧洲 cVMS D_4 和 D_5 的人均暴露水平分别为 10.8 mg/d 和 1 224 mg/d。VMS 在室内灰尘样品中也得到检出,而室内灰尘也是 VMS 人体暴露特别是对婴幼儿的重要途径之一,Lu 等估算得到 VMS 经室内灰尘对成人的暴露水平为 15.9 ng/d,对婴幼儿为 32.8 ng/d。

近年来,cVMS 已在人体血液、血浆及组织样品中得到检出。针对具有潜在 cVMS 暴露风险的人群,Flassbeck 等检测了植入硅树脂假体的女性血浆中 cVMS D_3、D_4、D_5 和 D_6 的含量,其最高值分别为 12 ng/mL、50 ng/mL、28 ng/mL 和 17 ng/mL。此外,研究发现当硅树脂假体从体内移除后,cVMS 仍会存留于血液中。Flassbeck 等也检测了 cVMS D_4、D_5 和 D_6 在植入硅树脂假体女性脂肪组织、纤维蛋白层和肌肉组织中的含量,发现 cVMS 在脂肪中含量高于血浆,D_4 仍是主要检出的 cVMS。但以上研究人群体内 VMS 的主要暴露途径为植入体内的硅树脂假体,她们无法代表经 PCPs 直接使用而暴露于 VMS 的女性人群。Hanssen 等针对体内无硅树脂假体植入的女性,检测了 cVMS D_4、D_5 和 D6 在其血浆中的含量,分别为 2.93~12.7 ng/mL、1.44~3.94 ng/mL 和 2.67~3.17 ng/mL,PCPs 的使用与 VMS 吸入(经挥发作用)是其主要暴露途径。然而,目前关于 VMS 呼吸途径暴露的健康效应研究较为罕见,VMS 是否对人体肺部细胞造成损伤尚需要进一步探索。

8.1.2.3　紫外防晒剂

紫外防晒剂是防晒化妆品中的主要有效成分,可以吸收或散射紫外线,使皮肤免遭紫外线伤害。防晒霜、口红、洗发露、发胶等大多数护理品中都包含几种紫外防晒剂。根据性质,可以将紫外防晒剂分为两大类:有机紫外防晒剂和无机防晒剂。无机防晒剂主要为纳米 ZnO 和 TiO_2,可以反射或散射紫外光;有机紫外防晒剂主要通过吸收紫外光从而达到防晒作用。美国允许添加在防晒霜中的防晒剂有 16 种,其中 14 种为有机紫外防晒剂。而欧盟允许添加在个人护理品中的有机紫外防晒剂有 26 种,根据其化学性质,可分为以下几类:对氨基苯甲酸及其衍生物、水杨酸酯类、苯酮类、樟脑衍生物、三嗪类和苯并三唑衍生物、肉桂酸酯类、二苯甲酰甲烷类及其他。我国《化妆品卫生规范(2007 版)》规定可以在化妆品中使用的防晒剂有 28 种,其中 26 种为有机紫外防晒剂。表 8-8 列出了几种常见的有机紫外防晒剂。

表 8-8　几种常见的有机紫外防晒剂

缩写	中文名	英文名	CAS 编号	结构	lg K_{ow}①	最大允许使用浓度/%	紫外吸收波段
3-BC	3-亚苯基樟脑	3-benzylidene camphor	15087-24-8	（结构式）	5.37	2	UVB
4-MBC	4-甲基苯亚基樟脑	4-methylbenzylidene camphor	36861-47-9	（结构式）	5.92	4	UVB
BM-DBM	丁基甲氧基二苯甲酰基甲烷	butyl methoxy dibenzoyl methane	70356-09-1	（结构式）	4.51	5	UVA
BP-3	二苯酮-3	benzophenone-3	131-57-7	（结构式）	3.79	10	UVA,UVB
BP-4	二苯酮-4	benzophenone-4	4065-45-6	（结构式）	0.37	5（以酸计）	UVA,UVB
EHMC	甲氧基肉桂酸乙基己酯	ethylhexyl methoxycinnamate	5466-77-3	（结构式）	5.80	10	UVB
EHS	水杨酸乙基己酯	ethylhexyl salicylate	118-60-5	（结构式）	5.97	5	UVB

（续表）

缩写	中文名	英文名	CAS 编号	结构	lg K_{ow}	最大允许使用浓度/%	紫外吸收波段
HMS	胡莫柳酯	homosalate	118-56-9		6.16	10	UVB
IMC	p-甲氧基肉桂酸异戊酯	isoamyl p-methoxycinnamate	71617-10-2		4.33	10	UVB
OC	奥克立林	octocrylene	6197-30-4		6.88	10（以酸计）	UVA,UVB
OD-PABA	PABA 乙基己酯	ethylhexyl dimethyl PABA	21245-02-3		5.77	8	UVB
PABA	对氨基苯甲酸	4-aminobenzoic acid	150-13-0		0.83	5	UVB
PBSA	苯基苯并咪唑磺酸	phenylbenzimidazole sulphonic acid	27503-81-7		-0.16	8（以酸计）	UVB

① lg K_{ow}，依据 EPISUITE 4.1 工具包计算；UVA：320～400 nm；UVB：290～320 nm。

据估计,全球每年生产的有机紫外防晒剂为10 000 t。然而这类化合物性质相对稳定,难以生物降解,城市污水处理厂很难将其全部去除。因此,在人们日常生活使用防晒产品的同时,有机紫外防晒剂被源源不断地排入环境中,成为一类新污染物,并形成"假性持久性"污染现象。随着其产量、用量的逐年增加,有机紫外防晒剂的环境污染问题及其对水生生物的影响已成为国内外环境领域的研究热点。

1) 环境中的有机紫外防晒剂

有机紫外防晒剂既可以通过一些娱乐性活动(如游泳、日光浴等)直接进入环境水体,也能够通过污水处理厂间接进入水环境中。目前,已经从污水处理厂的进出水、湖泊、河流、海洋以及自来水中都检测到了这类化合物。其环境浓度水平随着地区、季节的不同而有变化。众多研究表明,有机紫外防晒剂最大浓度发生在夏季,因为这个季节防晒产品的需求量和使用量最大。

(1) 污水处理厂。有机紫外防晒剂在不同国家、不同类型的污水处理厂中均有检出,传统污水处理工艺很难将其完全去除。进水中甲氧基肉桂酸乙基己酯(EHMC)、二苯酮-3(BP-3)、二苯酮-4(BP-4)和4-甲基苄亚基樟脑(4-MBC)等有机紫外防晒剂的浓度为$1.5 \sim 19$ μg/L,出水中这些化合物的浓度相对较低,为$0.01 \sim 2.7$ μg/L。Li等检测了我国天津市污水厂二级出水中BP-3、4-MBC、EHMC和奥克立林(OC)四种紫外防晒剂,浓度范围为$0.034 \sim 2.128$ μg/L,其中4-MBC浓度最大。浓度变化表现出明显的季节变化,在夏秋季的浓度普遍高于冬季。将二级出水引入再生水厂,经过混凝-絮凝、连续膜过滤和臭氧氧化处理后,出水中有机紫外防晒剂的浓度呈下降趋势,总去除率为$28.3\% \sim 43.1\%$,说明有机紫外防晒剂在再生水处理过程中无法完全去除。

有机紫外防晒剂大多具有脂溶性,容易被污泥吸附。2001年,瑞士12家污水处理厂的稳定污泥中4-MBC、EHMC、OC和乙基己基三嗪酮(OT)的最大含量依次为4.56 μg/g、0.39 μg/g、7.86 μg/g和12.2 μg/g。Negreira等随机采取了西班牙西北几家城市污水处理厂的未消化污泥样品,检测发现4-MBC、EHMC和OC在各样品中均可检出,平均浓度均大于0.6 μg/g。我国东北沿松花江的5家城市污水处理厂污泥中4-羟基-二苯酮(4-OH-BP)的检出率为4/5,浓度范围为$2.66 \sim 10.1$ ng/g;二苯酮-1(BP-1)和BP-3在5家污水处理厂均可检出,最大浓度分别为91.6 ng/g和12.8 ng/g。尽管污泥吸附了大部分,但仍然有大量有机紫外防晒剂通过污水处理厂出水源源不断排放到水环境中。

(2) 地表水。瑞士对地表水环境中紫外防晒剂的污染状况进行了详细调查。Limmat河源于Zurichsee湖,经过苏黎世市中心。2002年,Balmer等用半透膜装置(SPMD)原位检测该河水中有机紫外防晒剂,在距苏黎世污水处理厂排污口下游6.5km处,河水中4-MBC、BP-3、EHMC和OC均有检出,浓度最大的为

4-MBC,达到 1 250 ng/L,远远高于同一时期 Zurichsee 湖中 4-MBC 的浓度(820 ng/L)。瑞士 Glatt 河中有机紫外防晒剂最重要的来源是废水,河水中 BP-3、4-MBC 和 EHMC 的浓度为 6～68 ng/L,浓度递减顺序为 BP-4＞BP-3＞4-MBC＞EHMC。Negreira 等用分散液液微萃取(DLLME)处理样品,并用气相色谱/质谱(GC/MS)测得的河水中各种紫外防晒剂的最高浓度如下:水杨酸乙基己酯(EHS)为 62 ng/L、胡莫柳酯(HMS)为 124 ng/L、BP-3 为 42 ng/L、4-MBC 为 1 132 ng/L、EHMC 为 813 ng/L、OC 为 4 256 ng/L,其中检出频率最高的为 OC,其次为 EHMC。Romanl 等用实验室自制的覆盖有油酸涂层的磁性纳米粒子为吸附剂,采用分散固液萃取(DSPE)-GC/MS 方法在西班牙图里亚河水中检测到 EHS、HMS、4-MBC、BP-3、EHMC 和对氨基苯甲酸乙基己酯(OD-PABA)等多种有机紫外防晒剂,其中含量最高的为 BP-3,达到 428 ng/L。Kameda 等调查了日本 22 条河流中 BP-3、水杨酸苄酯(BZS)、4-MBC、OD-PABA、EHMC、EHS、HMS 和 OC 8 种有机紫外防晒剂的污染状况,结果表明除 4-MBC 外其他7 种物质均有检出,而 4-MBC 未被检出的主要原因是日本禁止化妆品中添加该化合物。日本污水处理厂出水的受纳河流中主要污染物为 BZS、BP-3、EHMC 和 EHS;重污染河流中,EHMC 的浓度范围为 125～1 040 ng/L。德国莱茵河中两种水溶性紫外防晒剂 BP-4 和苯基苯并咪唑磺酸(PBSA)的平均浓度分别为 51 ng/L 和 48 ng/L。而德国污水处理厂出水的受纳河流中,BP-4 和 PBSA 在距离城市污水排放口 0.1 km 处的检测浓度分别为 1 980 ng/L 和 3 240 ng/L,远远高于污水处理厂出水浓度(分别为 105 ng/L 和 1 820 ng/L),说明该河流中有机紫外防晒剂的污染不单单来源于污水处理厂。Liu 等在南方医科大学第一附属医院附近的重污染河流中发现 4-MBC 和 OC,但浓度较低,分别为 10 ng/L 和 29 ng/L。

2002 年,瑞士的湖水中已普遍有 4-MBC 和 BP-3 残留,两者在 Zürichsee 湖的浓度分别达到 28 ng/L 和 35 ng/L;EHMC 和 OC 的含量较低,均在几纳克/升水平。深层水(水面下 20 m)中紫外防晒剂的残留量比浅层水(水面下 1～2.5 m)中相对较低。就 4-MBC 而言,浓度最高出现在 Huttmersee 湖,其次为 Zurichsee 湖,再次为 Greifensee 湖,在湖面下 1 m 处的浓度范围为 7～28 ng/L。Rodil 等用无孔膜辅助液液萃取法(MALLE)对样品进行前处理,随后用 LC-MS/MS 从 Conspuden 湖水中检测到了 BP-3、IMC、4-MBC、丁基甲氧基二苯甲酰基甲烷(BM-DBM)、OC、EHMC 和 EHS 7 种紫外防晒剂,其中浓度大于 1 000 ng/L 的有 4 种,分别为 OC、EHMC、BM-DBM 和 4-MBC,浓度依次为 4 381 ng/L、3 009 ng/L、2 431 ng/L 和 1140 ng/L;BP-3 的检出浓度最小,为 40 ng/L。

(3) 海水。海水中的有机紫外防晒剂大部分来自海滨浴场。目前已检出的有 EHS、HMS、p-甲氧基肉桂酸异戊酯(IMC)、4-MBC、BP-3、EHMC 和 OD-PABA

等。Nguyen 等在意大利利古里亚的 4 个海水浴场中均检测到了 BP-3(浓度范围为 33～118 ng/L)和 EHMC(浓度范围为 25～83 ng/L)。Tarazona 等用 GC/MS 检测了海水样品中的二苯酮类紫外防晒剂,BP-3 的最高含量可达 3 300 ng/L。Benede 等在海水溶液相和颗粒相中均检测到有机紫外防晒剂的残留,其中总浓度最高的为 EHS,达到 880 ng/L。2006 年,挪威 Tangaroa 探险队乘木筏横渡太平洋时,分别用被动半透膜装置(SPMD)和主动微表层采样法采取了海水样品,检测结果发现即使在太平洋的微表层水中也有 EHMC(包括 Z-和 E-异构体)、4-MBC、BP-3 和 3-亚苄基樟脑(3-BC)等有机紫外防晒剂残留,浓度为 5～55 ng/L。

(4) 沉积物。相比水中含有的有机紫外防晒剂而言,人们对沉积物和土壤中防晒剂的关注较少。2003 年,Ricking 等最早报道了沉积物中有机紫外防晒剂的污染,他们在德国的河流沉积物中检测到 EHMC,最大浓度为 4 ng/g。Zhang 等测定了 5 种二苯酮类紫外防晒剂和 4 种苯并三唑类紫外线稳定剂在我国松花江沉积物中的含量,其中 BP-3 的平均浓度为 0.38 ng/g。西班牙埃布罗河流域沉积物中 OC 最高含量为 2 400 ng/g;OD-PABA、BP-3 和 EHMC 含量较低,依次为 5.2 ng/g、27 ng/g 和 42 ng/g。Rodil 和 Moeder 在 2007 年调查了德国莱比锡周围湖泊底泥中 EHS、HMS、IMC、4-MBC、BP-3、EHMC、OD-PABA 和 OC 8 种有机紫外防晒剂的污染状况,其中只有 EHMC 和 OC 可以检出,浓度范围分别为 14～34 ng/g 和 61～93 ng/g。BP 和 EHMC 虽然是生物可降解化合物,但通过对东京湾沉积物的土芯样本的检测可以发现,即便在 1977 年的沉积物中,两者都有很高浓度的残留,这一结果说明 BP 和 EHMC 在环境中具有潜在持久性。另有学者在日本的河水、湖水中检测到 BP-3、BZS、OD-PABA 和 EHS 等,但在相应沉积物中却未发现这些化合物。地中海东部地区河流过渡带和海岸带沉积物中,EHMC 和 OC 已成为普遍存在的污染物,最高浓度达到 128 ng/g;OD-PABA 也被频繁检出,但浓度较低(小于 LOD-17 ng/g)。相对而言,旱季沉积物中有机紫外防晒剂浓度较高。Sanchez-Brunete 等分析了沉积物中水杨酸盐类和二苯酮类紫外防晒剂,检出频率最高的分别是 EHS(3.5～20.0 ng/g)和 BP-6(1.2～6.1 ng/g)。已报道的地表水和沉积物中的紫外防晒剂的最大浓度如表 8-9 所示。

表 8-9　有机紫外防晒剂在环境中的最大检出浓度

化合物	河水/ (ng/L)	湖水/ (ng/L)	海水/ (ng/L)	沉积物/ (ng/g)
3-BC	—	—	13	—
4-MBC	1 132	2 592	358	—
BM-DBM	—	2 431	321	—

（续表）

化合物	河水/ （ng/L）	湖水/ （ng/L）	海水/ （ng/L）	沉积物/ （ng/g）
BP-3	428	820	3 300	27
BP-4	1 980	—	138	—
EHMC	1 040	3 009	409	42
EHS	146	748	880	20
HMS	345	5	625	—
IMC	—	146	280	—
OC	4 256	4 381	7 301	2 400
OD-PABA	240	34	682	17
PBSA	3 240	—	42	—

—表示尚未见报道。

（5）生物体。已报道的水生生物体内有机紫外防晒剂的最大检出浓度如表 8-10 所示。亲脂性有机紫外防晒剂能够通过食物链积累,可能会对营养级较高物种,甚至对人类产生较大影响。

表 8-10　水生生物体内有机紫外防晒剂的最大检出浓度

化合物	水 生 生 物	最大浓度	采样地点	采样时间
EHMC	鱼（*Leuciscus cephalus*）	79 ng/g 脂质	瑞士 河流	2006 年
	鱼（*Barbus barbus*）	337 ng/g 脂质	瑞士 河流	2006 年
	鱼（*Salmo trutta*）	205 ng/g 脂质	瑞士 河流	2006 年
	鱼（*Anguilla anguilla*）	30 ng/g 脂质	瑞士 河流	2006 年
	鱼（*Coregonus sp.*）	72 ng/g 脂质	瑞士 湖泊	2002 年
	鱼（*Rutilus rutilus*）	64 ng/g 脂质	瑞士 湖泊	2002 年
	贻贝（*Mytilus edulis*）	45 ng/g 干重	法国 沿海	2008 年
	贻贝（*Mytilus galloprovincialis*）	256 ng/g 干重	法国 沿海	2008 年
	贻贝（*Dreissena polymorpha*）	150 ng/g 脂质	瑞士 河流	2006 年
	虾（*Gammarus sp.*）	133 ng/g 脂质	瑞士 河流	2006 年
	鸬鹚（*Phalacrocorax sp.*）	701 ng/g 脂质	瑞士 河流	2006 年
4-MBC	鱼（*Salmo trutta fario*）	1 800 ng/g 脂质	瑞士 河流	2003 年
	鱼（*Rutilus rutilus*）	94 ng/g 脂质	瑞士 湖泊	2002 年
	鱼（*Perca fluviatilis*）	166 ng/g 脂质	瑞士 湖泊	2002 年
BP	鱼（*Lepomis macrochirus*）	90 ng/g 湿重	美国 河流	2006 年
BP-3	鱼（*Salmo trutta*）	151 ng/g 脂质	瑞士 河流	2006 年
	鱼（*Rutilus rutilus*）	118 ng/g 脂质	瑞士 湖泊	2002 年
	鱼（*Perca fluviatilis*）	123 ng/g 脂质	瑞士 湖泊	2002 年

（续表）

化合物	水 生 生 物	最大浓度	采样地点	采样时间
OC	鱼（*Salmo trutta fario*）	2 400 ng/g 脂质	瑞士 河流	2003 年
	鱼（*Perca fluviatilis*）	25 ng/g 脂质	瑞士 湖泊	2002 年
	贻贝（*Mytilus edulis*）	23 ng/g 干重	法国 沿海	2008 年
	贻贝（*Mytilus galloprovincialis*）	7 112 ng/g 干重	法国 沿海	2008 年

（6）室内环境。室内环境对人体健康的影响十分重要。化妆品在使用过程中不可避免地进入室内空气并附着到灰尘上。Negreira 等基于基质固相分散（MSPD）技术，用 GC/MS/MS 分析了室内灰尘中 5 种有机紫外防晒剂，结果发现 EHMC 和 OC 在所有样品中都可以检出，最大浓度分别为 15 000 ng/g 和 41 000 ng/g。该课题组调查了住宅、实验室和学生宿舍灰尘中有机紫外防晒剂的含量，4 - MBC、BP - 3、OC 和 HMS 的平均值依次为 147 ng/g，205 ng/g，2 360 ng/g 和 120 ng/g。Wang 等对比调查了美国与中国、日本和韩国等东亚国家室内灰尘中二苯酮类有机紫外防晒剂的含量，结果发现美国（总和中位数：612 ng/g）室内灰尘中防晒剂含量远高于东亚国家（总和中位数：中国 78.6 ng/g；日本 138 ng/g；韩国 176 ng/g），这可能与美国居民对防晒产品的使用量较大和频率较高有关。此外，Wang 等还在室内空气中检测到 BP - 3，浓度范围为 $0.19 \sim 72.0$ ng/m^3。室内环境中有机紫外防晒剂的残留可能通过灰尘或空气吸入等途径对人体产生暴露风险，但目前相关研究较少，需进一步探索。

（7）饮用水。已有研究发现饮用水中存在有机紫外防晒剂残留。西班牙巴伦西亚市的自来水中 EHS、IMC 和 EHMC 等有机紫外防晒剂的浓度依次为 160 ng/L、65 ng/L 和 126 ng/L。Diaz-Cruz 等收集了巴塞罗那市及其周边地区的自来水、井水、离子交换树脂处理后的自来水和三个不同品牌的瓶装矿泉水，经 SPE 处理后利用 GC - MS 检测了各样品中的 4 - MBC、OD - PABA、EHMC 和 OC 等。这几种紫外防晒剂在瓶装矿泉水和离子交换树脂处理后的自来水中均未检出；但 EHMC 在自来水和井水中的平均浓度分别高达 870 ng/L 和 770 ng/L；OC 仅在自来水样品中有检出，浓度为 290 ng/L。不容忽视的是，EHMC 和 OC 在自来水样品中普遍存在。

总体看来，有机紫外防晒剂的环境污染问题在各国普遍存在，几乎在所有类型的水体中都可以检测到其残留，环境浓度已经达到 μg/L 水平，并且呈上升趋势。有机紫外防晒剂能够在水生生物体内累积，并通过食物链产生潜在生物放大作用。

2）有机紫外防晒剂的生态毒性

有机紫外防晒剂被认为是一类新的内分泌干扰物，其对水生动物的毒性研究主要集中在对鱼类的内分泌干扰效应，具体如表 8 - 11 所示。

表 8-11　有机紫外防晒剂对鱼的内分泌干扰效应

化合物	受试生物	毒性终点	LOEC
3-BC	黑头呆鱼	21 d 繁殖，VTG，性腺组织，卵母细胞，精母细胞	3，74，3，74，285 μg/L
	黑头呆鱼	14 d VTG	435 μg/L
	虹鳟鱼	14 d VTG，繁殖	3 μg/L
	虹鳟鱼	6 d VTG 注射	27 mg/kg/d
4-MBC	日本青鳉	7 d 基因 vtg1	0.39 mmol/L
		vtg2	0.039 mmol/L
		esr1	3.9 mmol/L
BP-1	黑头呆鱼	14 d VTG	4 919 μg/L
BP-2	黑头呆鱼	15 d 繁殖	1.2 mg/L
	黑头呆鱼	14 d VTG	8 783 μg/L
	虹鳟鱼	14 d VTG，繁殖	1.2 mg/L
BP-3	斑马鱼	14 d 基因 esr1，ar，cyp19b	84 μg/L
	斑马鱼胚胎	120 h 基因 esr1，hsd17b3	114，438 μg/L
BP-4	斑马鱼	14 d 基因 vtg1，vtg3，esr1，esr2b	30 μg/L（脑），300 μg/L（肝）
	斑马鱼胚胎	3 d 基因 esr2b，vtg1，vtg3，esr1，hsd17β3，cyp19b，cyp19a，hhex，pax8	30 μg/L / 300 μg/L
EHMC	黑头呆鱼	14 d VTG	244.5 μg/L
		精母细胞和卵母细胞	394 μg/L
		基因 esr1，ar，3β-HSD	394（雌性），37.5（雌性），37.5（雄性）μg/L

研究表明，与 BP-1 和 BP-2 相比，3-BC 在更低浓度（435 μg/L）时便可诱导卵黄蛋白原（VTG）。EHMC 能够影响与激素通路有关的基因转录。雄性斑马鱼暴露于 EHMC14 天后，浓度为 2.2 μg/L 和 890 μg/L 的 EHMC 分别引起 1 096 个和 1 137 个基因转录的改变，相当于将斑马鱼暴露于 17α-雌二醇时其肝脏基因转录的变化。多种紫外防晒剂表现出多重激素活性。Zucchi 等已经证实 BP-4 可以干扰鱼的性激素系统，干扰参与激素通路和类固醇生成的基因表达，在斑马鱼的胚胎期和成年鱼的脑部表现出雌激素活性，但在肝脏又具有抗雌激素活性。EHMC 也具有多重荷尔蒙活性，能够诱导黑头呆鱼卵黄蛋白原浓度升高，并显著引起睾丸和卵巢组织学变化，使得精母细胞和卵母细胞减少。3-BC 的浓度为 3 μg/L 时就会对鱼的繁殖产生不利影响，74 μg/L 时抑制卵母细胞和精母细胞的发育。浓度大于 1.2 mg/L 时 BP-2 对卵母细胞和精母细胞具有明显抑制。

目前，有机紫外防晒剂对无脊椎动物的毒性研究相对较少，受试生物主要为泥螺和水蚤。Schmitt 等研究了有机紫外防晒剂对底栖无脊椎动物的影响。低浓度

3 - BC 或 4 - MBC 可以促使新西兰泥螺($P.\ antipodarum$)繁殖,然而在高浓度暴露时,泥螺的死亡率会增加(NOEC 分别为 0.06 mg/kg 和 0.26 mg/kg)。EHMC 对新西兰泥螺和瘤拟黑螺($M.\ tuberculata$)的最低可见效应浓度(LOEC)分别为 0.4 mg/kg 和 10 mg/kg。Fent 等研究了几种有机紫外防晒剂对大型溞($D.\ magna$)的急性毒性,发现其急性毒性随着 lg K_{ow} 值增大而变大,说明有机紫外防晒剂的毒性大小与其脂溶性有关,脂溶性越强,毒性越大。4 - MBC、EHMC、BP - 3 和 BP - 4 的 48 小时 LC_{50} 分别为 0.56 mg/L、0.29 mg/L、1.9 mg/L 和 50 mg/L。Sieratowicz 等也研究了 BP - 3、EHMC、3 - BC 和 4 - MBC 对大型溞的急性毒性以及对其繁殖能力的影响,其 EC_{10} 和 EC_{50}(48 小时)的范围分别为 0.14～2.45 mg/L 和 0.57～3.61 mg/L,大型溞对这几种紫外防晒剂的敏感程度为 EHMC>4 - MBC>BP - 3>3 - BC。21 天生殖毒性试验得到的最大无效应浓度(NOEC)分别为 0.5 mg/L(BP - 3)、0.04 mg/L(EHMC)和 0.1 mg/L(3 - BC 和 4 - MBC)。BP - 1 对汤氏纺锤水溞($Acartia\ tonsa$)的 48 小时 LC_{50} 为 2.6 mg/L,水的盐度和温度均会对其生长产生影响。

此外,有机紫外防晒剂能够对海洋虾类产生毒害作用,EHMC、4 - MBC 和 BP - 3 对节糠虾急性毒性的 96 小时 EC_{50} 值依次为 0.20 mg/L、0.19 mg/L 和 0.71 mg/L,而 BP - 4 在测试浓度范围内对节糠虾的存活没有显著影响。

3)有机紫外防晒剂的人体暴露

有机紫外防晒剂除了能够进入水体并对水生生物产生暴露外,同时在人们的使用过程中经皮肤对自身产生暴露,并且进入环境中的有机紫外防晒剂还可能通过呼吸、饮食等途径增加人体暴露风险。

现有有机紫外防晒剂对人体暴露的研究主要集中在 BP - 3 及其代谢产物。动物实验表明,通过皮肤和饮食暴露的 BP - 3 通过相 Ⅰ 和相 Ⅱ 反应进行代谢(见图 8-2),随尿液排出体外。相 Ⅰ 反应的代谢产物主要有 BP - 1、BP - 2、BP - 8 和 4 - OH - BP,相 Ⅱ 反应主要形成葡糖苷酸或硫酸盐结合态 BP - 3。游离态和结合态 BP - 3 及其代谢产物在人尿液中均有检出。

(1)尿液。外源性化学物质在尿液中的含量是人体暴露的主要评价指标。研究表明,BP - 3 在大多数尿样中能够检测到,并且 BP - 3 的代谢产物 BP - 1、BP - 2、BP - 8 和 4 - OH - BP 均有检出。由于人们对防晒霜的使用习惯不同,不同国家居民尿液中 BP - 3 及其代谢产物的浓度水平有所差异。

不同学者调查了不同国家青少年尿液中 BP - 3 的浓度。Wang 等对比研究了中国和美国儿童二苯酮类有机紫外防晒剂的暴露,中国儿童尿液中 BP - 3 的浓度显著低于美国儿童,浓度中位数分别为 0.589 ng/mL 和 8.34 ng/mL,相差一个数量级。Xue 等检测了印度 47 名肥胖儿童和 27 名非肥胖儿童尿液中 BP - 3 的含

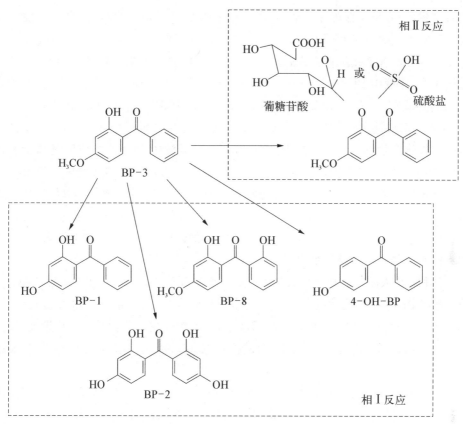

图 8-2　BP-3 的代谢途径

量,浓度范围为 0.07~23.5 ng/mL,肥胖儿童尿液中 BP-3 的浓度略高于非肥胖儿童,但没有显著统计学差异。Frederiksen 等调查了 129 名丹麦青少年(6~21 岁)尿液中的 BP-3,浓度中位数为 1.41 ng/mL。西班牙儿童尿液中 BP-3 浓度中位数与丹麦青少年的相差不大,为 1.9 ng/mL。目前,已报道的儿童尿液中 BP-3 的最高浓度和最大中位数浓度均出现在美国儿童样本中,分别为 26 700 ng/mL 和 55 ng/mL。美国国家健康和营养检查调查(NHANES)公布的儿童尿液中 BP-3 的浓度中位数为十几纳克/毫升水平。总体来看,中国和印度青少年与儿童尿液中 BP-3 浓度较低,丹麦和西班牙次之,而美国则较高。

　　成年人特别是成年女性是防晒产品使用的主力军,相对而言,尿液中有机紫外防晒剂的含量成年人高于儿童,且女性高于男性。此外,BP-3 的尿液浓度与调查人群的人种、社会经济状况和所处地区等因素有一定关系。例如,美国加利福尼亚州成人(90 名)和儿童(83 名)尿液中 BP-3 的检出率为 100%,检出浓度(几何均值)分别为 128 ng/mL 和 55 ng/mL,成年人尿液中 BP-3 含量明显高于儿童,可能是因为成年人使用防晒霜较多造成的。类似地,依据尿液 BP-3 浓度的中位数比较来看,丹麦母亲尿液中BP-3含量也显著高于儿童。然而,也有不一致的报道,例如,比利时青少年(12~19岁)尿液中BP-3浓度显著高于成人,原因未知。

Gao等调查了我国青年人(18~22岁)二苯酮类有机紫外防晒剂的暴露情况,结果表明,尿液中BP-3、4-OH-BP、BP-1、BP-2和BP-8的总浓度为0.18~67.1 ng/mL(109名,中位数为0.93 ng/mL),其中,BP-3的浓度最高(中位数:0.55 ng/mL),其次为BP-1(0.21 ng/mL)和4-OH-BP(0.08 ng/mL)。女性尿液中5种化合物的浓度均略高于男性,城市人口尿液中BP-3的浓度略高于农村人口,但差异均不具有统计学显著意义($p>0.05$)。另外,天津女性尿样中BP-3的浓度虽然只略微高于男性,但女性尿样中BP-3的代谢产物4-OH-BP含量却显著高于男性,这同样可以反映出女性对防晒化妆品的使用量远远多于男性。总体来看,我国人群有机紫外防晒剂的内暴露浓度水平显著低于欧美国家,这与我国人群对防晒霜使用量较低有关。

比利时成人尿样中BP-3浓度低于美国,但高于中国。BP-3在波多黎各和美国孕妇尿液中的检出率均达到100%,浓度中位数分别为31.3 ng/mL和42.9 ng/mL;而在中国孕妇尿液中的检出率只有61.6%,浓度中位数比前者低3个数量级,仅为0.08 ng/mL。孕妇有机紫外防晒剂的产前暴露可能会对新生儿健康产生不利影响。

(2)血液。有机紫外防晒剂能够渗透皮肤,进入人体血液循环。人体实验证明,在全身涂抹防晒霜后1~2小时,其有效成分在大部分血浆样品中即可检出。目前,BP-3、4-MBC和EHMC在血液中已报道的最高浓度依次为797 ng/mL、112 ng/mL和96 ng/mL(见表8-12),这些数据是志愿者全身涂抹防晒霜(各有效成分含量为10%,ww)后检测得到的。相对而言,BP-3的皮肤穿透性强于后两者。Zhang等调查了我国不同人群BP-3及其代谢产物的暴露水平,结果表明,成人血液中BP-3的几何均值浓度为1.51 ng/mL,是儿童(0.43 ng/mL)和孕妇(0.38 ng/mL)的3倍以上。有意思的是,BP-3在孕妇血液样品中的浓度(0.24~0.92 ng/mL)低于脐带血中的(0.55~2.55 ng/mL),而其代谢产物4-OH-BP的浓度则正好相反,即该化合物在母亲血液中的浓度(0.32~1.78 ng/mL)高于胎儿脐带血中的(0.26~0.51 ng/mL)。有机紫外防晒剂及其代谢产物在脐带血中的检出提示该类化合物在孕妇日常使用过程中,能够对胎儿产生暴露。Vela-Soria等检测了20名西班牙志愿者血清中6种二苯酮类有机紫外防晒剂及其代谢产物,结果发现只有BP-3和BP-1能够检出,BP-3的最大检出浓度为1.2 ng/mL,而BP-1仅在一个样品中能够被定量,浓度为0.7 ng/mL。美国儿童合并血清样品中BP-3的最高检出浓度为11.3 ng/mL,高于我国儿童暴露水平。美国北卡罗来纳州10名哺乳期妇女血清中BP-3的检出率为70%,最高浓度为59.2 ng/mL。

表 8 - 12 有机紫外防晒剂在人血液中的含量

国家	年份	检测项目	男性/女性	化合物	检出率/%	中位数/(ng/mL)	范围/(ng/mL)	备注
中国	2010	10 名 1~5 岁的儿童,全血	5/5	BP - 3	30	<0.52	0.52~2.2	全血样本的儿童来自南昌。尿液及全血样本来自天津
				4 - OH - BP	100	0.32	0.23~0.40	
				BP - 1	10	<0.06	0.06~0.09	
		23 名成人,全血	12/11	BP - 3	83	2.09	0.52~3.38	
				4 - OH - BP	100	0.35	0.26~1.29	
				BP - 1	4	<0.06	0.06~0.15	
		20 名孕妇,全血	0/20	BP - 3	35	<0.41	0.41~2.30	母亲全血及胎儿脐带血收集自天津分娩的 20 名妇女
				4 - OH - BP	100	0.58	0.32~1.78	
				BP - 1	0	—	ND	
		22 名胎儿,脐带血	10/12	BP - 3	55	0.59	0.41~2.55	
				4 - OH - BP	100	0.41	0.26~0.51	
				BP - 1	0	—	ND	
西班牙	—	20 名志愿者,血清	—	BP - 3	70	—	0.2~1.2	
				BP - 1	90	—	0.2~0.7	
美国	2001—2002	936 名 3~11 岁的儿童	—	BP - 3	63	—	0.5~11.3	2001—2002 乳汁分析方法优化(MAMA)研究项目招募的健康女性
	2004—2005	10 名哺乳期女性,血清	0/10	BP - 3	70	—	0.5~59.2	

（3）乳汁。有机紫外防晒剂在乳汁中的残留已有报道（见表 8 - 13）。Rodriguez-Gomez 等采用 UHPLC - MS/MS 和 GC - MS/MS 等不同方法测定了人乳汁中二苯酮类有机紫外防晒剂的含量，检出率比较高的 3 种化合物为 BP - 3、4 - OH - BP 和 BP - 1，最高浓度依次为 17.4 ng/mL、10.2 ng/mL 和 1.5 ng/mL，此外，BP - 2、BP - 6 和 BP - 8 这 3 种化合物在西班牙妇女乳汁中均被检测到，但含量较低。Schlumpf 等调查了 8 种有机紫外防晒剂在 54 名瑞士妇女乳汁中的含量，除了 BP - 2 和 3 - BC 未检出外，其他 6 种均有检出，检出率由高到低的顺序为 EHMC（77.8%）＞OC（66.7%）＞4 - MBC（20.4%）＞BP - 3（13.0%）＞HMS（5.6%）＞OD - PABA（1.9%），其中，EHMC、OC、4 - MBC、BP - 3 和 HMS 的最高浓度依次为 79.85 ng/g（脂质）、134.95 ng/g（脂质）、48.37 ng/g（脂质）、121.4 ng/g（脂质）和 61.20 ng/g（脂质），OD - PABA 仅在一个样品中检出，浓度为 49 ng/g（脂质）。已报道的美国妇女乳汁中 BP - 3 的最大浓度为 10.4 ng/mL。母乳是婴幼儿的重要食物来源，乳汁中有机紫外防晒剂的检出提示该类化合物可通过母乳对婴幼儿产生暴露风险。

（4）人体组织及其他。Vela-Soria 等最早报道了在人胎盘组织中发现二苯酮类有机紫外防晒剂 BP - 1、BP - 2、BP - 6 和 4 - OH - BP 的残留，其中 BP - 1 的检出率最高，达到 87.5%，最高检出浓度为 9.8 ng/g；BP - 3 和 BP - 8 未检出。随后，这些学者又检测了这 6 种化合物在另外 10 个胎盘样品中的含量，结果仍然发现 BP - 1 的残留，但同时还检测到 BP - 3，浓度范围为 0.7～4.9 ng/g；然而，BP - 2、BP - 6、BP - 8 和 4 - OH - BP 在所有样品中均未检出。最近，Valle-Sistac 等在胎盘组织中首次发现 BP - 4，其检出率为 83.3%，最高浓度为 5.41 ng/g。

还有研究人员报道了孕妇羊水中有机紫外防晒剂的量。Philippat 等调查了孕妇羊水中 BP - 3 的暴露情况，BP - 3 的检出率为 61%，按浓度从低到高，第 5% 的人检测出 BP - 3 的浓度小于 0.4 μg/L，第 95% 的人检测出 BP - 3 的浓度小于 15.7 μg/L。有机紫外防晒剂不论在羊水还是在胎盘组织中的残留都表明这类化合物能够通过胎盘屏障，对胎儿产生暴露风险。

综上所述，在人们使用防晒护理品的同时，有机紫外防晒剂渗透皮肤进入人体，目前已在成年人、儿童、孕妇等不同人群的液体样品（包括尿液、血液、乳液和羊水）和固体组织（包括胎盘组织和脂肪组织）中被发现，该类物质的残留势必会对人体健康产生一定的影响。流行病学调查发现，某些疾病与有机紫外防晒剂的人体内暴露具有相关性。

4）有机紫外防晒剂的流行病学研究

（1）产前暴露与新生儿健康。有机紫外防晒剂在孕妇胎盘组织、羊水和婴儿脐带血中的残留，证实这些化合物能够穿透胎盘屏障而作用于胎儿，因此，孕妇产前暴露可能会对新生儿健康产生一定影响。研究人员分别调查了美国、法国和中

表 8-13　人乳汁中有机紫外防晒剂的含量

国家/地区	年份	检测对象	化合物	检出率/%	范围/(ng/mL)	备注
西班牙,格兰纳达	—	10名哺乳期妇女	BP-3	90	0.03~17.4	
			4-OH-BP	90	0.03~5.8	
			BP-1	80	0.03~1.3	
			BP-2	40	0.03~2.1	
			BP-6	0	ND	
			BP-8	0	ND	
西班牙,格兰纳达	—	10名哺乳期妇女	BP-3	90	0.1~9.6	
			4-OH-BP	70	0.1~10.2	
			BP-1	60	0.2~1.5	
			BP-6	20	0.2~1.9	
			BP-8	20	0.1~2.6	
西班牙,格兰纳达	—	10名哺乳期妇女	BP-3	90	0.2~15.7	
			4-OH-BP	60	0.1~3.9	
			BP-1	90	0.1~0.61	
			BP-6	40	<0.5	
			BP-8	40	0.1~0.73	
瑞士	2004—2006	54名母亲	EHMC	77.8	<LOD-79.85①	巴塞尔大学妇女医院分娩的单生子女的母亲
			OC	66.7	<LOD-134.95①	
			4-MBC	20.4	<LOD-48.37①	
			BP-3	13.0	<LOD-121.4①	
			HMS	5.6	<LOD-61.20①	
			OD-PABA	1.9	49①	
			BP-2	0	ND	
			3-BC	0	ND	
美国,北卡罗来纳州	2004.12—2005.7	10名哺乳期妇女	BP-3	56	0.51~10.4	MAMA研究项目

① 浓度单位为 ng/g(脂质)。

国怀孕妇女尿液中BP-3含量与新生儿发育的关系。Wolff等认为,怀孕妇女妊娠晚期BP-3暴露量与新生儿体重有显著相关性,母亲尿液中BP-3含量较高时,女性新生儿体重较轻,而男性新生儿体重较大。Philippat等也发现男性新生儿体重和头围与产前BP-3暴露量呈正相关,孕妇尿液BP-3浓度最高组与最低组比较来看,男性新生儿体重增加了150 g。然而,Tang等调查了567名孕妇产前BP-3暴露水平,发现产前BP-3暴露对新生儿体重没有显著影响,但可导致胎龄缩短,根据新生儿性别进一步统计分析的结果显示,BP-3产前暴露水平较高组,其男性新生儿的胎龄显著降低,但BP-3浓度与女性新生儿胎龄没有显著相关性。产前BP-3暴露对新生儿体重影响不一致的原因可能是因为暴露量具有明显差异,如美国怀孕妇女尿液中BP-3的检出率高达97.8%,最高检出浓度达到92 700 ng/mL;而我国怀孕妇女尿液中BP-3检出率仅为61.6%,最高检出浓度只有401 ng/mL。

Bae等研究了夫妻尿液中二苯酮类有机紫外防晒剂浓度与出生性别比的关系,结果显示父母亲尿液中BP-3浓度与出生性别比没有显著关系,但其代谢产物BP-2和4-OH-BP却对出生性别比有影响,父亲和母亲尿液中BP-2浓度增加,出生的女孩比男孩多;但母亲尿液中4-OH-BP浓度较高者所生男孩较多。虽然母亲产前BP-3暴露可导致新生儿胎龄缩短,但自然流产与夫妻产前BP-3暴露均没有显著相关性。

先天性巨结肠是小儿常见先天性肠道疾病之一,其发病机制是胚胎形成5～12周时肠神经嵴细胞迁移异常所致。Huo等研究表明,母亲产前BP-3暴露与新生儿先天性巨结肠病有显著相关性。可能是因为BP-3能够使RET表达下调,进而抑制了miR-218-RET通路介导的细胞迁移。

(2)男性生殖健康。Louis等研究了二苯酮类有机紫外防晒剂的暴露水平对夫妻生殖力的影响,发现男性尿液中BP-2的浓度与生殖力水平有关。随后,Louis等进一步研究了二苯酮类有机紫外防晒剂的人体暴露水平与男性精子质量的关系。结果表明,尿液中BP-2和BP-8的浓度与精子质量呈负相关,但BP-3、BP-1和4-OH-BP含量与精子质量没有显著相关性。此外,Chen等认为BP-3暴露水平与男性特发性不育症没有显著关系。然而,Schiffer等发现BP-3、4-MBC和3-BC能够刺激男性精子的阳离子通道活性,导致精子胞内Ca^{2+}浓度增加,特别是4-MBC,还能够干涉精子的各种功能,如改变精子的运动响应、刺激顶体胞外分泌等,从而可能会影响男性生育能力。

(3)妇科疾病。Pollack等研究发现,子宫肌瘤患者尿液中BP-3及其代谢产物BP-1的浓度显著高于非患者。随着尿液中BP-3和BP-1浓度的增加,发生子宫内膜异位的优势比增加,但只有BP-1与子宫内膜异位具有显著相关性,这可能是由于 BP-1 的雌激素活性高于 BP-3 所致。此外,Watkins 等也发现波多黎各孕妇尿液中 BP-3 含量与氧化应激和炎症的相关性。

总之,有机紫外防晒剂在人们使用防晒产品过程中,能够经皮肤吸收进入人体,甚至能够穿过胎盘屏障。流行病学研究发现某些疾病与二苯酮类紫外防晒剂的内暴露水平具有显著相关性,提示有机紫外防晒剂对人体产生了不利影响。

8.1.2.4　除菌剂、消毒剂

除菌剂、消毒剂由于能有效地杀死病菌、去污、去油,被广泛添加于各类生活清洁用品中,随后又被排放进入水体以及其他环境体系,进而进入食物链,蓄积于植物、动物和人体中。三氯生(triclosan,TCS)和三氯卡班(triclocarban,TCC)是常用的杀菌剂,广泛用于高效药皂、卫生洗液、除臭剂、消毒洗手液、卫生洗面奶、空气清新剂、卫生织物的整理和塑料的防腐处理等。研究表明 TCS 和 TCC 的抗菌机制是通过作用于细菌脂肪酸合酶(fattyacidsynthase,FAS)系统中的烯酰基载体蛋白还原酶(enoylacylcarrierproteinreductase,EACPR)抑制脂肪酸的合成,从而达到抗菌作用。

TCS 早在 20 世纪 70 年代就开始用于香皂,如今作为个人护理品成分,添加于大量日化用品中,其添加质量分数为 0.1%~0.3%。TCC 在欧美等国家使用的历史更悠久,根据 EPA 的保守估计全球最大使用量为每年 7.5×10^5 t。通常一块抗菌肥皂中 TCC 质量分数为 2%。随着各种抗菌产品使用量的增加,TCS 和 TCC 在各种环境介质和生物体中被频繁检出,根据 Kolpin 等对美国 30 个州 139 个水域的研究,TCS 是检出频率最高的物质之一,检出浓度为 0.14~2.3 $\mu g/L$。在我国地表水中 TCS 的检出浓度为 0.025~1.023 $\mu g/L$,在污水处理厂进水中,TCS 和 TCC 的检出浓度分别为 1.86~26.8 $\mu g/L$ 和 0.4~50 $\mu g/L$。TCS 和 TCC 两种物质具有强亲脂性,能在各种生物体内累积,在哺乳期母亲的乳汁和血液中也检测到了 TCS。尽管 TCS 和 TCC 在环境中浓度较低,一般检出浓度在 ng/L~$\mu g/L$ 水平,但是已观测到他们在环境中能长时间持续存在。TCC 还有可能引发包括癌症、生殖功能障碍和发育异常等病症的诸多问题,是一种新型的内分泌干扰物(EDC)。因此,这类物质对生态系统造成的潜在影响不容忽视。

对于 TCS 的毒性研究早在 70 年代曾有报道,含 2%、1% 和 0.5% 的三氯生肥皂用于敏感性皮肤,会出现局部过敏反应,浓度越高致敏性越高。据报道,TCS 可以通过微生物转化为甲基三氯生,而在暴露于紫外线后更易转化为氯酚和二噁英。2005 年,英国媒体发布了一则新闻:TCS 与自来水中的氯结合,可变成致癌物"氯仿",一时间将 TCS 推至大众视野中。美国食品药品监督管理局(FDA)在 2010 年对 TCS 的安全性提出质疑,并宣布将就此开展大规模安全性调查,美国环境保护局也证实其有类似农药作用。2010 年 3 月,欧盟也将 TCS 从塑料食品接触材料中可使用的临时添加剂列表中删除。

国内外研究者报道了 TCS 和 TCC 对鱼类、甲壳纲动物、藻类、微生物等的毒性，如表 8-14 所示。有研究表明长期暴露于高浓度的 TCS 环境下，会影响水生生物的甲状腺发育，并干扰其基因表达水平。Gonzalez-Doncel 等研究指出，当 TCS 在水体中的浓度达到 150 ng/L 时，便会影响蝌蚪甲状腺激素受体的表达，使其游泳能力减退，同时抑制其增长。当该类物质的水体残留量高达 600 $\mu g/L$ 时，鱼体死亡率增高，鱼卵中卵黄含量增多，证明了其具有内分泌干扰作用。Dviad 等通过对 TCS 的水生生态毒性研究发现，TCS 对大型溞急性毒性的 48 h-EC_{50} 为 390 $\mu g/L$，对黑头呆鱼的急性毒性 24 h-LC_{50} 为 360 $\mu g/L$，对淡水藻生长抑制 72 h-EC_{50} 为 2.8 $\mu g/L$。Foran 等发现 TCS 对鱼类体内雄性激素的分泌有影响。相比之下，TCC 的毒性研究起步较晚，毒性数据较少。研究表明，TCC 对淡水藻生长抑制 72 h-EC_{50} 为 20~30 $\mu g/L$，对巴伊亚拟糠虾（Mysidopsis bahia）急性毒性 96 h-EC_{50} 为 10~13 $\mu g/L$，对蓝鳃鱼和虹鳟鱼的急性毒性 96 h-LC_{50} 分别为 97 $\mu g/L$ 和 180 $\mu g/L$。Ben 等对一种淡水螺的研究发现，将螺去壳 TCC 暴露 4 周后，最低效应浓度（LOEC）和最低无效应浓度（NOEC）分别为 0.2 $\mu g/L$ 和 0.05 $\mu g/L$，EC_{10} 和 EC_{50} 分别为 0.5 $\mu g/L$ 和 2.5 $\mu g/L$，并表明 TCC 作为一种新生的 EDC 具有与传统 EDC 相类似的生态风险。

表 8-14　TCS 和 TCC 对不同模式生物的生态毒性作用研究

模式生物	毒性终点	参　数	暴露时间	TCS/($\mu g/L$)	TCC/($\mu g/L$)
黑头呆鱼	LC_{50}	急性毒性	24 h	360	—
	NOEC	卵存活率	48 h	270	—
			72 h	270	—
			96 h	260	—
			35 d		5
青鳉	LC_{50}	急性毒性	96 h	602	—
	NOEC	卵存活率	21 d	156	
小球藻	EC_{50}	生长抑制	96 h	65	—
淡水螺	NOEC	胚胎繁殖	28 d		0.05
	LOEC				0.2
蓝鳃太阳鱼	LC_{50}	急性毒性	24 h	440	—
			48 h	410	—
			96 h	370	—
虹鳟鱼	LC_{50}	急性毒性	96 h		120
	NOEC	鱼卵存活率	96 h		<49
	NOEC		35 d		5

（续表）

模式生物	毒性终点	参　数	暴露时间	$TCS/(\mu g/L)$	$TCC/(\mu g/L)$
大型蚤	LC_{50}	急性毒性	48 h	390	
	NOEC	繁殖率	21 d	40	2.9
	LOEC	繁殖率	21 d	200	4.7
巴伊亚拟糠虾	EC_{50}	急性毒性	96 h		10～13
	NOEC	繁殖率	28 d		0.06
	LOEC	繁殖率	28 d		0.13
	EC_{50}	繁殖率	28 d		0.21
四尾栅藻	EC_{50}	生长抑制	72 h	2.8	20～30
	NOEC	生长抑制	96 h	1.4	
	EC_{25}		72 h	0.5	
	EC_{50}		96 h	0.69	
			72 h	2.44	
			72 h	4.46	
项圈藻	EC_{50}	生长抑制	96 h	1.6	—
	NOEC		96 h	0.81	
活性污泥混合液	EC_{50}	急性毒性	5 min	2.39×10^5	—
硝化细菌	MIC[①]	—		500	
大肠杆菌	MIC		—	300	
			18 h	200～80 000	
			18 h	25～40 000	
费氏弧菌	EC_{50}	异养活动	5 d	38 200	—
			10 d	31 500	
梨形四膜虫	EC_{50}	生长抑制	24 h	579	
		MTT		579	
人肝癌细胞	EC_{50}	MTT	24 h	41 688	—
（HepG2）		NRU		11 580	
		AlamarBlue		23 449.5	
		CFDA‑AM		40 530	

①　MIC：最小抑菌浓度。

目前，该类物质在污水处理厂的去除效果并不理想，残留的 TCS 和 TCC 会随出水排入海洋和河流中，在底泥中积累。

8.2　EEDC 及潜在健康风险

1933 年，科学家 Cook 在 *Nature* 上发表了关于合成雌激素的论文，雌激素的应用价值得到了广泛关注。在随后几十年中，大量的化学物质被应用到生活与生产中，但它们对环境所造成的伤害却被严重低估了。1991 年 7 月，来自生态学、生物学及毒理学等多个领域的科学家在美国威斯康星州召开会议,会议主题为"性发育的化学诱导变化:关系动物和人类"。大会讨论了多种环境污染物对野生动物与人类生长、发育及内分泌系统造成的影响,并首次提出"内分泌干扰物"(endocrine disruptors, ED)这一术语。此后大量研究发现,人们生产生活中广泛应用的许多化合物都会对动物以及人类的内分泌系统造成干扰,影响机体正常的生殖、免疫、神经等功能。现在,环境内分泌干扰物(environmental endocrine disrupting chemicals, EEDC)通常指能够干扰生物机体内正常激素的合成、释放、代谢等过程,并对内分泌系统功能产生诱导或抑制效果,从而破坏其维持机体生殖、发育和行为稳定性及调控作用的外源性化学物质。目前,在水、大气、土壤、沉积物、植物、动物组织甚至人体中均检出此类物质。呼吸、饮水、进食、皮肤接触,甚至静脉输液等方式,使得人类或野生动物体内存在着多种 EEDC 混合物。美国疾病预防与控制中心(CDC)调查显示,90%以上的随机挑选的调查对象体内含有多种农药成分或其代谢产物,结果不容乐观。目前,此类化学物质对生物体内分泌系统的干扰问题受到全世界的高度关注。

8.2.1　EEDC 的性质

EEDC 一般都具有苯环结构,如二噁英类、DDT、PCB、双酚 A、苯乙烯二聚物、p-壬酚、苯二甲酸氢酯(DEHP)、丁基羟基甲苯(BHT)等。EEDC 的分子尺寸很小,相对分子质量为 $150\sim400$。分子结构与生物机体内的激素相类似。此类污染物毒性较高,进入靶细胞后,会与生物机体内激素竞争性地结合甾类受体,从而形成激素-受体复合物,以进入细胞核中与 DNA 结合,改变细胞功能,扰乱生物机体内分泌系统的正常代谢。环境中的内分泌干扰物大多数为脂溶性化合物,不含有强亲水性基团,不易溶于水而脂溶性却很强。它们化学性质都比较稳定,生物衰减性差,动物通过食物摄入体内后即富集在脂肪组织中,很难被分解代谢出来,而在生物机体内的浓度也会随着营养级的升高而逐步增加。在此种生物放大作用下,即使刚开始进入环境中的毒物极为微量,也会对生物机体的内分泌功能造成损害,从而影响到生殖行为使生殖机能异常,进而引起生物机体生育力下降、繁殖损伤,并最终导致种群数量下降,甚至物种灭绝。

8.2.2　EEDC 的种类及来源

EEDC 的种类总的来说可分为内源性激素和外源性激素两大类。内源性激素主要由卵巢合成分泌,包括雌二醇、雌酮和雌三醇等,其中以雌二醇的活性最高。雄性和雌性动物体内都存在一定比例的雌、雄激素,它们都由胆固醇衍生而来,可以互相转变。外源性激素是模拟雌激素作用的一类化学物质,其在结构或功能上与内源性雌激素相似,可模拟或干扰内源性雌激素与受体的结合,又称为环境雌激素。环境雌激素可以分为人工合成雌激素(口服避孕药和一些用于促进家畜生长的同化激素等)、生物来源雌激素(异黄酮、玉米赤霉烯酮等)和环境化学污染物[多氯联苯、二噁英类、有机氯农药、邻苯二甲酸酯、双酚 A 以及一些重金属(Pb、Hg、Cd)]。

环境中主要的 EEDC 是类固醇性激素、烷基酚类、多溴联苯和邻苯二甲酸酯类等,其中以除草剂为主的农药类占有相当大的比重。在 1999 年世界自然基金会的一份报告"环境中被报告具有生殖和内分泌干扰作用的化学物质清单"中,列出了 125 种 EEDC,其中约 2/3 是农药,共有 86 种。这些农药在化学结构上主要为有机卤化合物、氨基甲酸酯类、氯代环戊二烯或莰烯类、取代脲或硫脲类、有机磷酸酯类、拟除虫菊酯类、含氮杂环类、取代苯类等。

烷基酚类是国际上各类环境机构和科研团体尤为关注的 EEDC 物质。烷基酚类中最主要的是壬基酚(NP)、辛基酚(OP)以及壬基酚类化合物 NPEO 和 NPEC等。烷基酚类本身虽然不是农药,但被广泛地用作农药乳化剂和塑料增塑剂等,因而高浓度的烷基酚类化合物可以出现在相关工业的排放废水当中。烷基酚类在环境中污染广泛,而且其雌激素活性较高。

双酚 A(BPA)也是目前比较常见的一种典型的环境激素,其作为苯酚和丙酮的重要衍生物,是重要的有机化工原料,主要用于生产多种高分子树脂材料如环氧树脂、聚碳酸酯、不饱和聚酯树脂、聚苯醚树脂等。双酚 A 在其他化工产品(如增塑剂、橡胶防老剂、涂料、抗氧剂、阻燃剂、热稳定剂、农药、杀真菌剂、染料等)的生产中也有重要的应用。双酚 A 还与人们的日常生活息息相关,如金属材料的涂层(包括食品罐头、瓶盖的内衬材料)和供水管、食品及饮料的包装等中均有其身影。

8.2.3　EEDC 的危害

1) EEDC 对生殖系统的危害

生物体生殖系统的功能是分泌性激素和维持第二性征,与雌雄性激素、甲状腺激素等激素密切相关。而大多数内分泌干扰物具有雌激素及抗雄激素的作用,故此类干扰物对生物体的生殖系统影响尤为显著,特别是处于发育过程中的生物体。内分泌干扰物会导致生物体内性激素的合成与代谢发生紊乱,进而发生一系列的生殖问题。就动物而言,最让人印象深刻的莫过于美国佛罗里达州淡水湖中的短吻鳄鱼变异。经历有机氯农药三氯杀螨醇泄漏事故后,湖中的鳄鱼数量急剧减少至一成,幸存的雄性鳄鱼的阴茎则普遍变小;雌性鳄鱼的卵巢也普遍发生畸形,卵的孵化率从 90% 急剧下降到 18%。科研人员对短吻鳄鱼血液内的激素水平进行检测,发现其体内蓄积了大量的有机氯农药 DDT(三氯杀螨醇的代谢产物),进而可推测鳄鱼体内紊乱的内分泌系统和异常的性发育极大可能是由于 DDT 的类激素作用造成的。同样,对人类而言,内分泌干扰物质所造成的机体影响非常值得我们关注,可能会导致女性青春期提前、不孕与不良妊娠、生殖道畸形、多囊卵巢综合征、子宫内膜异位症、卵巢早衰甚至乳腺癌;男性精子密度和质量下降、睾丸发育不全综合征、男性性欲下降甚至前列腺癌。

2) EEDC 对免疫系统的危害

生物体中内分泌系统与免疫系统密切相关,系统中神经递质、激素和细胞因子的相似度也非常高,并且几乎所有的免疫细胞上都有着内分泌激素受体。外源内分泌干扰物的侵入会打乱生物体的内分泌系统,改变体内各激素水平,从而影响免疫系统的功能,具体表现为体液免疫及细胞免疫抑制、抗病毒能力下降、抗体产生能力下降,加速自身免疫性病变的发生。调查发现人类接触有机磷农药、有机氯农药、金属类化合物等内分泌干扰物后,机体免疫功能会受到影响,导致机体免疫抑制或过度反应。目前,内分泌干扰物对生物体免疫系统所造成的伤害可从免疫细胞以及免疫相关基因的表达上体现出来。有研究发现,美洲拟鲽注射一定量的壬基酚后,肝脏中补体 C3、C8b 和 C9 都表现出不同的抑制表达。研究发现,类固醇激素对白细胞造成影响的同时亦会对巨噬细胞造成很大的影响,通过抑制活性氧的产生起抑制免疫调节作用。

3) EEDC 对神经系统的危害

动物的大脑发育过程复杂而精确,包含有神经细胞的增殖、分化、迁移以及突触和髓鞘的形成等,建立在一系列基因、神经递质、激素及生长因子的精细调控下,且发育过程中包含多种内分泌激素,如性激素、甲状腺激素。环境内分泌干扰物可直接作用(非激素介导途径)于生物体的神经系统,对神经细胞的多巴胺造成干扰,引起生物体神经功能的障碍;也可先作用于神经内分泌系统,影响内分泌系统中激素的合成与传输(激素介导途径)并致使其在靶器官的效应发生改变,最终通过反馈作用以影响神经系统发育与功能。大脑神经分泌系统在生物体内分泌系统中通常作为调节中枢,通过下丘脑-垂体-靶腺轴,从而影响下丘脑下游各激素的合成代谢及功能发挥等,进而影响生物体内神经相关功能。因此,环境内分泌干扰物的暴露不仅会干扰大脑的正常发育和功能,也会干扰神经分泌中枢对下游内分泌系统的调控作用。

4) EEDC 的致癌作用

环境内分泌干扰物主要作用于细胞,通过改变细胞染色体的结构与数目、改变细胞核及某些基因所携带的遗传信息并抑制微管聚合,以使某些细胞及组织的生长无法控制,进而引起肿瘤的发生。过去的半个世纪里,世界各地的女性乳腺癌发病概率明显上涨,这无不与现代女性一生中(主要为幼年期、青春期及成年期)暴露的过多激素类物质有关,尤其是一些内分泌干扰性物质。此外,人类男性患睾丸癌、前列腺癌的概率也逐年上升。流行病学及动物研究发现,前列腺癌的发病与某些环境内分泌干扰物暴露密切相关。其中,Morrison、Meyer 及 Alavanja 等人的 3 项大样本人群职业暴露与男性前列腺癌相关性的研究最值得关注。研究指出,前列腺癌的发生与多种农用杀虫剂存在着密切关系,并且罪魁祸首正是所研究的几种杀虫剂共同含有的成分——硫代磷酸酯类物质。虽然硫代磷酸酯类物质不具有直接的拟雌或抗雄激素活性,但对参与人体内甾体类激素合成代谢的细胞色素 P450 酶系活性具有明显的抑制作用,从而对男性的生殖内分泌系统造成极大的影响,甚至造成男性前列腺癌的发生。

5) EEDC 对甲状腺的危害

EEDC 能够通过抑制甲状腺中过氧化物酶的活性,从而引起甲状腺肿大。研究表明,锂元素通过抑制甲状腺激素的合成与释放,能够引起甲状腺肿大;而生物体受到大量的锰、铊侵入后,反而会导致甲状腺体萎缩。内分泌干扰物的侵入还会直接影响生物体内甲状腺激素的分泌、合成及代谢等过程,破坏生物机体血液中的甲状腺激素水平,从而导致激素水平及甲状腺功能的降低。此外,干扰物质还可作为甲状腺激素受体激动剂与激素受体相结合,以模拟甲状腺激素作用来干扰甲状腺激素信号传导通路,进而影响甲状腺功能。研究发现,某些羟基化多氯联苯化合物能够与甲状腺激素受体相结合,可调节与甲状腺激素受体介导相关基因的表达,从而影响甲状腺功能。近年来的流行病调查表明,平常生活中与此类干扰物质接触较多的人群,甲状腺肿大、腺功能异常甚至于甲状腺肿瘤的发病率远高于普通人群。其中,多氯联苯对甲状腺所造成的潜在致癌作用已得到学者的研究确认,研究还发现内分泌干扰物能够促进 T4 葡萄糖醛酸化作用,这极有可能是引起甲状腺肿瘤的主要原因之一。

8.2.4　EEDC 的毒性作用机制

环境中内分泌干扰物的种类繁多,化学性质差异较大,对生物机体造成的影响也十分复杂,内分泌干扰物发挥的毒性作用机制可以概括为如下六点。

1) 与受体结合

环境中的雌激素类内分泌干扰物能够模拟天然雌激素与生物机体内的雌激素受体结合,从而形成配体-受体复合物。复合物再与细胞核内靶基因上游启动子区域的雌激素反应元件(ERE)结合,从而直接或间接(与其他转录因子作用)地影响靶向基因的转录。某些分子结构与雌激素相似的干扰物质可竞争性地结合细胞中的受体,虽不能发挥雌激素活性,但可表现为拮抗雌激素效应以干扰生物机体的内分泌作用。当然在核受体超家族中,除了雌激素受体(ER)外,还包含多种受体,如雄激素受体(AR)、孕激素受体(PR)等类固醇激素受体及甲状腺激素受体(TR)。

对于雄激素受体来讲,雌激素与雄激素竞争性结合受体作为拮抗剂,在蛋白酶的作用下对受体进行降解,影响雄激素受体与 DNA 的结合,从而抑制雄激素反应基因的转录,进而导致生物体生殖紊乱。

2) 与生物大分子结合

EEDC 进入细胞后,能够与胞浆中的芳香烃受体结合形成复合物,在核转位蛋白的作用下,导致复合物与自身伴有的两个热休克蛋白发生解离,转而与核转位蛋白结合。结合产物进入细胞核后,又能与 DNA 上的反应元件再次结合,致使 DNA 的空间关系发生改变,从而造成基因损伤。

3) 影响机体内激素的合成与代谢

EEDC 进入生物机体后,某些代谢酶活性或生物合成受到诱导或抑制,从而改变内源性激素的合成与代谢,进而引起内分泌功能紊乱。研究发现,多氯联苯(PCB)能够对机体肝脏的细胞色素 P450 酶的活性产生诱导作用,导致内源性激素的代谢加速,从而间接干扰机体的内分泌系统,造成系统功能的紊乱。磺基转移酶可以通过磺化作用使生物机体雌激素 E2 失活,促进雌二醇的代谢。但烷基酚类及某些多卤芳烃类内分泌干扰物进入生物机体后,其代谢产物却能够抑制磺基转移酶的活性,从而延长 E2 的生物半衰期,导致机体器官中的内分泌干扰物残留过多,从而对机体内分泌系统产生显著的干扰作用。

4) 影响机体内自由基含量

受 EEDC 暴露影响后机体内过量增加的自由基也为环境雌激素损伤生物机体的机制之一。生物体中存在着活性氧产生与清除的动态平衡,体内过多的活性氧蓄积将会抑制生物体自身氧化防御作用,从而导致氧化压迫,损伤细胞内生物大分子和细胞间反应的动态平衡,最终造成生物机体的氧化损伤。如斑马鱼胚胎受钴暴露后,体内羟基自由基水平与脂质过氧化反应水平明显提高,而体内过氧化氢酶、超氧化物歧化酶、谷胱甘肽过氧化物酶等抗氧化酶的活力却受到显著抑制,从而可发现钴可诱导斑马鱼体内自由基的产生,并对机体造成一定的氧化损伤。

5) 影响细胞信号转导通路

除受体途径外,EEDC 还可以通过细胞信号(与激素受体无关)转导途径发挥作用,其能够直接抑制细胞内某些酶(如 Ca^{2+} - ATP 酶、磺基转移酶)的活性。研究表明,某些内分泌干扰物质由于其脂溶性质能够嵌入并蓄积在细胞膜中,从而降低细胞膜上 Ca^{2+} 泵的活性,干扰生殖细胞内 Ca^{2+} 的稳定以影响生物体的生殖能力。此外,某些干扰物质还可通过改变 G 蛋白偶联受体(GPCR)的基因表达进而影响 G 蛋白偶联的信号转导。

6) 影响内分泌系统与其他系统的协调作用

生物体作为统一的整体,由多个系统协调组成,其中包括内分泌系统、呼吸系统、神经系统、运动系统、循环系统、免疫系统、生殖系统、泌尿系统等,八大系统之间相互作用,相互影响。故当内分泌系统受内分泌干扰物影响时,其他系统同样也会受到影响,机体正常的激素平衡遭到破坏,从而影响生物机体的系统功能。EEDC 进入生物机体后,通过影响下丘脑、垂体、性腺,导致体内促性腺激素、促卵泡激素、促黄体生成素的分泌异常,对生物体的生殖系统(精子与卵子发育)造成影响。就鱼类来讲,发育期间鱼体内类固醇激素发生周期性变化的同时,体内免疫参数及神经行为也均发生变化以增强自身的抗病能力。因此,内分泌干扰物不仅对生物机体的内分泌系统造成影响,免疫系统、生殖系统、神经系统同样也会受到影响。

8.2.5　典型的 EEDC

1) 双酚 A

双酚 A(BPA),别名二酚基丙烷,化学名称为 2,2 -二(4 -羟基苯基)丙烷,一般为白色针晶或片状粉末;正辛醇/水的分配系数 $\lg K_{ow}$ 为 3.4,难溶于水,易溶于甲醇、醋酸、丙酮、醚和碱性溶液,微溶于四氯化碳,挥发性很低。双酚 A 作为典型的环境内分泌干扰物质,高产且持久性低,在人类生产与生活中得到广泛的应用。双酚 A 是苯酚和丙酮的重要衍生物,广泛应用于生产聚碳酸酯塑料和树脂,在许多消费类产品中都被发现,包括婴儿奶瓶、玩具、聚碳酸酯水瓶、食物储藏容器、环氧树脂内衬食品罐、牙齿密封剂、供水管道、医用导管以及香烟过滤嘴等。

由于双酚 A 的广泛用途,它已成为全球生产量最大的化学原料之一。2008年,双酚 A 全球生产量超过 5×10^6 t,并且以每年 7% 的速度增长。水环境中的双酚 A 与人类活动密切相关,主要来源于污水处理厂不达标排放和垃圾的不合格填埋。研究表明,常规的污水处理厂并不能将污水中的双酚 A 完全降解去除,还有少部分会随着污水排放进入水环境中。而垃圾渗滤液中的双酚 A 含量则更高,Yamamoto 等调查发现某些垃圾处理厂中渗滤液双酚 A 含量最高可达 17.2 mg/L,平均含量也达到 269 μg/L。尽管经垃圾处理厂处理后渗滤液中双酚 A 的含量会大幅降低,但排放的处理液双酚 A 含量也达到 500~5 100 ng/L,这已成为水环境中 BPA 的一个重要来源。虽释放到水环境中的双酚 A 半衰期短,但由于日常生活中含双酚 A 产品的大量生产与使用,其仍然可以对水生环境造成一定的污染。

早在 1995 年,Brotons 等人就从罐装食品中检测到了双酚 A 的存在,引起了广大科研工作者对双酚 A 安全性的研究热潮。由于双酚 A 急性毒性较低,人们所能接触到的含量也较低,故含有双酚 A 的产品一直十分畅销。虽然塑料行业一直声称双酚 A 是安全的,但是近年来,随着越来越多关于双酚 A 的不良事件的披露及大量关于双酚 A 不良效应研究成果的发布,其能够对野生动物和人类造成的潜在不利影响还是引起了人们的高度关注。挪威、法国、美国、加拿大等多个国家及地区都相继发布了关于食品包装材料中禁止使用双酚A的法律法规。

就急性毒性来讲,双酚A属于低毒性化学物质,大鼠口部摄入双酚A的半数致死剂量为 3 250 mg/kg,而经呼吸道摄入的半数致死剂量为 0.02%。但在日常生活中,人们通过皮肤、呼吸道、消化道等途径均可接触到双酚A,并可造成中等强度的刺激性。目前研究最为广泛的就是双酚A对生物体所造成的生殖毒性影响。王宏元等发现双酚A也能够对林蛙精巢中的生精细胞造成损伤,抑制精巢中精子的排出,致使大量的精子仍以精子囊形式停留在生精小管中,从而影响雄性林蛙的受精过程。Zoeller等人报道了暴露于双酚A的妊娠期和哺乳期的大鼠其子代血清中的甲状腺素含量显著增加。Sohoni等研究表明,双酚A能够抑制雄鱼和雌鱼的性腺生长和发育以及鱼类的性别分化,造成性腺两性化(即性腺中既有精母细胞,也有卵母细胞),且会对所产胚胎造成损伤。Torilohlro的研究发现当非洲爪蟾胚胎暴露于高浓度双酚A后,其胚胎发育出现脊椎弯曲、头部和腹部发育缺陷等异常状况。

除了生殖发育毒性,有关免疫毒性、神经发育毒性等内分泌干扰效应也备受学者们的关注。双酚A可通过模拟天然雌激素17b雌二醇以竞争方式与雌激素受体(ER)结合,再与DNA上雌激素反应元件相结合,进而影响靶向基因的转录。Lindhoslst等发现,给虹鳟鱼注射双酚A 5～7天后,其体内卵黄蛋白原含量发生变化,这可能是由于双酚A与ER介导过程影响了生物体内的卵黄原蛋白的合成。研究发现,暴露于双酚A中的雄性青鳉鱼卵的卵壳前体蛋白 Choriogenin H 和 L 被诱导,且呈剂量效应关系。在动物发育过程中,双酚A所产生的副作用会改变动物生殖能力,降低体内细胞的免疫活性,改变和破坏神经系统,甚至还会导致内分泌相关癌症发病率的增加。在神经毒性等方面,小鼠活体研究已证实双酚A会对小鼠大脑造成一定的影响,其会干扰中间前体细胞的细胞周期(IPC),影响新皮层中的神经形成的同时改变小鼠的大脑功能,从而改变小鼠的行为。最近,已有研究证实双酚A会通过雌激素受体介导的 ERK 1/2 信号通路导致海马神经元中树突形态异常。陈蕾等研究了双酚A对动物和新生儿脑和行为发育的影响,发现许多与行为相关脑区的结构、递质系统等均受到双酚A的影响,如下丘脑、脑干蓝斑和海马等脑区。

2) 二噁英类

二噁英是一类具有相似化学结构、理化性质和生物学特性的多氯代三环芳香族化合物的总称,主要包括多氯代二苯并对二噁英(polychlorinated dibenzo-p-dioxins, PCDD)、多氯代二苯并呋喃(polychlorinated dibenzo-p-furans, PCDF)两类。二噁英被普遍认为是内分泌干扰毒性最强、影响最广、最具代表性的物质。二噁英的来源广,其性质稳定、不易降解、高脂溶性,通过食物链传递和生物富集,对人类健康的危害很大。二噁英作为一种 POP,对环境的污染和对人类的危害是近二十年来世界各国所普遍关心的问题。

二噁英类化合物的结构中都含 2 个氯代芳烃环和 1 个氧杂环,这种稠环结构的苯环上的碳原子连接的氢原子可被氯原子取代,形成 PCDD 和 PCDF。在上述 PCDD 和 PCDF 两类化合物中,依据苯环上氢被氯取代的位置,PCDD 可形成 75 种同系物、异构体。PCDF 只有一个氧原子具有不对称结构,可形成 135 种同系物、异构体。PCDD 和 PCDF 相加共有 210 种同系物、异构体。由于至少是一个以上的氯取代,因此称为 PCDD 和 PCDF。二噁英毒性极强,而且毒性与其化学结构有关,当苯环上 2,3,7,8 位的氢被氯取代时,形成的最具有二噁英活性的同系物、异构体有 29 种,其中以 2,3,7,8-四氯二苯并对二噁英(TCDD)毒性最强。

二噁英是一类非常稳定的脂性固体化合物,难溶于水,在强酸、强碱及氧化剂中仍能稳定存在,可溶于大部分有机溶液,所以容易在生物体内积累。自然界中的微生物降解、水解及光解作用对其结构影响很小,在高温下仍很稳定,750 ℃以上才会分解。局部产生的二噁英又可借助于大气环流、洋流、生物迁徙等进行迁徙,同时,二噁英不易为生物有机体所降解而极易通过食物链在生态系统内进行生物富集。因此,二噁英不仅存在全球范围的污染,而且由于环境中的持续存在将对野生动物和人类造成难以预计的长远影响。

二噁英在自然界并非天然存在,它们通常是在人类工业生产和生活活动中产生的副产品,环境中的二噁英来源主要有以下几种:一是工业生产中一些化学品的副产品,如在生产三氯苯、五氯酚、五氯酚钠的过程中会产生二噁英;生产杀虫剂、防腐剂、除草剂和油漆添加剂等化工过程;此外,在有色金属冶炼、纸和纸浆的氯漂白过程中也会产生二噁英。我国五氯酚/钠产品中杂质二噁英的年产量超过 100 kg,我国又是氯碱生产大国,氯碱工业产生的盐泥可导致大量二噁英排放,因此,我国二噁英污染更为严重。二是垃圾焚烧,城市生活垃圾和医院废弃物的焚烧是二噁英产生的主要来源。随着我国垃圾焚烧比例的加大,二噁英的环境排放量将进一步增加,由此产生的二噁英污染问题将更加严重。三是自然界来源,如森林火灾、火山爆发等可以产生少量二噁英;四是汽车尾气,汽车尾气的排放也会产生二噁英。

二噁英是目前发现的无意识合成的副产品中毒性最强的化合物。尤其是 TCDD,被称为"地球上毒性最强的毒物"。二噁英有强烈的致癌、致畸、致突变的毒性作用,能对人体的免疫系统、生殖系统、神经系统、内分泌系统等产生严重损伤,并危害肝脏、眼睛、皮肤等多种器官的功能。

二噁英可使野生动物的繁殖能力下降甚至濒于灭绝。人类的生殖健康也同样受到威胁,表现为男性精子数减少、精液质量下降、不育率增高、性腺发育不良、性功能降低、雄性激素水平改变、激素和行为反应女性化、生殖器官肿瘤发病增加和先天性畸形增多等;女性激素水平改变、受孕率降低、流产率增加、月经周期改变及子宫内膜异位症等。流行病学研究显示男性工人血清二噁英浓度与睾酮水平呈负相关,与促卵泡生成素(follicle-stimulating hormone,FSH)和促黄体激素(luteotrophic hormone,LH)水平呈正相关。二噁英对于男性生殖的影响究竟有多大,目前还无法明确,但众多报道证明睾丸是对二噁英极为敏感的器官。二噁英对雌性动物具有抗雌激素作用,表现为子宫重量减轻,受孕或坐窝数减少,卵巢卵泡发育和排卵障碍。二噁英对雄性生殖系统的发育影响尤为突出。众多实验研究表明:TCDD对睾丸的形态和功能可产生多方面的影响。雄性哺乳类动物二噁英染毒后均可发生睾丸和附睾重量下降、精子数目明显减少、精子运动能力下降等现象。动物实验还表明,TCDD可诱导精子的氧化应激,使抗氧化酶活性降低,脂质过氧化反应增加。

二噁英除了能干扰体内性激素代谢外,还可以改变体内胰岛素、甲状腺激素的代谢水平。大鼠二噁英慢性暴露后可以使胰腺组织发生腺泡上皮细胞变性增生、慢性活动性炎症等非瘤性病变。胰腺的代谢障碍可能波及分泌胰岛素的胰岛组织代谢,引起体内胰岛素代谢紊乱。大鼠二噁英慢性暴露后在甲状腺组织可以观察到可逆性细胞增殖、细胞增殖周期蛋白表达增强以及凋亡细胞数目增多等。细胞异常可能与二噁英干扰甲状腺激素正常代谢有关。

8.3 纳米材料与健康

纳米材料的广泛应用使得研究者、生产者和消费者将有更多的机会与之接触。纳米材料因其小尺寸的特性所以在人体和环境中具有高的运动能力,从而可以通过呼吸道、消化道及皮肤等多种途径进入人体。对于职业暴露者,纳米材料多是直接通过皮肤吸收或呼吸道暴露进入人体的。对于消费者,大量包含纳米材料的消费品的使用,特别是那些与人体直接接触的商品,如防晒剂(含 TiO_2 或 ZnO 纳米颗粒)和化妆品等的使用,使其面临纳米材料暴露的风险。此外,用于食品中的纳米颗粒添加剂等的使用也可以通过消化道进入人体。而纳米药物的使用,使得纳米材料在诊断和治疗的过程中通过静脉注射或滴注的方式进入人体。由此可见,纳米材料在生产和使用的过程中,会通过很多途径进入人体。

纳米材料有如下环境健康风险。

1) 在呼吸道沉积

纳米颗粒在呼吸道沉积的机制与大颗粒不同,前者主要是通过弥散或与气体分子碰撞而沉淀,而后者则通过惯性撞击、重力沉降和拦截。国际辐射防护委员会

(ICRP)在 1994 年的研究指出,纳米颗粒可以在人类呼吸道及肺泡中沉积,而且不同尺寸的纳米颗粒沉积在呼吸道不同的区域。粒径为 1 nm 的颗粒 90% 左右沉积在鼻咽部,其余 10% 沉积在气管支气管区,肺泡中几乎不沉积;粒径为 5~10 nm 的颗粒,在上述 3 个区域的沉积均为 20%~30%;粒径为 20 nm 的颗粒,有 50% 左右沉积在肺泡内。近来的多项研究也都发现纳米材料可以在动物的呼吸道各段和肺泡内沉积。虽然被人体吸入的纳米材料质量浓度并不高,但由于粒径极小,数量极大,所有这些都为纳米材料致肺脏损伤提供了可能。

沉积在上呼吸道(鼻、咽、喉部位)的颗粒,通过黏膜纤毛的迁移运送到鼻腔后部,或通过打喷嚏、呼气来清除。沉积在肺泡内的颗粒主要通过肺泡巨噬细胞吞噬,然后经黏膜纤毛的提升被清除。这种清除机制与颗粒大小密切相关。有研究发现,大鼠肺泡巨噬细胞对相同质量、尺寸为 20 nm 和 250 nm TiO_2 的粉末清除半衰期分别为 541 天和 177 天,表明颗粒尺寸越小,越难被巨噬细胞消除。

2) 机体组织间迁移

纳米材料进入机体后,可以向周围组织甚至更远的范围迁移。对于吸入的纳米颗粒,观察到最多的迁移方式是纳米颗粒由呼吸道表面向黏膜下组织迁移。而纳米颗粒在肺泡区域的沉积为其在肺组织中的吸收提供了可能性。在单壁碳纳米管(SWNT)的肺部毒性研究中,研究人员观察到了 SWNT 向大鼠肺间质组织转移的情况。另有研究表明,沉积在肺泡区域的纳米颗粒能够通过肺泡毛细血管壁屏障进入血液循环。早在 1977 年,研究人员给大鼠气管滴注粒径为 30 nm 的金颗粒,发现暴露后 30 分钟肺毛细血管的血小板中有大量的颗粒存在。Takenaka 发现大鼠吸入低浓度的单质银颗粒(100 nm)6 小时后,血液中银的水平显著升高。这些结果均表明沉积在肺泡中的纳米颗粒进入了毛细血管。

3) 影响中枢神经系统

研究表明,纳米颗粒能够通过嗅觉转运进入中枢神经系统,那么进入中枢神经系统的纳米颗粒是否导致其损伤是研究人员关注的问题。Elder 等研究了大鼠吸入超细二氧化锰(MnO_2)颗粒(30 nm)对中枢神经系统的影响,发现 MnO_2 颗粒诱导了嗅球 TNF-α mRxA 和蛋白的表达,并导致巨噬细胞炎性蛋白-2、胶质纤维酸性蛋白、神经细胞黏附分子 mRNA 显著升高。这些结果均表明中枢神经系统是纳米颗粒物吸入暴露的一个关键的靶器官。

4) 诱导肝损伤

由于肝脏结构和功能的特殊性,很多物质在肝细胞内代谢转化使其毒性减弱或消失。研究表明,纳米颗粒进入人体内以后,能够迅速被肝、脾等网状内皮系统的单核吞噬细胞所吞噬。纳米材料诱导的肝损伤主要表现为肝组织病理损伤、炎症反应或组织坏死,其损伤机制为细胞色素 P450 的激活、乙醇脱氢曲的激活、膜脂质过氧化、蛋白合成的抑制、Ca^{2+} 平衡破坏等。Fernandez 等研究了聚氰基丙酸酯(PACA)纳米颗粒在大鼠体内的亚急性毒理学效应,发现 PACA 迅速被肝组织摄取,并使肝组织产生可修复的炎症反应,如酸性植物蛋白的水平升高、白蛋白的水平下降等。

5) 其他损伤

肾脏是可以排出体内大部分毒性物质的重要器官。已有研究表明,纳米颗粒能够通过肾脏进行排泄从而导致明显的肾损伤。Chen 等考察了纳米铜颗粒的急性口服毒性,发现肾脏是纳米铜急性口服暴露的一个靶器官。

讨论题:

(1) 多个国家政府近年来为什么宣布禁止婴幼儿用品中双酚 A 的使用?

(2) 感冒需要服用抗生素吗? 抗生素的滥用对我们环境会造成什么影响?

(3) 纳米材料用到日常生活中安全吗?

第 9 章　化学污染物的安全性与环境健康危险度评价

目前,全世界每年约有 1 500～2 000 种新的化学物质投入市场。众多的化学物质给人类带来了发展和效益,然而,部分化学品对环境和人体造成的损害也成为各个国家共同面临的挑战。因此,评价化学品的安全性及化学品对人体健康是否会造成危害是一项十分重要的任务。

9.1　化学污染物的安全性评价

2015 年 7 月 1 日,美国化学文摘社(Chemical Abstracts Service,CAS)宣布收录第一亿个化学物质,在 CAS 数据库中的一亿个化学物质里,大约有 7 500 万个物质是过去 10 年新增的,过去 50 年里,CAS 数据库平均每 2.5 分钟收录一个化学物质。联合国环境规划署(UNEP)和世界卫生组织(WHO)要求新的化学物质在生产和出售前都需要进行安全性评价,包括物理化学性质测定、危险特性、环境数据、健康危害数据、分类和评价等,所有数据的测定必须由有资质的机构完成。

化学污染物的安全性评价(safety evaluation)是指通过规定的毒理学试验程序和方法以及对人群效应的观察,评价某种化学物质的毒性及其潜在危害,进而提出在通常的暴露条件下该物质对人体健康是否安全及安全接触限量。安全性评价的目的是确保该化学物质在生产和使用中产生最大效益,同时将其对生态环境和人类健康的危害降至最低。

9.1.1　安全性评价步骤

1) 前期资料收集

为了预测外源性化学物质的毒性,设计后期毒理学试验,需要在前期收集化学物质的相关资料。化学污染物安全性评价的资料收集工作主要包括如下四个方面。

(1) 收集化学污染物的基本资料,包括化学结构、理化性质、组成成分和杂质、原料和中间体、定量分析方法等。

（2）了解化学污染物的使用情况，为毒性试验设计以及综合评价提供参考，包括使用方式、使用量、使用范围、人体接触途径、化学物质产生的经济效益、社会效益以及健康效益等。

（3）选取人体实际接触和应用的产品进行试验，一般采用工业品或市售商品，当需要确定毒性来源于化学污染物或杂质时，则采用纯品和应用品分别进行试验，比较分析结果。

（4）选取实验动物种类时，尽可能选取对化学污染物代谢方式与人类相近的动物，例如大鼠、小鼠等哺乳动物，尽量采用纯系动物、内部杂交动物或第一代杂交动物进行试验。

2）毒理学安全性评价

毒理学安全性评价是对化学污染物进行毒性鉴定，通过一系列的毒理学试验测试该受试物对实验动物的毒性作用，从而评价和预测其对人体可能造成的危害。我国现行的化学污染物安全性评价程序主要分为四个阶段，包括急性毒性试验；亚急性毒性试验和致突变实验；亚慢性毒性试验、致畸试验、生殖试验和代谢试验；慢性毒性试验和致癌试验。

（1）第一阶段：急性毒性试验。急性毒性试验指大剂量或高浓度一次给予动物染毒的实验，包括经口、经皮、经呼吸道等暴露途径，可以在短时间内了解受检物的毒性作用强度。实验过程中应观察中毒症状，初步确定受损靶器官。对于化妆品、药品、消毒剂、农药等可能通过皮肤接触的化学物质，还需进行皮肤、黏膜刺激试验、皮肤致敏性试验等。通过急性毒性试验，可对化学污染物的毒性做出初级的估计并确定其急性毒性作用特征，为急性毒性定级、进一步试验的剂量设计和毒性判定指标的选择提供依据。

急性半数致死量（lethal dose 50%，LD_{50}）是急性毒性试验最常用的指标，也是判断化学物质急性毒性级别的依据。LD_{50}指某实验总体的受试动物中引起半数死亡的剂量。一般情况下，经口和经呼吸道试验中，小鼠和大鼠是首选实验动物。实验应设计不同的剂量梯度，一般4~5组，每个剂量组间要有适当的间距。每一剂量（浓度）组的大鼠至少12只（雌雄各半），小鼠至少20只（雌雄各半）。试验过程中，详细记录实验动物的行为和中毒症状，尽可能准确地记录出现中毒症状和死亡的时间，观察期为7~14天。使实验动物的毒性反应或死亡率符合剂量-反应曲线，用寇氏法或概率单位法计算LD_{50}。

皮肤致敏试验用于测定对皮肤有反复接触的化学物质，例如农药、杀虫剂等，对皮肤有腐蚀性则不做此项试验。一般豚鼠为致敏试验的首选动物，其方法为动物接触化学污染物1周后，再进行1次加强剂量来诱发过敏反应。试验要求在能诱发皮肤反应时不发生对皮肤的刺激作用，此浓度可以通过预试验求得。试验过程中需要观察和记录在诱发 1 小时与 24 小时所发生的皮肤反应。

(2) 第二阶段：亚急性毒性试验和致突变实验。本阶段主要阐明多次给药后受试物的蓄积作用及潜在危害，重点观察受试物致突变性与潜在的致癌性，并为亚慢性毒性试验提供依据。一般包括蓄积试验、致突变试验等。

蓄积试验是判断化学污染物是否具有慢性毒性作用的重要指标。无蓄积性的毒物不会引起慢性中毒，蓄积性愈大，慢性中毒危险性也愈大。最常用的方法是蓄积系数法，即采用多次染毒使半数动物出现死亡的总剂量与 1 次染毒的半数致死量之比值(K)来衡量蓄积性。$K<1$ 为高度蓄积，$K>1$ 为明显蓄积，$K>3$ 为中等蓄积，$K>5$ 为轻度蓄积。蓄积系数法由于分次染毒的剂量不同而分为固定剂量法和递增剂量法。1984 年，我国对农药及食品安全性评价中提出 20 天法，用 0(溶剂对照组)、1/2、1/5、1/10 及 1/20 LD_{50} 分别对每组动物染毒，每天 1 次，共染毒 20天。判断依据如下：$K<3$ 为强蓄积性，$K \geqslant 3$ 为弱蓄积性；1/20 LD_{50} 组有死亡，且各剂量组呈剂量反应关系为较强蓄积；1/20 LD_{50} 组无死亡，各剂量组有剂量反应关系为无明显蓄积。

致突变试验用来预测遗传毒性和致癌性。通过致突变试验，可以对化学污染物的潜在遗传危害性做出评价并预测其致癌性。一般包括以下两种试验：原核细胞基因突变试验，例如 Ames 试验、大肠杆菌试验、枯草杆菌试验；真核细胞染色体畸变试验，例如微核试验、骨髓细胞染色体畸变分析。如果以上试验结果为阳性，可在 DNA 修复合成试验、显性致死试验、果蝇伴性隐性致死试验、体外细胞转化等中选择两项进行综合评价。

(3) 第三阶段：亚慢性毒性试验、致畸试验、生殖试验和代谢试验。本阶段用于为慢性试验设计以及合理评价潜在危险性提供依据。

亚慢性试验用于进一步明确较长期反复染毒化学污染物之后，对实验动物的毒性作用性质和靶器官，初步确定阈剂量或最大无毒作用剂量，评估其对人体健康可能引起的潜在危害。阈剂量(threshold dose)指外源性化学物质使接触对象开始发生效应所需的最低剂量，也称为最小有作用剂量(minimal effect level，MEL)。一般首选动物为大白鼠，每组 10~20 只(雌雄各半)，染毒 3~6 个月。化学污染物浓度设置 3 个剂量组，高剂量组应产生毒性反应但不引起死亡，低剂量组不出现毒性反应但应接近人预期接受剂量，中剂量组用来确定上两组的正确性，若 1 000 mg/kg 不出现毒性反应，可不设 3 个剂量组。实验结束时做血常规、血液生化、脏器系数和病理组织学检查。

致畸试验用于确定化学污染物的胚胎毒性作用以及其对胎儿的致畸作用。一般采用大鼠、小鼠或家兔，至少应选择 3 个按几何级数增加的剂量，最高剂量可有高度毒性反应，最低的剂量是胎儿不产生显著反应的剂量，中间的剂量将有助于评价观察到的剂量-反应关系。每剂量组至少需要 20 只妊娠的大鼠或小鼠,或 10 只妊娠兔,从而确保获得足够数量的动物以评价受试物的致畸作用。染毒的最佳时期应在主要器官发生期,大鼠、小鼠的器官发生期为受孕后 6～15 天,兔为 6～18 天。试验中应设置阳性对照组和阴性对照组。如果剂量大于 1 000 mg/kg 对实验动物不产生明显的毒性作用或致畸作用,可不设其他剂量组。染毒后定期观察动物的体重和毒性症状,在分娩前 1 天剖检,观察仔畜的畸形情况与畸胎发生率。

生殖试验一般要求进行两代繁殖,以判断外源化学污染物对实验动物生殖过程的有害影响。一般选用大鼠和小鼠,每组至少有 20 只左右的雌鼠和雄鼠。设 3 个剂量组和 1 个对照组。亲代动物 8 周龄左右开始染毒,连续染毒 8 周后,1 雌 1 雄合笼交配,合笼期间亲代继续染毒。3 周后剖杀雄性亲代动物,雌性亲代继续染毒 3 周至子代断奶为止进行剖杀。试验期间,定期观察动物的体重、食物消耗量、中毒症状、死亡和行为变化、难产、滞产等。分娩后应尽快检查每窝的仔动物数、死产数,活产数及肉眼可见畸形,死仔动物要检查有无缺陷和死亡原因,记录每只母鼠和仔鼠身体和行为的异常现象。

代谢试验是为了测定染毒后化学物质在不同时间的原型或其代谢物在血液、组织以及排泄物中的含量,从而了解化学物质在体内的吸收、分布、排泄等特点,有无蓄积性以及毒性作用的可能靶器官。代谢试验可用同位素标记化合物研究吸收、分布与排泄,同时测出其生物半衰期;也可做生物转化试验,阐明毒物代谢生物。常用动物为大鼠、小鼠,设 3 个剂量组,每组 5 只,1 次给药或多次给药。

(4) 第四阶段:慢性毒性试验和致癌试验。慢性毒性试验和致癌试验通常结合进行。慢性毒性试验用于确定化学污染物的阈剂量或最大无作用剂量,并综合上述实验的结果对化学污染物的安全性做出评价,进而提出人体安全的摄入量水平。一般选用大鼠和狗,染毒 1 年或 1 年以上,分 3 个剂量水平,每半年检查一次血液细胞、生化指标、尿常规等,试验结束做系统的病理组织学检查。

致癌试验用于确定化学污染物对实验动物的致癌性。一般优先采用大鼠和小鼠,根据肿瘤发生的部位选择特别敏感的但自发肿瘤发生率低的品系。设 3 个剂量和 1 个对照组,每组动物 100 只(雌雄各半)。高剂量组可产生高度的毒性反应,但不能有肿瘤以外的因素明显改变其正常生命期限;低剂量组应不影响动物正常生长、发育和寿命,即不能引起任何毒性表现。

3) 评价结果外推

化学污染物的安全性评价是主要以动物进行毒理学试验得出的结果。人体对化学污染物的毒性效应是判断毒性的最终可靠依据,对化学污染物的安全性评价最终要通过动物实验资料外推到人。一般认为以动物实验结果外推到人有很大的不确定性,可靠性估计仅为 0.42～0.58。化学污染物的毒性作用受到多重因素的影响,包括动物与人的反应敏感性不同、染毒剂量远远高于人体实际接触剂量、实验动物数量有限、品种单调等。

为了减少以上因素等影响,在从动物外推出人的阈剂量时,尽量采用合适的不确定性系数。除此之外,还需要结合人群进行观察,最大可能地通过流行病学调查获得接触人群反应的资料,综合评价安全性。

9.1.2 评价原则与法规

为了使化学污染物安全性评价更加规范,美国于 1906 年颁布了《食品和药品法》,用于管理化学品危害;经济合作与发展组织(OECD)于 1982 年颁布了《化学物品管理法》,提出了一整套毒理试验指南、实验室规范、化学物质投放市场前安全性评价资料的最低要求,以及对新化学物质实行统一的管理办法。我国有关部门和机构从 20 世纪 80 年代以来,陆续制定了一系列的关于化学污染物的安全性评价程序及规范,具体如表 9-1 所示。

表 9-1 我国有关化学品安全性评价的标准或规定

年份	名　称	部门或机构	内　容
1983	《食品安全性毒理学评价程序（试行）》	卫生部	已被替代
1987	《化妆品安全性评价程序和方法》	卫生部	适用于我国生产和销售的一切化妆品原料和产品
1987	《化学危险品安全管理条例》	国务院	适用于易燃易爆物、有毒、有腐蚀的化学品
1988	《新药毒理学研究指导原则》	卫生部	针对药物的独立研究技术
1990	《国家环境保护局化学品测试准则》	国家环境保护局	针对有毒化学品实行全面管理的基础技术
1991	《农药安全性毒理学评价程序》	卫生部和农业部	适用于在我国申请登记及需要进行安全性评价的各类农药
1994	《食品安全性毒理学评价程序》	卫生部	国家标准,适用于食品添加剂、食品加工用微生物、有害物质等
1995	《中华人民共和国食品卫生法》	第八届全国人大常委	2009 年废止
1995	《农药登记毒理学试验方法》	农业部	适用于为农药登记而进行的毒理学试验
2002	《化妆品卫生规范》	卫生部	适用于我国国内销售的化妆品
2003	《食品安全性毒理学评价程序》	卫生部	修订版
2003	《新化学物质环境管理办法》	国家环境保护总局	已废止

（续表）

年份	名　称	部门或机构	内　容
2003	《食品毒理学实验室操作规范》	卫生部	国家标准,已被替代
2004	《化学品测试导则》《新化学物质危害评估导则》	国家环境保护总局	适用于新化学物质的申报、现有化学物质的风险评价和环境监测
2007	《化妆品卫生规范》	卫生部	修订版
2007	《药物非临床依赖性研究技术指导原则》	国家食品药品监督管理总局	适用于中药、天然药物和化学药等新药的依赖性研究
2009	《新化学物质环境管理办法》	环境保护部	适用于我国境内、保税区、出口加工区新化学物质相关活动的环境管理
2010	《药物致癌试验必要性的技术指导原则》	国家食品药品监督管理总局	适用于《药品注册管理办法》中的相关化学药,其基本原则也适用于中药、天然药物和生物制品
2014	《食品毒理学实验室操作规范》	卫计委	国家标准,适用于进行食品毒理学试验的实验室

9.2　环境健康危险度评价

20 世纪 80 年代,国外学者发现在现实情况中,不可能把致癌物控制到零阈限值,即零危险度水平,因此形成了"安全就是可接受危险度"的概念。人们在日常生活中不断接触环境中的有害物质,这些物质对人体是否造成危害,以及严重性或发生概率如何,促使了危险度评价的产生。

危险度评价(risk assessment)又称风险评价,包括两个部分: 环境因素对健康影响的健康危险度评价(health-based risk assessment)和环境因素对生态系统影响的危险度评价(environmental-based risk assessment)。其中,环境健康危险度评价指化学物质对人体健康损害的可能性或概率。

环境健康危险度评价是一种评估由环境污染引起的人体健康危害程度的方法。目的在于估计特定暴露剂量的化学污染物对人体不良影响的概率,以评价人体健康所受到损害的可能性及其程度大小。目前,如何准确评价环境污染物对公众健康的影响,采取可行的干预措施,已成为全社会关注的焦点。环境健康危险度评价是处理环境污染健康危害事件、制定公共卫生相关政策标准、进行环境健康风险预警、开展公众健康服务的必要工具和手段。

9.2.1　危险度评价步骤

1983 年,美国国家科学院颁布了危险度评价管理程序,规定了危险度评价的步骤和通用术语。化学物质的环境健康危险度评价主要包括四个步骤：危害识别、剂量-反应关系评定、暴露评估、危险特征描述（见图 9-1）。

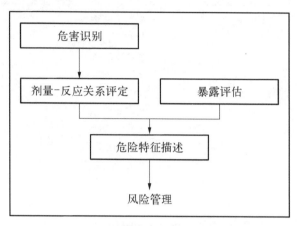

图 9-1 环境健康危险度评价步骤

9.2.1.1 危害识别

危害识别（hazard identification）指对化学物质的一种定性的健康危险评定，用于表明化学物质对人群的健康是否产生危害。通常情况下，可以根据流行病学研究、临床研究、病例报告以及动物实验提供此类信息。例如，不同的国际机构对于化学物质致癌性的分级不同（见表 9-2）。其中，国际癌症研究机构（IARC）于 2017 年 10 月 27 日公布的致癌物清单中，一类致癌物即确定为人类致癌物，其流行病学证据充分，有 116 种；二类致癌物为很可能或者可能的人类致癌物，动物实验证据或流行病学证据不足，共有 357 种；三类致癌物为致癌性证据不足从而难以分级的物质，有 499 种；四类致癌物为无致癌证据的物质，仅有 1 种。除此之外，美国环境保护局综合风险信息系统（USEPA IRIS）列举了550 多种化学物质对人群健康影响的综合信息，欧洲经济共同体（EEC）对职业暴露情况下环境污染物的接触限值水平进行了确定。以上数据皆可作为危害识别的重要参考资料。

表 9-2 国际按照致癌性对化学物质的不同分级

机 构	类 别	等 级
国际癌症研究机构（IARC）	人类致癌物	1 级
	很可能的致癌物	2A 级
	可能的致癌物	2B 级
	难以分级	3 级
	无致癌性	4 级

（续表）

机　　构	类　　别	等　级
美国环境保护局（USEPA）	人类致癌物	A 级
	很可能的致癌物	B1 级
	很可能的致癌物	B2 级
	可能的致癌物	C 级
	难以分级	D 级
	无致癌性	E 级
欧洲经济共同体（EEC）	人类致癌物	1 级
	可能的致癌物	2 级
	可疑的致癌物	3 级

9.2.1.2　剂量-反应关系评定

剂量-反应关系评定（dose-response assessment）是健康危险度的定量评定，指通过人群研究或动物实验，确定适合人群的剂量-反应曲线，并由此计算出人群在某种暴露剂量下的危险度基准值。评定过程中尽可能采用可靠的流行病学资料或者代谢转化与人相近的动物实验资料，从而减少不确定因素。一般分为有阈值效应和无阈值效应。其中，有阈值效应指化学物质对机体产生的一般毒性效应，只有达到某一剂量水平时才可发生，低于此剂量则检测不到，此类化学物质应按照有阈值物质进行评价。无阈值效应指化学物质的致癌作用、致突变作用在零以上的任何剂量均可发生，即零阈剂量-反应关系。

1）有阈值物质的剂量-反应关系评定

美国环境保护局将参考剂量（reference dose，RfD）定义如下，人群（包括敏感亚群）终身暴露后不会产生可预测的有害效应的日平均暴露水平估计值。RfD 的推导过程中涉及两个重要指标：无可见有害作用水平（no observed adverse effect level，NOAEL）和最小可见损害作用水平（lowest observed adverse effect level，LOAEL）。其中，NOAEL 指在规定的试验条件下，用现有的技术手段或检测指标未观察到任何与受试样品有关的毒性作用的最大染毒剂量或浓度；LOAEL 指某种外源性化学物质在一定时间内，按一定方式或途径与机体接触后，根据现有认识水平，用最为灵敏的试验方法和观察指标，能观察到引起机体开始出现某种损害作用所需的最低剂量。

通常采用不确定系数法推导 RfD，具体推导过程如下：首先充分收集动物实验研究和人群流行病研究资料，选择可用于剂量-反应关系评定的关键研究，从中得出关键效应以及 NOAEL 或 LOAEL，将这些值除以相应的不确定系数（uncertainty factor，UF），即可得出 RfD，则有

$$RfD = \frac{NOAEL}{UF} \qquad\qquad (9-1)$$

$$RfD = \frac{LOAEL}{UF} \qquad\qquad (9-2)$$

式中,不确定系数 UF 为以下情况时,一般取 10,包括人群个体差异、由动物长期实验资料向人外推、由亚慢性实验资料推导慢性实验结果、由 $LOAEL$ 代替 $NOAEL$、实验资料不完整。

2) 无阈值物质的剂量-反应关系评定

无阈值物质的致癌或致突变作用的剂量-反应关系已知或者假设是无阈值的,即在零以上的任何剂量下均可能发生有害效应。对于无阈值物质,特别是致癌物,低剂量外推的具体方法包括三类:完全禁止法,即以零位评价暴露量的依据,要求完全禁止化学物质的生产或释放,此方法使用最早,安全保守,但是缺乏理论依据、经济技术不合理、不适用于天然致癌物;有阈值剂量-反应关系评定中的不确定性系数法,即以最大未观察到致癌效应的剂量和不确定性参数求出参考剂量,此方法受 NOAEL 方法本身限制,仅适用于无致癌依据、无直接 DNA 遗传毒性、存在机制说明剂量-反应关系呈非线性的物质;数学外推模型法,此方法包括多种线性、次线性或超线性数学模型,应用广泛,但是目前并没有公认的最合适的模型。

9.2.1.3 暴露评估

暴露评估(exposure assessment)是健康风险度评价中的关键步骤,指化学物质对人体健康的危险性与人体接触此物质的量或者水平有密切关系。暴露评估可以测量或者估计人群对某种化学物质暴露的强度、频率以及持续时间,同时可以预测新的化学物质进入环境后可能造成的暴露水平。

通常情况下,暴露评估分为内暴露和外暴露。内暴露指暴露发生后,抽取一定数量的代表性人群,采集人体样本(如尿液、血液、乳液、头发、粪便、胎盘、组织等),测定分析生物样本中特定化学物质的浓度水平,从而估算此物质实际情况下在人体中的内暴露情况。外暴露指通过对环境介质(如水体、土壤、大气、底泥等)中化学物质的外暴露水平进行测定,进而估算人群对此物质的暴露情况。暴露评估过程中需要获得相关信息,包括污染物浓度、暴露途径、暴露参数等。暴露途径主要包括经口摄入、空气吸入、经皮肤或黏膜吸收以及临床注射。暴露评估步骤如图 9-2 所示。

人体每日平均摄入量(average daily intake,ADI)指人体每日从外环境摄入体内的特定化学物质的总量。暴露评估过程中,一般采取暴露模型对人体暴露量进

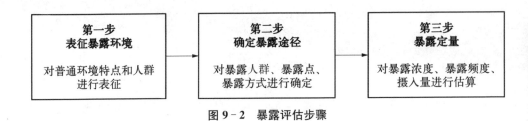

图 9 - 2　暴露评估步骤

行估算,通常采用的暴露模型如下:

$$ADI = \frac{C \times IR \times EF \times ED}{BW \times AT} \qquad (9 - 3)$$

式中,C 表示化学污染物的浓度;IR 表示摄入率;EF 表示暴露频率;ED 表示暴露持续时间;BW 表示人体平均体重;AT 表示总暴露时间。

9.2.1.4　危险特征描述

危险特征描述(risk characterization)指将危害识别、剂量-反应关系评定、暴露评估的结论综合一起,估计人体摄入特定化学物质对健康产生不良效应的可能性和严重程度。危险特征描述通常分为定性和定量两种,其中定性是以半定量的名称来描述危险程度,例如可忽略的、轻微的、中等的、严重的。定量的危险特征描述指以数字量化风险的大小,分为非致癌风险和致癌风险两种。

1) 基于非致癌风险的危险特征描述

针对某种暴露途径,人体对特定化学物质的每日平均摄入量(ADI)与参考剂量(RfD)的比值称为危害商值(hazard quotient,HQ)。危害指数(hazard ratio,HR)指多种暴露途径或多种关注污染物对应的危害商值之和。具体公式如下:

$$HQ = \frac{ADI}{RfD} \qquad (9 - 4)$$

$$HI = \sum HQ \qquad (9 - 5)$$

危害指数 HI 的判断标准如下:$HI < 0.1$,无危害;$HI = 0.1 \sim 1.0$,低危害;$HI = 1.1 \sim 10$,中度危害;$HI > 10$,高危害。

2) 基于致癌风险的危险特征描述

通常情况下,认为致癌风险(cancer risk,CR)和化学物质低剂量呈线性关系,因此用斜率因子(slope factor,SF)表示化学物质的致癌强度,即人终身平均摄入量与癌症增加风险之间的相关性常数。具体公式如下:

$$CR = ADI \times SF \qquad (9 - 6)$$

美国环境保护局提出,人体终身暴露特定化学物质的致癌概率达到百万分之一,则认为可以产生影响,即 CR 为 10^{-6}。CR 低于 10^{-6} 时,通常危险管理的必要性不大;大于 10^{-4} 时,必须采取必要的危险管理措施。

环境健康危险度评价有助于对环境中的化学污染物进行有效的管理,其结果可以为相关部门或机构制定环境卫生标准、管理法规、开展卫生监督、采取防治措施以及保护人群健康等提供科学依据。

9.2.2　环境健康危险度评价研究趋势

如前所述,科学研究是环境健康危险度评价的基础。一方面,新的环境问题会对环境健康危险度研究提出挑战;另一方面,其他相关领域技术的发展会推进环境健康危险度评价研究。

人类的生产和生活活动对生态系统造成了越来越严重的破坏,也严重威胁人类自身的健康和生存。人类的活动在加快有害物质在生态系统中循环的同时,还向环境中排放了许多环境中原本不存在的人工合成化学物。全球气候变化引发热浪、洪水、暴风雨等异常气候事件,同时还可使一些生物媒介传染病的流行规律和范围发生变化。城市化进程的加快以及城市规模的不断扩大,加剧了城市的环境污染,带来了机动车尾气污染、城市热岛等一系列新的问题。环境新污染物问题也对环境健康危险度研究带来了新的挑战。

另外,21世纪初开始,各种组学(-omics)理论和技术不断发展,这极大地推进了环境健康危险度研究的发展。例如,在人类基因组计划的基础上逐渐发展形成环境基因组学。环境基因组计划已完成初步阶段的任务,与环境化学物毒性有关的数据库已经建立,这将减少环境健康危险度评价中的不确定因素,有助于准确地评估对环境因素反应的个体差异,从而指导人类避免环境因素的有害效应。近年来,代谢组学、暴露组学等也逐渐在环境健康领域研究中得到应用。随着相关组学研究的深入,环境健康危险度评价的科学基础将进一步得到完善。

讨论题:

(1) 近年来,基于"小白鼠"测试的化学品安全性评估策略受到动物保护组织和人道主义组织等的质疑,你知道有哪些科学有效的替代方法吗?

(2) 每个人在一生的不同阶段(胎儿-婴幼儿-儿童-成人、孕妇-老年人等)会经历不同种类环境污染物暴露,其暴露途径和暴露时间也不尽相同,你觉得现有的环境健康危险度评价策略有哪些需要完善的方面吗?

第 10 章　环境健康预测原理与方法

为了确定化学品的毒性,识别其对人类、动物、植物或环境的有害影响,通常会采用动物实验,但动物实验受时间、伦理考虑和经济负担的限制,且存在跨物种外推至人类、高-低剂量外推等诸多不确定因素,难以准确预测化学品对生态和人体健康的毒理效应,故用于评估化学品毒性的模型预测、替代实验技术等也逐渐应用于环境健康领域。

10.1　计算毒理学的起源

环境化学品(如工业化学品、农药、药物及个人护理用化学品、阻燃剂等)是影响人体与生态健康最重要的风险源。食品安全、罕见疾病、生物富集、环境污染、生态失衡等一系列由化学品引发的问题给我们敲响了警钟:化学研究对效应与安全性的重视已失衡,新化学实体和已上市分子的风险评估需得到更多的重视。为从源头上解决化学品污染问题,需要在化学品流入市场之前对其环境暴露、危害性与风险性进行评价,并对高风险化学品加以管控。这种风险防范理念催生了人类历史上最严格的化学品管理法规(Registration,Evaluation,Authorization and Restriction of Chemicals,REACH),也推动着全球化学品管理的政策转向。

然而,化学品风险评价遇到了瓶颈。首先,化学品的数量巨大,据 REACH 统计,人类市场上使用的化学品有 14 万多种,80%以上既有化学品的环境安全信息是缺失的。由于新化学品进入市场的速度(约 500~1 000 种/年)远大于传统化学品风险评价的速度(2~3 年/种),截至 2014 年 12 月,美国化学文摘社登记的化学品数目已超过 9 100 万种,因此仅依赖实验数据对化学品进行风险评价,会导致大量新化学品和既有化学品的替代品未经风险评价而无法投入使用。

20 世纪以来,作为评价化学品毒理效应的核心学科,毒理学发展缓慢,长期依赖活体(in vivo)动物测试评估化合物对疾病相关临床体征或病理变化的影响,如急性毒性、肝损伤等,与替代(replacement)动物实验、减少(reduction)实验动物数目、改进(refinement)动物实验方法的动物实验伦理 3R 原则相去甚远。这种方法使用大量动物,存在时间、成本、效能的局限性以及机制不明确、剂量外推和种属外推不确定性等问题,也不适用于目前化合物快速增长模式。另外,传统的活体测试存在跨物种外推至人类、高-低剂量外推等诸多不确定因素,难以准确预测化学品对人体和生态健康的毒理效应。

近年来,化学品毒性测试方法有了新的变革,主要体现在离体(in vitro)毒性测试技术的快速发展。离体测试采用生物大分子、细胞系、生物组织、器官作为受试靶标来代替完整的活体动物。2007 年,美国国家科学研究委员会发表了《21 世纪毒性测试:愿景与策略》报告,强调毒性通路概念,并倡导毒理学从以描述为主的科学向更多地基于人体组织和细胞的、更具预测潜力的离体测试转变;倡导发展计算模型来表征化学品毒性通路,评价其暴露、危害与风险,以减少实验动物数目、时间和成本,并增进对化学物质毒性效应机制的认识。毒性通路泛指“被化学分子过分干扰后能引起有害健康效应的细胞生化通路”,这一还原论理念赋予了离体测试以科学根据。2008 年,美国 Tox21 项目融合自动化技术,单次离体测试化学品数目超过 1 000 种,实现了针对化学品的“高通量”筛选(high-throughput screening,HTS),其数据生成速度及稳定性显著提升。最新的 HTS 可以直接采用人源细胞作为受试靶标,避免跨物种差异弊端,并反映遗传差异与毒效的关系。此外,高分辨成像技术能直观精细地呈现受试细胞形态学变化等“高内涵”的表型现象,为描述细胞毒性效应提供了全新思路。

尽管前述毒性测试方法学的变革在一定程度上推动了毒理学发展,以 HTS 为代表的新毒理学方法的使用、验证与意义仍然有待商榷:一方面,离体测试终点与活体毒性终点之间不是简单的线性关系;另一方面,离体测试仍然面临着机理解释、假阳性困扰等难题。同时应注意到,HTS 仍然较为昂贵,严重依赖专门的仪器设施。尚在起步阶段的 HTS 所表征的化学品总量(Tox21 项目,2008—2013 年,约 10 000 种)不及 2014 年美国化学文摘社(www.cas.org)日均注册的化学品数目。因而,当前的毒理学测试体系仍不能满足化学品风险评价的需求,不能满足毒理学科发展的需求。这些需求促进了一个新兴的研究领域,即计算毒理学(也称预测毒理学)的发展。

计算(预测)毒理学基于计算化学、化学/生物信息学和系统生物学原理,通过构建计算机模型,实现化学品环境暴露、危害与风险的高效模拟预测。进入 21 世纪以来。发达国家非常重视计算毒理学的研究。例如,美国环境保护局(USEPA)于 2005 年成立国家计算毒理学中心,以统筹计算毒理学研究工作。于 2007 年,USEPA 启动了 ToxCast 项目,借助计算毒理学方法探索 HTS 测试数据中分子/细胞水平的化学分子干扰与顶层毒性终点(apical endpoints)(生殖、发育以及长期毒性/癌症)之间的联系。与此同时,在 REACH 法规的要求下,欧盟联合研究中心以及经济合作与发展组织(OECD)等国际性组织机构也广泛开展了计算毒理学研究以快速甄别化学品毒性,形成了一批计算毒理学方法的导则、开放网络工具平台和数据库。

与国外成果丰硕的研究现状相比,我国计算毒理学研究尚处于起步阶段。

10.2　计算毒理学与化学品风险评价

经典的化学品风险评价框架包含 4 个环节:危害识别、暴露评价、效应评价(剂量-响应评价)、风险表征。最终的风险表征总是表现为"暴露值"与"效应阈值"的函数。为此,计算毒理学的主要工作均围绕化学品"暴露值"与"效应阈值"及相关信息展开。

借鉴环境化学、物理化学、生理学、计算化学、系统毒理学等学科的理论与工具,一套面向现代风险评价需求,模拟化学品从暴露到效应的连续性过程,从而将化学品的源释放量、环境介质浓度、靶点暴露剂量、效应阈值等关键数据衔接起来的计算毒理学模型体系显现出来(见图 10-1)。然而,针对某一化学品的模型体系,必须经过调整才能适用于其他化学品,即模型体系中一切化学品的物理化学性质、环境行为参数和毒理学效应参数均需随之调整。此外,在当前所掌握的毒性效应机制仍不足以实现"透明"模型构建的情况下,仍需借助"剂量-效应关系"实验以测定毒性效应阈值。在计算毒理学领域,主要由定量结构-活性关系(QSAR)模型提供大量化学品的暴露和效应模拟所依赖的基础参数(见图 10-1)。

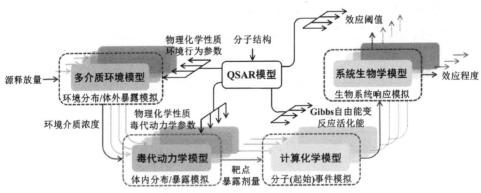

图 10-1　面向化学品风险预测与评价的计算毒理学模型格局

10.3　化学品环境暴露-毒性效应模拟

凡涉及化学品与生物系统的接触,以及为"接触"提供信息的内容,都属于暴露科学的研究范畴。通过化学品的暴露,化学品与生物系统发生相互作用,从而产生效应。风险评价重点关注其中的负面或有害效应。特别地,就生物体而言,毒性效应指的是使生物体系异常,甚至造成局部/整体生理功能失灵的效应;对于生态系统而言,毒性效应也泛指种群功能以及生态系统功能的失灵。下面将分别介绍暴露与毒性效应的模拟预测。

10.3.1　化学品多介质暴露模拟

暴露是化学物质产生毒性效应的前提条件。暴露研究源起于职业病工作环境的考察,在环境健康领域则注重生物体外的环境介质中污染物浓度的测量,以及对生物体内部暴露标志的检测。在流行病学领域,环境因素与人类疾病的关系一直是研究的热点,2005 年 Wild 提出了暴露组(学)(exposome)的概念,涵盖生命个体从形成到死亡全过程所承受的一切暴露,以对基因组加以补充,甚至可以将生命归结为两者的相互作用。2012 年,美国国家科学研究委员会发布了《21 世纪暴露科学:愿景与策略》的报告,全面阐述了暴露科学的概念及其研究范畴和潜在方法学。

计算毒理学为了模拟暴露的复杂过程,首先需要抽象出数学模型,通常从化学品进入环境的排放量出发,构建不同尺度的模型以估算化学品的环境浓度水平,进而定义特定的暴露场景,计算生物体摄入量,并推算分布于靶组织的剂量或抵达生物大分子周边的化学分子数量。

10.3.1.1　化学品环境归趋的模拟

化学物质在环境介质中的浓度水平是暴露研究的基础。风险防范理念及有关化学品管理法规推动了化学品释放信息的规范化。例如,OECD 要求编纂的化学品释放场景文档(emission scenario documents,ESD,http://www.oecd.org/env/exposure/esd)描述了化学品的来源、生产过程与使用模式,其目的就是确定化学品在水、空气、土壤等环境介质中的排放量。ESD 广泛地应用到国家与区域环境风险评价之中,如欧洲化学品管理局环境暴露评估相关指导文件就参考了现有 ESD。此外,USEPA 开发了很多通用场景,可作为风险评价中的默认排放场景。

在获得化学品的环境输入量之后,基于化学物质随流态环境介质的迁移及其在环境介质内的扩散与降解转化行为以及若干基本的科学假设,即可构建数学模型以定量描述化学品在多介质环境中的分布。在众多的模型中,基于逸度(fugacity)原理的多介质环境模型简单、灵活、应用广泛。同时,在地理信息系统的支撑下,多介质环境模型在时空分辨率和可视化方面仍然有巨大的提升潜力。

多介质环境模型为化学物质的环境浓度水平提供了粗略的评估,也称为远场(far-field)模型。然而,在建筑结构或交通工具等局域(半)封闭环境内,近距离暴露源对周围环境浓度的贡献超过环境背景值,需要构建更为逼真的暴露模型或暴露场景(exposure scenario)加以模拟。暴露场景相比远场模型更具有针对性,也更精准,又称为近场(near-field)模型。远近场模型的物理原理是相似的,均可构建明确的数学表达式对化学物质的迁移转化行为加以定量描述。

10.3.1.2　暴露途径与暴露模式

暴露途径(exposure pathways)是对化学物质从环境介质进入生物体内部的具体描述。暴露途径具有物种特异性。例如,对于哺乳动物,表现为经口食入、呼吸摄入、表皮接触吸收等;而对于细菌,则表现为胞吞作用或化学分子的跨膜输入。同时,暴露途径具有发育阶段特异性。例如,哺乳动物胚胎期的暴露途径主要为胎盘输运,与之后的婴幼儿期截然不同。尽管如此,在微观上,暴露意味着化学分子与生物大分子发生接触,为两者进一步相互作用提供空间基础。而暴露途径则是对应微观"接触"的宏观表现。

观察和实验是了解暴露途径的重要手段,而化学物质暴露的各种途径的加权汇总,即为暴露模式(pattern)。暴露模式与生命活动密切关联,具有不同的生活环境(暴露场景)和生活方式的人群,其暴露模式也截然不同。因此,人类化学品暴露模式研究经常以问卷调查的形式收集信息。总之,生态圈内任何一类物种,在其生命周期的任何一个阶段,处于任何一个暴露场景之中,都对应有独特的暴露模式。其中又以人类的暴露模式最为复杂多样。USEPA 于 1989 年发布了《暴露因子手册》(*Exposure Factor Handbook*),后于 1997 年和 2011 年对其做出更新和修订,以提供在暴露评价中使用到的统计信息。综上,暴露模式研究需要不同物种不同生命阶段、不同生活方式的数据。事实上,暴露科学的一个主要工作就是构建一套数据库系统囊括上述信息,通过调用和操纵数据,模拟生物体对于周边环境化学物质的暴露模式,并估算进入生物体内的剂量。USEPA 开发的人类活动综合数据库(consolidated human activity database, CHAD, http://www.epa.gov/heasd/chad.html)就是记载人类生活方式与行为的典例,该数据库也是 USEPA 展开系统性暴露评价的核心组件。

10.3.1.3　化学品在生物体内的分布

暴露可以根据化学物质在生物体外或体内而进一步区分为外暴露(external exposure)和内暴露(internal exposure);相应地,化学物质在体外的浓度称为外暴露浓度,在体内的浓度(剂量)则称为内暴露浓度(剂量)。内暴露是外暴露在时间与空间上的自然延续。由于生物体内不同部位对同一种化学物质的暴露所产生的效应不同,例如,哺乳动物的肝脏可以代谢外源物质,而脂肪组织则会存储疏水性有机物,因此研究化学物质在生物体内的分布对于了解毒性效应机制非常有意义。

直接获取生物体内化学品暴露浓度可以通过采样分析(如活体实验测定受试生物各组织器官的实际浓度)或大规模调查[如美国的全国健康和营养检查调查

(http：//www. cdc. gov/nchs/nhanes. htm)能统计受检尿样与血样中上百种化学品及部分代谢产物浓度]。然而,受限于实验技术、生物样本类型、数量与能鉴定的化学物质种类,不可能完全采用生物监测获取上万种化学品的内暴露浓度。为此,计算毒理学借助毒代动力学(toxicokinetics)模型,模拟化学品的内暴露浓度。

化学品经多种暴露途径进入生物体后,随着生物的体液分布于各器官、组织及细胞,并被生物酶代谢转化,凡是涉及生物体对化学品的吸收(absorption)、分布(distribution)、代谢(metabolism)、排泄(excretion)与毒性(toxicity)的过程(ADME/T),均属于化学物质的毒代动力学研究范畴。毒代动力学[或药代动力学,两者统称为生物动力学(biokinetics)]模型已经广泛用于模拟有机化学品在鱼体、啮齿动物及人类体内的代谢与分布。其中,基于生理的药代/毒代动力学(physiologically based pharmaco/toxicokinetics,PBP/TK,本文统称为 PBTK)模型被广泛采用。以哺乳动物为例,PBTK 模型根据生理学构造划分成肺、肝、静脉、动脉等具有重要毒理学意义的"室",根据"室"之间的联系列出质量/流量守恒微分方程组,继而求解各"室"的物质浓度。利用 PBTK 模型还可以从血液或尿液浓度反向求解摄入总量,把生物监测数据与暴露估计值合理关联在一起,在一定程度上验证毒代动力学模型的合理性。根据研究需要,还可以进一步基于生物物理原理,模拟化学物质在特定器官中的分布,找到关键的靶细胞,或模拟其在特定细胞中的分布,找到关键的靶细胞器或靶蛋白,并将宏观的浓度值换算为分布在一定体积微观空间内一定数量的化学分子——空间尺度的转换将为进一步探索毒性机制的分子机理提供依据。

10.3.1.4　"自底向上"的"非线性"暴露模拟

计算毒理学以及前面所描述的模型体系所进行的还原真实暴露过程的尝试,走的是一条"自底向上"(bottom-up)的道路。无论是基础数据的搜集与相关数据库系统的构筑,还是多尺度模型的搭建与验证,这注定是一条工作浩繁的探索之路。"自底向上"的视角更符合直觉,有助于机理剖析,也可以直接为控制化学品风险提供操作性指导与定量依据。经过长期的探索,在"自底向上"的暴露研究领域也取得了一些创新成果。例如,USEPA 的 ExpoCast 项目开发的模型体系贯通了化学品从释放到进入人体的全过程,能够根据美国人日常生活习惯模拟上千种化学品的人体暴露剂量,并用于揭示化学品风险排序,实现对化学品高通量、多暴露模式以及快速、高效的模拟预测。

值得注意的是,化学物质的暴露过程具有时间和空间上的连续性,用于模拟具体暴露场景下个体暴露的模型通常表现为确定形式的数学方程组(见表 10-1),这赋予不同时间和空间暴露量之间可相互推导的特性。借助暴露模型的"逆推性",可以在不同"断面"将化学品暴露与毒性效应信息加以比较。例如,可以利用毒代动力学模型从离体毒性测试数据逆向推导出人体摄入量的毒性效应阈值,与实测的或模型估算的摄入量进行比较。传统的暴露体系秉承了"从污染源到靶点"的线性模型理念。然而,暴露与效应并不是相互独立的,而是相互渗透、相互影响的。例如,长期暴露于有害化学物质会导致生物体的生理参数发生改变,从而影响原始PBTK模型的效果。同时,在暴露于特定的化学物质时,生物体会做出应激反应,表现出趋利避害的本能。例如,人类在不明刺激性气味下会捂住口鼻,以减少暴露。特别地,人类群体更能改造自然环境,改变社会规则,从而深入影响暴露模型体系的各项参数。真实的暴露具有非线性的特征。尤其是人群的暴露模拟、以往的统计分布律和依据该分布律的随机模拟(如 Monte Carlo 模拟)将逐渐被更复杂的非线性模型体系所取代。有关暴露评价与暴露科学的最新进展可参考 Lioy 和 Smith 撰写的评述。

表 10-1　计算毒理学研究化学品行为跨越的空间尺度、适用模型、学科与方法

	建模对象	尺度	模　型	主要学科[①]	形　式
暴露	化学品环境介质浓度估计(远场)	宏观	环境多介质模型	物理化学、环境化学	常微分方程(ODE)、线性方程组
	化学品局部环境暴露浓度估计(近场)	宏观	暴露场景模型	物理化学、暴露科学	ODE、线性方程组
	环境介质中化学品的转化	微观	分子模型	环境化学、计算化学	数学物理方程、经验力场
	生物体内化学品分布、代谢过程	宏观	生物动力学模型、PBTK 模型	物理化学、生理学、毒理学、药理学	ODE
毒性效应	化学品引发的器官、组织毒理效应	介观	基于主体的虚拟组织/器官模型(ABM)、概念模型	生物物理、毒理学、病理学、系统生物学、生物信息学	给定规则下的迭代模拟、映射关系网络拓扑
	化学品对细胞信号通路的干扰	介观	细胞信号模型信号元件/网络模型	细胞生物学、分子生物学、组学、系统生物学	ODE
	化学品与生物大分子相互作用(反应)	微观	分子模型	生物化学、计算化学、统计力学	数学物理方程、经验力场

① 数学与计算机科学对于建模都是必需的,此处不再重复。

10.3.2　化学品多尺度毒性效应模拟

化学品对生理稳态的干扰,等价于化学品暴露后生物系统的异常状态与正常状态间的偏差。计算毒理学借助物理、化学、生物学原理构建的模型蕴含着毒理学

对毒性机制最深刻的认识。通过模拟化学品对生物系统的干扰,"观测"模型在干扰下的输出,就得到了对于化学干扰所致毒性效应的一种预估。当前最大的科学挑战是:如何构建出此类模型?

2010 年,Ankley 等提出了有害结局通路(adverse outcome pathways,AOP)概念框架,进一步系统论述了(毒性)作用模式/机制(mode/mechanism of action)、毒性通路、生物学网络(biological networks)的含义及其在 AOP 框架中的定位。AOP 框架呈现了对化学品毒性效应的多尺度图景(见图 10 - 2),其假设化学物质的毒性源于外源性化学分子与生物大分子的相互作用,即分子起始事件(molecular initiating events,MIE),并触发后续的细胞信号传导等一系列关键事件(key events),最终在宏观尺度表现出有害效应。

值得注意的是,从 MIE 直至宏观毒性效应的有害结局(见图 10 - 2)也具备源于生命系统本身(生物大分子、细胞、组织、器官)的多尺度特性。在每层空间尺度内,都有各自的模拟方法和模型体系。下面将从微观到宏观的顺序简要对各类模型进行介绍。

毒物暴露	分子间相互作用	细胞效应	器官效应	机体效应	群体效应
化学性质	• 受体配体相互作用 • DNA结合 • 蛋白质氧化	• 基因激活 • 蛋白质合成 • 改变信号转导	• 生理改变 • 稳态失衡 • 组织发生或功能改变	• 致死 • 发育受阻 • 生殖损害	• 结构改变 • 灭绝

效应随着暴露时间的延长而增加

图 10 - 2　跨越多尺度的化学品(生态)毒性效应

10.3.2.1　分子尺度的计算化学模拟

化学品毒性效应始于 MIE,即化学分子与生物大分子的相互作用。目前的实验仪器尚不完全具备观测微观的分子、原子运动过程的时空分辨率,而这些过程却蕴含了关键的机理。计算化学的出现标志着化学不再是纯实验的科学。在描述分子尺度过程时,计算毒理学借助计算化学的方法,构建毒性物质-生物大分子靶标的分子模型,模拟并观测其行为,使得探索分子水平的机理成为可能。相比实验而言,计算化学模型不存在实验过程导致的误差,但随着模型的简化,其准确度也有不同程度的下降。

计算化学由两个主要分支组成:一个基于量子力学,另一个基于经典力学。采用量子力学定律描述分子具有比经典力学高的精度,能够计算分子的电子结构变化与化学反应的基元过程。量子力学方法通常可分成从头算和半经验两类。第一类，从头算（ab initio），暗示着该方法不含经验参数。该领域包括 Hartree-Fock、组态相互作用（configuration interaction）、多体微扰理论（many-body perturbation theory）、耦合团簇（coupled-cluster）理论等。第二类，半经验（semi-empirical）方法，包括一些对量子力学法则做出严格近似，然后采用一些经验参数，如实验测定值，替代部分计算量极大的物理量。这些方法包括 MNDO（modified neglect of diatomic overlap）、Austin 模型 1（Austin model 1，AM1）等。密度泛函理论（density functional theory，DFT）则是难以被归类的量子化学方法，因为部分 DFT 方法未采用经验参数，另一些则严重依赖于经验校准。合适的 DFT 方法比经典的从头算方法快速，同时具备与高阶从头算基组（basis set）相媲美的精度，因此在应用计算化学领域受到广泛的欢迎。例如，用 DFT 探索细胞色素 P450 酶活性物种 Cpd I 氧化有机物质的反应位点和活化能。

然而，纯粹的量子化学能计算的体系尺度受到限制，目前难以计算生物大分子体系。适当条件下，用经典力学模拟分子也非常有价值，这种方法又称为"分子力学"（molecular mechanics，MM）或"力场"（force field）方法。所有的分子力学方法都是经验的，其模型参数通过拟合实验数据或高精度量化计算结果获取。可用经典力学描述化学键长、键角、二面角及分子间作用力等。力场方法的计算速度比量子力学方法快得多，能够模拟原子数目上百万的生物分子体系。常用于生物大分子模拟的分子力场包括 CHARMM（chemistry at harvard molecular mechanics）力场、AMBER（assisted model building with energy refinement）力场等。其参数复杂度比量子力学方法高，搭建模型过程也相对复杂，需要考虑的因素较多，如不同氨基酸残基的质子化程度等。对于化学品参与的 MIE，化学分子的力场参数与拓扑结构信息需要额外"订制"。为此，AMBER 开发者发展了 GAFF（general AMBER force field），CHARMM 开发者相应地发布了 CGenFF（CHARMM general force field）以拓展力场的覆盖面。此外，计算力场参数的复杂流程被制成图形用户界面（如 visual molecular dynamics，VMD）的插件，基于网站的力场参数生成程序（如 SwissParam）也为获取小分子力场参数提供了便利。力场方法可以模拟化学分子与生物大分子的生物物理过程，如阻燃剂分子与核受体蛋白的结合。

分子力学方法不考虑化学键的形成与断裂，而化学反应尤其酶促反应是维持生命功能的关键过程。为了模拟生物大分子体系中的化学反应，量子力学/分子力学（QM/MM）组合方法应运而生，即对发生化学反应的核心部位采用量子力学理论，而对周围的生物大分子部分采用经典力学理论。目前，专门的量子力学/分子力学接口软件可以实现 QM/MM 计算，而 QM/MM 方法也广泛地用于生物酶对环境化学品的化学修饰模拟，如谷胱甘肽转移酶对于杀虫剂 DDT 的代谢行为。

除了模拟生物体内的化学反应，分子模型还可用于模拟预测化学品的环境转化,如羟基自由基引发的单乙醇胺、多溴联苯醚及短链氯代石蜡大气化学转化行为及动力学、抗生素的水解途径及动力学等,这些计算为完善暴露模型提供了重要的动力学参数。此外,量子化学模拟溶解性有机质与 C60 的相互作用,以及碳纳米管和小分子物质的吸附,也能为理解化学品与纳米材料的环境行为提供理论依据。

需要注意的是,计算化学方法虽然在一定程度上摆脱了对实验数据的依赖,部分 DFT 方法仍会使用经验参数;而模拟生物大分子体系时,一般都会借助分子力学等经验方法。总之,为化学品毒性效应 MIE 构建的分子模型,依赖诸多近似假设及大量经验参数,因此选择最优的化学模型与方法对于计算结果的准确度影响颇为显著,而计算结果若能与实验数据匹配,则会提升模型的可信度和说服力。

分子模拟能够从机理上解释实验现象,辅助化学品风险评价工作,为暴露评价提供信息,给出通过计算机模型预筛的优先化学品清单。模拟多尺度毒性效应时,分子模型有潜力阐明关键的 MIE。然而,量子力学可计算的原子数目和分子动力学可模拟的时间尺度仍然受到计算机性能的约束,而对于很多在毒理学效应中扮演重要角色的生物大分子,并没有 3D 结构支持其分子模型的构建。尽管计算化学与分子模型方法在毒理学的应用中存在上述局限性,它仍然提供了非实验环境将化学物质纳入生物系统的接口,而这正是化学品毒性效应链的起点。

10.3.2.2　细胞-组织-器官的系统生物学模拟

化学品触发 MIE 之后,激活受体蛋白调控的毒性通路,可进一步引起后续的氧化应激、热休克、DNA 损伤等响应。细胞作为生命系统基本功能单元,其稳态、增殖、分化、凋亡等行为受到细胞内部信号通路网络的精细调控。

生物信息学通过分析分子生物学技术产生的海量数据,即基因组学、转录组学、蛋白组学、代谢组学等数据,使用网络模型映射细胞生化组间的关系,如上游 DNA 序列与其级联转录以及翻译的 RNA 与蛋白质之间的关系,并借此将基因与其功能联系到一起。当组学实验涵盖外源化学品(xenobiotics)引起的毒性效应时,可将化学品与其引发的 DNA、RNA、蛋白质网络变化关联到一起,并进一步链接至表观的离体毒性或活体毒性终点(包括疾病)。这种化学-生物信息学(chemo-bioinformatics)技术成为生物与毒理领域重要的交叉领域。化学-生物信息学技术可以推断化学品与生物分子之间的相互作用关系网络,解析关键的毒性通路,并找到化学分子作用的靶点。例如,可分析基因或功能 RNA 与人类疾病相关性的基因功能关系网络,以及可预测现有药物预期靶点之外干扰位点的生物-分子网络。同时,该技术能够筛选出早期离体终点中更有价值的测试组,剔除关联性弱的测试项目,节约实验资源并为后期设计离体毒性测试组提供依据,从而令毒性测试体系事半功倍。然而,想要深度理解离体与活体毒性效应之间的关系,并进一步模拟和预测细胞毒性,尚需要深入理解"化学-生物网络"的组成与其动态响应机制,这属于系统生物学的研究范畴。系统生物学借鉴控制论的概念,抽象出负反馈、正反馈、前馈等通用性的网络组件(motifs),并进一步组合出超敏化、周期性震荡、细胞记忆等功能模块,借助数学和计算机模型模拟细胞信号通路网络的动态变化。

计算系统生物学通路(computational systemsbiology pathway,CSBP)模型假设网络中的分子浓度在细胞质或细胞核空间中完全均匀混合(well-mixed)并可以用连续变量表达,构建常微分方程(ordinary differential equations,ODE)描述细胞信号网络,是动态通路模拟的重要工具。典型的 CSBP 模型包含一套 ODE,描述网络组分的浓度变化速率,并将已知的生物化学相互作用涵盖在方程式中。模型的数值参数以及初始条件通常根据文献和离体数据设定,最终通过 ODE 求解程序计算系统的时间序列特性。尽管基于 ODE 的方法没有考虑基因表达过程的空间弥散性和噪声,它仍然有助于人们理解细胞周期调控、信号传导等基础的细胞生物学过程。进一步可利用随机模拟算法为确定的 ODE 添加随机波动性,从而更真实地模拟基因表达过程。部分基因表达如发育过程的基因调控通常仅有成功或失败两种结果,此时 Boolean 网络模型(Boolean network models)可以描述此类的基因表达,这种二元的模型降低了对定量参数的依赖性,可以对毒性现象给出定性的结论。

CSBP 模型可以与离体测试结果相互印证,因而成为新型风险评价方法的关键元素,显现出极高的科学价值。例如,可用前馈控制解释人体 Ⅰ、Ⅱ 相反应中外源性化学物质代谢网络在低剂量化学暴露时的毒性兴奋效应(hormesis)。又如,CSBP 模型可完整地表述核转录因子 E2 -相关因子 2(nuclear factor erythroid 2 - related factor 2,Nrf2)调控的抗氧化应激行为等重要细胞响应通路。此外,Quignot 和 Bois 基于离体实验数据开发的"性腺类固醇合成"通路模型能够模拟卵巢合成与分泌性激素的过程以及化学品干扰下内分泌功能的异常。

前述模型均基于细胞信号拓扑网络,忽略了细胞内部分子之间的空间异质性。真实细胞条件下,细胞核、细胞器与内质网将胞质隔离成不同区间,区间内的分子浓度各不相同,假设区间内部完全均匀混合,可考虑区间之间的分子扩散,分别为各区间构建 ODE 模型。然而,要真实还原细胞内拥挤的空间,需要借助其他形式的模型,如基于主体的模型(agent-based models,ABM),也称基于个体的模型(individual-based models)。ABM 中的主体可以是一个细胞或其他的实体,这些实体构成了离散点阵形式的虚拟世界,每一个主体代表了一种独特的数据结构,类似于程序设计中的"对象"概念。主体可以进入虚拟世界的物理空间中,根据预先定义的一套规则与邻近的主体互动,经过大量的迭代计算模拟,产生宏观的现象,即模型系统的"涌现性特征"。ABM 中的主体作为离散的实体占据着物理空间,因此不再基于完全混合假设,然而 ABM 对于指导主体行为的规则极为依赖。当主体为单个细胞时,ABM 可以在细胞、组织或器官的尺度进行模拟,如 CompuCell3D 软件能够模拟细胞生长、分化等行为,以及血管组织生成等。目前已经有工具平台,如 NetLogo(http://ccl.northwestern.edu/netlogo/),整合视窗与命令行界面,可用于 ABM 建模。近年来 ABM 模型广泛地应用于生物学领域,模拟肿瘤形成、炎症、伤口愈合等病理生理学现象,在设定化学品剂量-效应的预定规则后,可进一步模拟化学品对血管发育等生理过程的干扰,即模拟化学品引发的毒性效应。

器官由分化的细胞组织有机组成,根据器官内组织的空间分布,即可构建出虚拟器官。肝脏负责外源性化学物质代谢,极易遭受损伤,一直备受毒理学界关注。基于系统生物学方法,美国 Hamner 健康科学研究所主导了 DILI - symTM 模型的开发,用于预测药物引起的肝损伤,USEPA 则启动了虚拟肝项目(http://www.epa.gov/ncct/virtual_liver/),构建化学品效应网络智库,为关键的分子、细胞、回路系统模型提供支持,结合离体肝组织实验信息,使用 ABM 模拟化学品在肝叶模型内部的质量传递,及其对肝叶细胞分布的影响。同样的系统生物学方法可用于开发虚拟骨髓、肾脏等重要的毒性靶点。国际生理科学联盟的生理组学计划(physiome project)所开发的多种组织器官模型可结合局部剂量与毒性效应,预测化学品诱导的细胞异常与组织病理现象。

与发挥稳定生理功能的器官和组织不同,作为生殖与发育毒理学的研究对象,胚胎处于动态变化之中,复杂程度堪比一个微缩的生命体。目前,人们已经建立了胚胎数据库与虚拟组织学胚胎,导出胚胎的 3D 影像。此外,信息学方法也广泛用于表征化学品与生殖毒性之间的关系。由此可见,利用胚胎毒性在 AOP 框架下的关系映射提供的是一种概念模型,这突破了组织、器官原有的物理形式,更加注重其生物学功能的模拟,表现出局限的科学水平与建模能力向高度复杂生命体系的实用主义妥协。当现阶段没有透明的机理指导模型的构建时,采用信息学手段发掘的经验规律仍然具有较高的实用价值。

10.3.2.3 剂量-时间-效应关系

剂量-效应关系是生命系统暴露于外源化学品所涌现出的表象。传统化学品风险评价环节通过实验测定剂量-响应/效应关系曲线,依赖数学方法确定"阈值",这些过程都停留在毒理学表象上,尤其在外推低剂量阈值时,其可靠性遭受质疑。阈值可以理解为"生物系统暴露于应激源(stressor)后,维持稳态而不崩坏的最大应激源容量"。显然阈值与生物系统的稳态有紧密的关联,而 CSBP 模型已能描述生物化学系统的回复力与适应性。近年来,CSBP 模型用于为特定细胞尺度毒性效应终点的剂量-响应关系提供解释,从机理上计算出毒性"阈值"。模拟发现积分反馈、前馈等网络组件能够产生"完美阈值",正比例反馈或超敏性组件则产生类似阈值的响应,而某些前馈控制则能产生毒性兴奋效应。CSBP 模型的出现颠覆了传统毒性测试的格局,为从机理上推导出细胞毒性阈值提供了思路,而细胞毒性阈值则可作为进一步推断组织尺度、器官尺度、个体尺度毒性效应阈值的依据。

时间-效应关系的本质是生命系统暴露于外源化学品后,其各项性质的时间序列。使用基于明确机制的计算毒理学模型,一旦涉及时间变量,其模拟结果自然具备时间序列的特性,即呈现出时间-效应关系。例如,对于急性毒性效应,PBTK 模型可以快速给出中毒后的时间-分布水平,定位作用靶点,随后 ABM 模型可以模拟靶器官/组织毒性效应的强度,结合两者实现毒效动力学(toxicodynamics)模拟。同时,基于透明的机理,并不断纳入新的认识,虚拟组织与虚拟器官有望实现对慢性毒性/低剂量长期暴露毒性的模拟和预测。

总之,由于剂量-效应与时间-效应关系本质上都是生命系统暴露于外源化学品后的表象,一旦模型抓住了生命系统与化学品相互作用的本质特点,这两类关系将自然蕴含在模拟数据之中。如何科学而精准地构建出抓住生命系统与化学品相互作用本质特点的机理模型,才是未来必须应对的最大挑战。

计算系统生物学还在不断地完善和发展中,但这并不妨碍其在化学品风险评价领域的运用。计算系统生物学模型能够模拟生物系统在化学品干扰下发生的异常,定量预测生物系统偏离稳态的程度。可以预见,随着对生物系统与毒性机制认识水平的提升,在未来将能采用完全虚拟的器官组织,乃至虚拟生物体作为化学品以及其他应激源的毒性测试受体——这可能是计算毒理学发展的终极状态。

10.4　化学品理化性质、环境行为和毒理效应的高通量预测

如前所述,为单一化学品构建的暴露-效应模型体系须经过调整才能适用于其他化学品,即模型体系中一切化学品的物理化学性质、环境行为、毒理效应参数等均需随之调整。而数量众多化学品的理化性质、环境行为和毒理效应数据的缺失是计算毒理学需要应对的一个关键问题。

近年来,HTS 技术高效的数据产生能力以及互联网端数据共享模式开启了毒理学的"大数据"时代。至 2014 年,ToxCast 项目涵盖多达 700 种毒性终点,包括非细胞的生物化学分析(以核受体蛋白等生物大分子为对象)、完整细胞以及模式生物(特别是斑马鱼)的测试,共计 1 526 359 种化学品-毒性终点组合。同时,越来越多的化学品性质参数被整合到互联网数据库系统,如美国国家健康研究院的化学信息门户 PubChem 生物分析(BioAssay)数据库、USEPA 的集成计算毒理学资源(Aggregated Computational Toxicology Resource, ACToR)、美国食品药品管理局开发的内分泌干扰物知识库(Endocrine Disruptor Knowledge Base, EDKB)等。

下面将介绍利用现有数据资源预测化学品性质/活性的方法与策略。

10.4.1　依据分子结构预测化学品的理化性质、环境行为及毒理效应

分子结构是决定有机化学品物理化学性质、环境行为和毒理学效应的内因。因此,可依据分子结构信息预测化学品的物理化学性质(如蒸汽压、正辛醇/水分配系数)、环境行为(如生物降解速率常数、光降解速率常数)和毒理学效应[如脂肪组织/血浆分配系数、半数有效浓度(EC_{50})]参数。基于分子结构定量预测化学品物理化学性质、环境行为和毒理学效应参数的数学模型,本书统称为定量构效关系(QSAR)模型。

10.4.1.1　QSAR 与交互比对

QSAR 研究往往"基于特定(毒性)终点的先验数据,使用规则、模型与算法,预测新的分子是否具有相似的(毒性)倾向",包括定性分类(如判定是内分泌干扰效应的激动剂还是拮抗剂,是否具有雌激素干扰活性)与定量预测(如受体蛋白结合能),统计学上也称为数值的回归分析。分类与回归只是数据信息的类型不同(离散与连续量),本质是类似的。

构建 QSAR 模型需要:① 一组化学品理化性质/环境行为/毒理效应参数的数据集;② 一组描述分子结构或结构相关特性的数据集,习惯上称为分子结构描述符(molecular structural descriptors);③ 一种能够关联两组数据集的方法(如多元统计分析或机器学习方法)。得到初步数学模型之后,还需进一步验证模型的稳健性并表征其应用域。关于 QSAR 基本原理、建模流程及模型应用可参考相关综述,对于 QSAR 构建和验证,OECD(http://www.oecd.org)已经发布了相关的导则和工具包。

在化学品分类和毒性预测时,交互比对/交叉参照(read-across,RA)比 QSAR 更为简便。进行 RA 之前,先根据化学品的相似性进行分组,进而读取同组化学品中相似度最高的源化学品(source chemicals)数据,或综合相似度最高的若干(如3~5种)源化学品数据,依据某种算法(如均值法、原子中心碎片法等)计算出调整值,以填补目标化学品(target chemicals)对应的空缺数据项。也可以基于 RA 方法,预测同一个化学品对不同相近物种的毒理效应阈值。

QSAR 与 RA 都是化学品风险评价填补数据缺口的重要工具,两者有类似之处:都针对某一特定的毒性终点,都依赖分子结构信息,都能对化学品做出定性分类或定量的预测;在找不到相似化学品,或相似性达不到进行 RA 的底限时,这类似于化学品落在 QSAR 的应用域之外的情形,此时无论是 RA 还是 QSAR 都不再适用,只能诉诸其他的方法(如离体测试)。比较两者,QSAR 注重稳健的预测模型及其应用域内化学品性质的预测效果,而 RA 则注重对化学相似性的判定标准,往

往在比对分子结构与物理化学性质(即 QSAR 的描述符体系)之余,还会考虑化学品的生物有效性以及代谢、毒性作用模式等方面的相似性。鉴于 RA 考虑因素的灵活性,也存在使用 RA 作为跨毒性终点、跨物种外推的案例。

在欧盟推出 REACH 法规后,非测试策略,尤其是 RA,因其简单快速的特性而成为企业最热衷的填充毒性数据的手段。然而,部分毒理学者质疑 RA 方法在类推毒性数据上的可靠性。不仅针对 RA,Reuschenbach 等发现,基于 QSAR 的水生生物毒性工具包 ECOSAR 的毒性预测效果仍不令人满意。在现代毒性测试体系的背景之下,QSAR 亟需反思与改进。

10.4.1.2 QSAR 机理的透明性与描述的合理性

机理越透明,QSAR 预测的可靠性和效果也越好。例如,预测化学品物理化学性质时,QSAR 效果极佳;对于麻醉毒性等机制不太复杂的急性毒性,或生物富集因子等与化学品物理化学性质有显著线性关系的参数时,QSAR 也具有良好的效果;然而,对遗传毒性、致癌性等机制复杂的慢性毒性效应,QSAR 的预测效果显著下降。究其原因,一方面,从化学品分子结构导出的分子描述符无法全面体现化学物质与生物大分子的相互作用以及后续的复杂响应过程;另一方面,化学品导致的慢性毒性效应具有较长的时间跨度,其深层的机理不尽相同,可能并不具备机器学习理论假定存在的关联模式,因而用分子描述符强行映射活体毒性终点得到的结果也将是不可信赖并难以接受的。而毒性通路概念的提出则有助于梳理出特定的毒性作用模式,从而根据相对透明的机理构建 QSAR 模型。在 AOP 框架中,QSAR 用于明确分子事件的定性筛选和定量预测,其机理透明性和预测效果都会有显著的提升。总之,在构建或使用 QSAR 模型之前对化学品聚类,针对作用模式明确的毒性终点建模,本质上都在降低化学空间与生物学空间复杂性,提升发现规律的机会。

由此可见,QSAR 可以借鉴计算化学结果,筛选描述符以预测分子性质。例如,利用 QM/MM 方法模拟人体甲状腺运载蛋白(transthyretin,TTR)与含卤素有机物结合机制,据此可设定明确的描述符以预测化学品的内分泌干扰性。同时,QSAR 可以将耗时的计算化学模型输出结果转化为规律性的经验,提升模型预测速度/通量和应用能力。例如,Rydberg 与 Olsen 等提炼了量子化学计算 P450 酶活性中心与多类配体反应的规律,开发出基于网络端的 SMARTCyp 应用(http://www.farma.ku.dk/smartcyp/),能够快速准确地预测代谢位点及氧化反应活化能。此外,分子力学方法通过适当简化也可以实现虚拟高通量筛选(virtual HTS,v-HTS),如药物设计领域常用的打分函数、比较分子力场方法与分子对接,这都与 QSAR,尤其是 3D-QSAR(3-dimension QSAR)的研究领域有所交叉。在计算化学视角下,QSAR 模型的机理透明性及预测能力都得到了显著提升。

　　覆盖化学-生物学空间的分子结构描述符体系有助于改善 QSAR 模型的预测性与机理性。现有的描述符种类冗杂,大部分描述符没有明确的物理意义,严重限制了 QSAR 模型对毒性机理的启示。Thomas 等指出,分子结构描述符生成软件(目前,USEPA 官方 QSAR 项目仍然采用 Dragon6 生成分子结构描述符 http://www. epa. gov/nrmrl/std/qsar/qsar. html)仅适用于单一有机化合物。而许多重金属(无机物)及其烷基衍生物(有机金属化合物、配合物)都具有毒性,以有机金属化合物为例,此类化合物含有金属内核与若干有机分子碎片,会被描述符生成软件误解为混合物,从而不能为其产生描述符。此外,化学品往往与特定的溶剂形成混合体系,也可能吸附于环境、生物大分子(溶解性有机质、蛋白质等)表面或空腔内,在真实环境条件下,"溶剂效应"会影响化学分子的性质。以可电离物质为例,其不同电离形态的生物化学活性、环境行为参数都有差别,应该分别予以考虑。此外,纳米颗粒物的 QSAR 研究近年来日趋得到重视,但是描述和表征纳米颗粒物的结构仍是一个挑战。综上,现有描述符体系所构建的 QSAR 模型不能覆盖管理者所关注的化学品空间,势必会限制 QSAR 模型的应用。因此,有必要开发新的描述符体系合理地表征分子解离状态、无机化合物、有机金属化合物以及纳米尺度的颗粒物,同时还需兼具便捷性和实用性。

　　将描述符体系拓展至化学-生物学空间,就可能对特定毒性通路中的生物大分子做出描述,从而提升 QSAR 模型的预测效果。例如,药物设计领域所发展的基于受体蛋白结构的打分函数与比较分子力场方法广泛用于定量评估化学分子与生物大分子的结合能力;又如,HTS 产生的离体数据本质上为化学-生物学的交互,因此也用作追加描述符,与传统的化学描述符一同用于预测活体毒性,形成所谓的"定量结构离体-活体关系"(quantitative structure in vitro-in vivo relationship, QSIIR)。然而,Thomas 等采用多种统计分类方法,结合分子描述符与 ToxCast 数据库上百种离体毒性数据,针对 60 种活体毒性数据所构建的 QSIIR 模型,其预测性与稳健性均不令人满意。因此离体数据或许并不适合直接作为表征生化信息的描述符。尽管如此,纳入离体测试数据仍然代表了一种将描述符从化学空间延伸到生物空间的原创性探索。

　　得益于多元统计理论的完善与机器学习技术的快速发展,相应的数值回归与分类方法非常丰富,在化学品毒性"大数据"时代,消耗计算资源少、处理速度快、理论体系越发成熟的 QSAR 技术,仍将长期在化学品风险评价领域发挥重要作用。此外,研发"既有更优良的性能(如药效、阻燃性、黏合力等),又有更低的危害"的理想化学品的问题,也可以借助于 QSAR 技术,其本质都是在摸索化学品结构与其特殊性能间的关系。

10.4.2　利用化学品离体数据预测其活体效应阈值

进入 21 世纪以来,动物实验受到限制,以 Tox21 项目为代表的 HTS 成为新毒性数据的主要来源。当前,解读并利用离体数据资源已成为 21 世纪毒性测试体系成功的关键。

早期人们曾尝试用离体阈值直接替代活体阈值,从生物体不同部位(如肝、肾、血液、神经、肺、皮肤)提取细胞作为离体测试的素材以代表相应器官组织。尽管某些离体毒性终点与活体毒性终点存在一定的相关性(如上皮细胞组织因子上调与血栓风险),但是活体与离体毒性数据总体差异巨大,采用常规统计分类方法也难以利用离体数据准确预测活体毒性。离体测试与活体测试有两类重要差异: ① 毒性效应位点与剂量的不同。投加到培养基质中的剂量作为离体毒性剂量,与经毒代动力学过程后的组织液浓度相仿,而对于哺乳动物而言,活体毒性剂量则通常源自喂食剂量或皮下组织/血液注射剂量。② 毒性终点不同。离体测试不再以动物个体的死亡或生理/行为异常为终点,大部分离体测试的受试素材是细胞与生物大分子,其毒性终点通常为细胞功能的异常/凋亡,或生物大分子功能的激活/抑制。

有研究表明,可以利用 PBTK 模型实现离体与活体毒性效应阈值之间的外推(离体-活体 extrapolation,IVIVE)。Brinkmann 等用 PBTK 模型将鱼类离体阈值调整后,提升了与活体阈值的相关性。这种方法在药代动力学研究中已有应用,目前对于肝、肾等器官的动力学外推机制已有较深刻的理解。Wetmore 等通过实验测定化学品代谢以及其与细胞质蛋白结合的动力学参数,结合高通量离体测试数据,构建了离体逆向药代动力学模型,并与美国人群经口当量剂量和实验室条件下的大鼠经口暴露剂量做了比较。基于此,Judson 等搭建了一套概率评估毒性效应阈值的框架,并结合 USEPA 的 ExpoCast 数据,实现了"高通量化学品风险评价"。

IVIVE 的核心是合适的 PBTK 模型。当前免费可用的 PBTK 建模平台较少,尽管一些毒代动力学参数可以通过离体或计算机模型合理估算,并存在针对环境化学品的简单 IVIVE 方法,但总体而言,此类模型应用域不明,缺少描述穿透生理屏障、血液-组织间分配以及代谢去除过程的必要参数和高通量测定这些参数的手段。为此,2014 年,动物测试替代方法欧洲合作伙伴(European Partnership for Alternative Approaches to Animal Testing,EPAA)-欧盟动物测试替代法参考实验室(European Union Reference Laboratory for Alternatives to Animal Testing,EURL ECVAM)召开联合专家会议,讨论了 PBTK 建模平台与参数估算工具等问题。可以预见,构建 PBTK 模型的过程将更加规范,而为各类离体测试体系与生理构造各不相同的物种定制 IVIVE 拓展也将更加便捷。

10.4.3　智能/集成测试策略

关于化学品毒性测试有以下几个事实：① 由于活体实验有着毒理学传统的权威性，因此被保留作为最终验证手段，即所谓的"黄金准则"，尽管其与人类健康风险评价的相关性受到越来越多的质疑；② 用一种离体测试替代某种传统毒性指标未必可行，很多化学品虽然能引发离体效应，在活体测试中却并不会引发毒性效应，体现为离体测试的"假阳性"；③ 基于 QSAR 的计算机模型测试，其应用域局限于特定的化学-生物学空间，并不普遍适用于所有化学品毒性效应的甄别及预测；④ 化学品对生命系统毒性效应的预测效果仍有提升的空间。

在前述问题的驱动下，诞生了将各种毒性测试方法有机整合到一起的智能/集成测试策略（intelligent/integrated testing strategy，ITS）。使用最终手段之前，先用廉价而不失精准的手段筛选化学品：在虚拟筛选与离体测试之后，集中实验资源进行更高阶的活体验证，这种测试优先（prioritization）次序隐含在 ITS 的流程之中。ITS 包含 3 个主要步骤：① 尽可能多地挖掘相关数据；② 评估这些数据的可靠性、相关性与有效性；③ 在 ITS 中运用这些数据。欧盟通过基于非测试与测试信息工业化学品风险评价优化策略（optimized strategies for risk assessment of industrial chemicals through integration of non-test and test information，OSIRIS）来实现化学品管理，并专门开发了 ITS 工具（http://osiris. simpple. com/OSIRIS-ITS/welcome. do）。Willett 等借鉴 OECD 的概念框架利用 USEPA 内分泌干扰物筛选项目（Endocrine Disruptor Screening Program，EDSP）数据，开发了针对内分泌干扰的 ITS。此外，AOP 框架可用于 ITS 设计，Patlewicz 等开发的皮肤敏感性测评集成方法（integrated approach to testing and assessment，IATA），不仅结合危害测试与毒代动力学预测，还囊括高内涵技术，其绝大多数信息都可追溯至 AOP 框架的某一环节，IATA 中的 QSAR 模型几乎都是"机理透明"的。与欧盟的 ITS 类似，美国在 20 世纪 80 年代就启动了集成风险信息系统（integrated risk information system，IRIS）项目，以评价经口或呼吸摄入环境化学品剂量可能引起的癌症或非癌症类有害效应。可以看出，ITS 在结合暴露信息之后即具备独立完成化学品风险评价的能力，而计算毒理学模型则是 ITS 的重要组成部分。

然而，基于统计分析或机器学习的模型（包括使用这些模型的 ITS）局限于特定的应用域，难以预测复合毒性及其他非常规因素。当新毒性终点需要纳入 ITS 之内时，需要设计新实验，构建新模型，拓展应用域，从而增加既有 ITS 体系的复杂程度。此外，ITS 会随着毒理学机制研究的深入而不断"进化"，越来越多的理论模型将被逐步纳入现有的 ITS 范畴，从而极大地增强其应对非常规因素的能力。

10.5 展望

除了上述环境健康预测的原理和方法外,研究人员仍在积极探索环境健康预测的新方法、新方向以及面向未来的人才培养方式。

10.5.1 预测毒理学发展

人类发展对于生态系统究竟造成了什么样的影响? 2009 年,一批来自不同领域的科学家在 *Nature* 期刊上提出了人类安全操作空间的概念,设定若干警戒线,一旦越界则会对地球造成不可逆的破坏。化学品污染也与气候变化、生物多样性锐减等共同威胁着地球生态系统的健康。

生态毒理学的目标之一是,研究化学品对生态系统中各营养级物种的毒性效应。面对栖居于生态系统中种量惊人的生命,一个关键问题在于化学品毒性的跨物种外推。在此方面,计算毒理学诸多工具都非常有价值。例如,可以通过调整 PBTK 模型参数,预测不同发育阶段不同物种体内的化学品分布;可以构建同源模型(homology models)考察不同物种不同基因序列生物大分子的结构和功能差异;虚拟组织、器官、个体模型则能对特定生物体系做出更为逼真的模拟。关于化学品毒性跨物种外推可以参考 2011 年 SETAC 会议综述。任何物种的毒性研究都可以借鉴计算毒理学的方法学,而在 AOP 框架中,个体生命的存活、发育、繁殖造成的变动与影响自然地延伸到种群、群落乃至整个生态系统(见图 10-2),体现为流行病学层次的现象或生态毒性效应。

生态系统可以类比于稳态下的生命体。2003 年 van Straalen 指出:“生态毒理学正在转变为应激生态学(stress ecology)”,并给出基于应激源的生态位概念,而计算毒理学则为这个概念提供了定量的工具。将生物个体定义为主体,赋予其行为活动的规则,即可构建物种分布模型,使用空间环境数据推断物种的分布区及其对栖息地的适应性,在此基础上确定物种生态位的时空间成分,从而直观地表征生命个体与环境之间的关系。此外,针对生态系统服务的社会价值评估也为生态功能的定量化提供了思路和方法。可以想象,结合基于应激源的生态位概念、生态暴露评价模型、物种分布模型以及高时空分辨精度的地理信息系统,定量预测生态层次的有害结局将成为可能,进一步地为提供化学品污染的警戒线提供可靠依据。

10.5.2 个人化(精准)风险评价

2003 年,欧洲替代方法验证中心(European Centre for the Validation of Alternative Methods,ECVAM)举办了“基于毒理基因组学测试系统的验证”第一

次研讨会,讨论和定义了适用于毒理基因组学平台验证的原理以及包含毒理基因组学技术的特殊毒理学测试方法的验证体系。这些基因测试技术将大量用于毒性预测项目。例如,2006 年启动的欧盟项目 carcinoGENOMICS 发展基于基因组学的离体筛选方法以预测肝、肾、肺的基因毒性、致癌性。以毒理基因组学、转录组学、蛋白组学、代谢组学为代表的组学技术,一方面从深层机理上揭示了遗传毒性、致癌性等有害效应的根源,另一方面能够表现出不同物种的差异以及不同生物个体之间的差异,这在毒理学研究领域是史无前例的。每个人都是与众不同的——每个人都有独特的基因组与暴露组。计算毒理学可以分析每一个独特的生命个体的基因-暴露组数据,为其定制精准疗法,以及精准风险性评价。不同的基因组衍生出不同的生理组,这让人们对化学品以及其他应激源产生不同的生理响应,意味着对于人群而言,可能不存在确切的毒性阈值,而利用概率分布确定化学品风险可能置少数弱势人群于风险之中。在未来,每个人都将拥有属于自己的"风险化学品清单",而消费品安全说明书则会面向个人提供更全面的风险信息。当然,这将涉及大量个人隐私与生化安全的问题,为此,新的化学品政策与社会管理体系也将应运而生。

10.5.3　合作与人才培养

ToxCast 与 Tox21 的案例显示,美国先进的计算毒理学得益于多重政府机构与企业、学术界之间的紧密合作。政、商、研分别提供了法规或政策驱动力、资金和实践平台、前沿科学理论——合作让参与者获得利益,推动科学进程并造福人类社会与自然生态系统。

计算毒理学研究需要各领域学者合理分工与密切合作。理想的计算毒理工作者将掌握如下技能:

(1)了解毒理学实验手段,尤其是新兴的和前沿的方法(如毒理基因组学研究),能够将实验原理与计算机模型进行无缝对接,有效地从实验中挖掘出对计算毒理有价值的信息。

(2)精通数学算法,并会使用统计分析或机器学习工具,以分析"大数据"蕴含的毒理学信息。

(3)精通物理化学(量子化学、统计力学)、生物化学、生理学原理等基础学科,并会使用量子化学、基于分子力场的计算模拟软件、系统生物学建模语言等。

(4)能使用若干门编程语言或软件,以搭建自动化数据处理流程甚至平台。

从上述所描绘的计算毒理学图景可以看出,计算毒理学包含的内容非常广泛,单凭一个人很难精通全部领域的知识。而各领域之间又存在着紧密的联系,这要求各领域之间的科学家能广泛地交流,相互理解。这正是交叉学科的特点。"全而不精"的培养模式是行不通的,交叉学科人才的培养并不意味着把相关学科都编排到计划课程当中,而是为各个学科的专家提供一个良好的交流平台。

讨论题:

(1) 人工智能(AI)可以帮助我们识别环境污染物或其他环境有害因素吗?

(2) 在目前阶段,通过预测技术获得的化学品安全性评估结果还需要从哪些方面来验证?

第 11 章　环境与健康促进策略

随着社会经济的飞速发展和人民生活质量的持续提升,环境健康问题受到全球各国的高度关注。环境污染对健康造成的损害已经成为 21 世纪各国政府、工业界、学术界和民众关注的热点问题。严重的生态环境问题给人民群众带来了极大的健康危害,这种危害不仅是中国的问题,也是全球的问题。全球问题是指该问题在世界各个国家都有可能发生,同时这种问题一旦发生,必然会影响周边其他国家,而这类问题必须着眼于全球视角才能从根本上解决。据世界卫生组织统计,在全球范围内,24％的疾病负担和 23％的死亡可归因于环境因素;从区域差异来看,发达国家只有 17％的死亡可归因于环境因素,而发展中国家则可达 25％。因此,环境与健康问题应该成为 21 世纪世界各国特别是发展中国家认真思考、采取行动的重要问题,要集中有限的人力、物力、财力等各种资源优先研究突破威胁人群健康和生态健康的政治、经济、法律、技术及行政等方面的问题,真正实现经济发展以人为本、环境发展以人为本的目标。解决环境与健康问题同样是一个系统工程,狭义上讲,它需要运用环境系统工程的原理和方法,从标准、监测、信息、法律、技术、经济、产业七个方面综合考虑,并突出解决重点问题,不断取得阶段性成果和实效。鉴于目前环境与健康工作还没有系统地开展,部分工作零散分布在环境保护部门和卫生部门,且各有侧重,掌握的相关数据不能共享、标准不统一,无法进行数据处理和信息传输,对决策和管理的基础支撑作用没有得到根本发挥。根据先易后难、从解决当前突出问题入手的原则,在借鉴国内外现有工作经验和研究成果的基础上,尽快实现环境与健康工作的良好衔接,突出环境污染对人群和生态健康造成的威胁与损害这一核心主题,研究保护人群和生态免受环境污染的威胁与损害的标准、监测、信息、法律、技术、经济和产业方面的重点工作。

三十多年来,我国工业化、城镇化发展迅速,成功应对复杂的变化和一系列重大挑战,实现了经济平稳向好发展,人民生活水平显著改善,在资源节约和环境保护方面取得了积极进展。但是,我国人口基数大,生态与环境状况堪忧,破坏严重。中国已成为世界上第一大二氧化硫和二氧化碳排放国、土地沙漠化不断扩展、垃圾围城现象普遍、大气和水污染问题严重、水土流失难以遏制,耕地资源和生物多样性减少、森林资源供不应求,同时中国也是世界三大酸雨区之一和世界 21 个贫水国之一。与此同时,资源环境对经济发展的承载力下降,区域发展不平衡问题日益突出。目前,我国面临的主要挑战之一是环境质量的迅速下降,健康风险的明显增加。尽管中国已经在环境污染物的治理方面取得了一定进展,但是与发达国家相比,在管理体制、法律法规、标准建设和技术支撑等方面还存在较大的差距,而且由于中国面临的生态环境问题是在短期内集中体现和爆发的,环境污染问题表现出显著的多样性、系统性、复杂性、潜在危险性和治理长期性等特点,现有的环境健康工作很难解决目前凸显的问题。特别是在未来全球变暖的大背景下,中国还将同时面临快速城镇化、能源匮乏、资源短缺、水资源危机、粮食安全及环境质量进一步恶化等诸多挑战,这也会进一步加剧环境健康风险,严重影响中国的生态文明建设和小康社会目标的实现。这就需要我们进一步转变发展思路,创新发展模式,积极借鉴国外在环境与健康方面的先进经验,应对环境与健康问题,在发展中解决不平衡、不协调、不可持续性问题,不断提升可持续发展能力和生态文明,切实做到我国经济的又好又快发展和人民生活水平的不断提高。

11.1　改进体制机构和扶持科研机构

我国目前在生态环境保护方面严重存在执法力度不够的缺陷,其主要表现在两方面,一是管理体制不顺,导致环保部门的监管作用无法发挥,主要是生态环境涉及水利、农业、土地等多个方面,加上环保部门协调机制和管理模式规定不完善,互相争取"五权"现象严重,分管部门自我感觉处于配角地位,工作积极性不高,不能正常发挥监督权,最终造成各职能部门配合不默契,使生态环境保护的整体性被分块划分。二是有法不依,执法不严问题突出,部分地区执法部门在实际工作中对群众反映的环境问题或敷衍了事或视若无睹、不管不问,严重脱离群众,致使群众越级上访事件只增不减,执法部门工作被动,应付上级检查的现象司空见惯,针对性地处理重大环境问题的现象更是常见。另外部分地区声称受保护主义影响,对领导没有批示的地区、重点保护企业、开发中的地区、查过但没解决问题的地区都不敢执法,更不敢碰硬。此外个别地方保护主义严重,不仅不配合执法工作,甚至干预、扰乱执法,造成环境问题纠纷不断。深化环保体制改革,推进环境治理体系和治理能力现代化,是生态文明建设的一项重要基础性工作。所以,如何深化环保体制改革,以进一步推进生态环境的治理,可能是环保领域人士最为关注的话题了。在"2017 年环境保护治理体系与治理能力"研讨会上,中央机构编制委员会办公室副主任何建中曾表示,目前中央机构编制委员会办公室正按照中央的改革部署,配合环保部(现为"生态环境部")开展按流域设置环境监管和行政执法机构,建立跨地区环保机构试点工作,进一步强化区域联防联控,探索水、大气污染治理的新模式。

11.1.1 建立环境变化与健康管理新体制

水和大气这些环境要素具有很强的流动性,其环境污染和生态破坏往往以区域性、流域性的形式表现出来,空间分布和行政区划并不一致,因此建立跨行政区域的环保机构,实行符合区域和流域生态环境特点的防控措施,对改善环境质量至关重要。为此,从 1988 年设立国家环保局,近三十年来,我国进行了多轮环保监管体制改革,从调整完善职能、加强机构入手,不断提升环保部门的监管能力。现行环保体制的总体特征是,横向实行环保部门统一监督管理、相关部门分工协作的体制;纵向实行国家监察、地方监管、单位负责的分级体制,总的看是基本适应环境保护工作需要的。值得注意的是,长期困扰我国环境监管工作的两个难题仍然没有得到很好解决。一是横向体制上,部门环保职责的落实机制不健全,保护与发展责任往往两张皮,难以实现职责的内在统一;二是纵向体制上,地方重发展轻环保的问题还比较普遍,缺乏有效的督察机制。为破解这些体制机制障碍,近年来,通过建立环保督察制度,开展跨地区、按流域设置环保机构,以及实行省以下环保机构监测监察执法垂直管理体制改革等政策举措,环境治理体系不断调整和优化。在国家层面,构建环保督察体制,探索跨地区、按流域设置环保机构。2006 年,环保部(现为"生态环境部")陆续设立了 6 个区域环境督察中心,按照国务院授权对地方政府履行环境监管责任进行监督检查。2015 年 2 月,在环保部(现为"生态环境部")环境监察局加挂"国家环境监察办公室"牌子,设置了 8 名国家环境监察专员。2015 年 8 月,为贯彻落实《环境保护督察方案(试行)》,国家环境监察办公室更名为国家环境保护督察办公室,并作为国务院环境保护督察工作领导小组的办事机构单独设置。这一系列调整为中央环保督察工作提供了有力支撑。环保监管的复杂性与监管对象的特殊性是密切相关的。

1) 建立完善监管体制机制,健全国家和地方各级环境与健康部门的协调机制

由于环境变化会对人类健康产生重要的影响,不仅会加剧公共卫生方面的问题,还会对社会的可持续发展带来诸多无法预估的新问题。因此,已有的措施并不足以解决目前所面临的重大挑战,要把环境变化对人民健康的影响作为政府管理的重要组成部分,协调多部门制定多种联合机制,着眼于多个层面,才能形成有效管理。为此,国家需要进一步健全政府环境与健康职能及体制机制。中央层面:升级现行国家环境与健康领导小组,明确相关部门的环境与健康综合管理职权,建立部门协调、协同机制,完善信息共享、综合决策机制;地方层面:建立健全省、市级环境与健康机构或人员,明确各协同部门职责、共同承担责任,建立环境与健康政府绩效考核和问责机制。

2）建立以环境与健康风险评估为核心的制度体系

环境健康风险评估是通过有害因子对人体不良影响发生概率的估算，评价暴露于该有害因子的个体健康受到影响的风险。其主要特征是以风险度为评价指标，将环境污染程度与人体健康联系起来，定量描述污染对人体产生健康危害的风险。环境健康风险评估是风险管理的主要内容，风险评估的结果可以综合政治、经济、法律等信息，制定相关政策，最大限度地保护公众健康，有效地降低环境污染对人群造成的健康风险，促进对环境与健康风险实施有效的管理。其结果也可以为媒体及公众进行风险交流提供数据支撑。韩国和美国在环境健康风险评估及管理方面具有几十年的历史经验，韩国《环境健康法》设专章规定风险评价制度，开展风险评价是环境部的法定义务。1983年，美国国家科学院制定"风险管理"策略，将环境与健康风险管理分为两个阶段，即风险评价与风险管理，并提出了人群健康风险评估的经典模型，明确了健康风险的评价步骤，即风险评估"四步法"，包括危害识别、剂量-反应关系、暴露评价和风险特征。这一风险管理框架得到了许多国家的认可，加拿大、澳大利亚、荷兰等国环境立法予以采纳并实施效果良好。美国和加拿大建立的与环境和健康风险评估制度相关的法律如下：《联邦政府风险评价：管理过程》《美国环境健康风险管理框架》《环境决策中的风险评估与风险管理》《生态风险评价指南》《理解风险：民主社会的决策指南》《超级基金风险评价指南（第一卷）：人体健康评估指南》《超级基金风险评价指南（第二卷）：环境评估手册》《加拿大环境健康风险管理入门手册》《生态风险评估：一般指南》。

11.1.2　完善环境与健康相关科研机构

自工业革命以来，人类赖以生存的环境受到前所未有的伤害，给人类的身体健康和生存繁衍造成巨大的威胁和伤害。在我国，随着社会经济的发展，也相应地促进了我国城市化的进程，在人们不断地享受物质文明成果的时候，也同时承担着环境问题对健康的危害。由于工业化时代的来临，造成了大量的能源消耗，并且相应地也产生了大量的垃圾和废气，严重地影响到环境的质量，而我国生态环境的基本状况是：总体环境在恶化，局部环境在改善，治理能力远远赶不上破坏速度，生态赤字在逐渐扩大。

环境问题首先会导致公害病的出现，公害病主要是指由于人类对环境的破坏和环境污染导致的一系列地区性疾病，主要就是由于环境问题导致的疾病。常见的公害病主要有以下几种：由于大气污染导致的哮喘，由于土壤污染造成的疼痛病，由于水污染造成的水俣病，等等；环境问题还会导致急慢性危害，环境遭受破坏容易出现很多急性中毒和死亡事件。此外，由于现在农业生产中常用有机氯农药，而这种农药容易导致各种慢性病的出现，由于人类食用粮食，而粮食中有大量的农药残留,农药就间接地进入人体,对人类的健康造成严重的威胁;环境污染还给人类造成远期的健康危害,像一些污染物容易致癌、致畸等。由此可见,如果不及时地处理环境问题,则容易导致各种疾病的出现。根据一项相关调查,人类所患的癌症有 80% 与环境污染有关。肝癌一般与水污染有关,肺癌与吸烟和大气污染有关。20 世纪 40 年代美国在日本的广岛、长崎投放的原子弹即使过了几十年,仍然具有很大的辐射性,导致很多的新生儿出现畸形。环境污染和环境破坏是导致新生儿畸形的主要原因。

为此,各国政府和民间组织也积极开展环境和健康领域的研究工作,以应对全球严峻的环境污染态势。

11.1.2.1　国外环境健康主要研究机构

随着科学研究的深入和环境管理实践的发展,人们逐渐认识到,正确、有效地评估污染物对生态系统和人体环境健康的影响都要有可靠的科学基础。国外发达国家在环境健康领域设立了专门的研究机构,为环境健康相关管理工作提供技术保障。

1) 美国主要的环境与健康研究组织

美国国家科学院和国家研究委员会于 1983 年提出了环境健康危险度定量评价的模式。这两家机构研究认为,环境健康危险度评价是为环境污染物的危险管理提供重要科学依据的最合适方法。因此,在美国逐渐发展建立起环境健康相关的研究中心或研究院所。

(1) 美国环境健康政策委员会　环境健康政策委员会由毒物和疾病登记署、疾病控制和预防中心、食品药品监督管理局、印第安纳卫生局、国立卫生研究院首席律师办公室等组成。其主要职责是协调与美国公众健康服务及所属部门工作相关的健康活动政策发展,交换环境健康信息,并提供咨询,以及为必要的环境健康研究、暴露评价和风险管理提供舆论支持。

(2) 美国国家健康中心　在美国疾病预防和控制中心的多个公共服务部门中,美国国家环境健康中心是最直接从事环境健康管理研究的二级部门。该组织中心与美国有毒物质和疾病登记局组成了环境健康与损伤预防协调中心。该组织的使命是:规划、指导和协调国家计划,通过促进健康环境并预防非感染、非职业环境及其他因素造成的过早死亡和可避免的疾病及伤残等,维护并提高美国人民的身体健康。

美国国家健康中心下设 4 个主要部门:环境危害和健康效应部、突发事件和环境健康服务部、实验室科学部以及全球健康办公室。

(3) 美国国家环境科学研究所　美国国家健康研究所是世界上最早的医学研究中心,建立于 1887 年,是联邦医学研究的关键部门,其包含了 27 个分支研究所和研究中心,隶属于美国卫生和公共事业部的公共健康服务部,其中的国家环境健康科学研究所是国家健康研究所的分支部门之一。该研究所主要研究导致人体健康和疾病的三个原始因素,即环境因素、个体易感性和年龄。在研究方面,美国国家环境科学研究所分为内部研究计划和外部研究计划与培训。与此同时,美国国家环境科学研究所在美国国内多个大学建立了环境健康研究中心,如加利福尼亚大学、哈佛大学等。

2) 日本主要的环境与健康研究组织

日本国立环境研究所(The National Institute for Environmental Studies)于1974 年建成并投入环境科学研究工作。该所位于东京东北部约 60 km 处著名的筑波科学城内,占地面积为 $2.3 \times 10^5 \, m^2$,是日本环境厅直属的主要从事环境综合科学研究的机构。二十多年来,该所环境科学研究硕果累累,已成为世界上少数几个著名的环境研究机构之一。它为日本解决环境污染和可持续发展作出了重大贡献。该所学科齐全,研究的领域广泛,主要由有关项目研究、基础研究、服务保障等方面的十余个研究部和研究中心构成。

(1) 地球环境部 该部的 8 个研究组目前利用卫星遥感、激光雷达、计算机等先进技术和设备从事全球变暖机理,臭氧层变薄机理,大气中酸性物质及其反应机理和远距离传输,海洋生态环境,自然植被保护,生物多样性保护等方面的研究课题多项。

(2) 区域环境部 该部的 15 个研究组主要承担着国内外环境污染风险评价、污染机理及防治方面的研究任务,具体有交通污染控制、城市空气质量监测、湖泊保护、海岸环境及其污染防治、水质恢复处理、危险废弃物处理、区域环境标准评价、环境风险评价、大气污染物对健康的影响、化学物质对健康的影响、生态风险评价、生化产品评价、国际环境健康影响评价、国际水环境恢复、生态管理及大气污染防治等方面的研究项目十余项。

(3) 社会及环境系统部 目前,该部各研究室主要从事社会经济分析与环境管理政策评价,地球环境保护及国际合作潜在效益,环境影响与水资源开发的联系,废弃物产生对社会和环境体系的影响及其作为潜在资源的回收利用,国家环境规划等课题研究,此外还进行环境经济、资源管理等方面的信息处理与分析项目研究。

(4) 环境化学部 该部主要承担大气、水、土壤及生物样品中各类环境污染物的分析方法,尤其是大气中各类危险污染物(28 种优先控制有毒有害污染物)连续自动分析的方法研究;环境化学标准化分析及分析质量保证、环境化学动力学及加速器质谱在环境研究中的应用;水环境中毒素新分析方法的建立;化学结构与内分泌系统破坏生理活动之间的关系;应用哺乳动物和微生物细胞进行环境化学品新生物鉴定系统开发等研究项目。

(5) 环境健康科学部　该部侧重于免疫系统中空气污染物通过特殊途径对肌体防护机理的影响,二氧化氮和臭氧及柴油排放对免疫反应、炎性细胞和呼吸功能的影响,由环境中的有毒化学品和相关的环境因素引起的毒性机理,重金属(镉和汞等)和卤代烃及其他相应的环境化学物质分子和细胞水平毒性,体内新陈代谢和生理功能影像核磁共振技术,由化学品控制的实验动物行为分析,以及有毒化学品体内检验方法,评价二氧化氮或悬浮物微粒与肺病之间的关系方法改进等课题的研究。

(6) 大气环境部　该部进行的主要研究任务如下:气候变化及大气运动,大气中物质传输以及应用所观测的数据模型和大气动力学的方法,能量和水循环的研究;利用 6 m³ 的光化学反应器和光谱、质谱测定方法进行自由基反应动力学和光化学的研究;平流层臭氧、反应温室气体的寿命和形成,对流层臭氧及其前身、酸雨形成、光化学烟雾形成机理方面的研究;利用雷达和激光遥感技术进行与地球区域环境有关的高空大气特征的观察研究;利用大型远程高分辨率激光雷达观测平流层、对流层气溶胶形成过程的研究;借助臭氧激光雷达观测平流层臭氧变化的研究;利用先进的激光雷达技术和光学遥感技术进行高空大气测定的研究;在遥测站长期采用各种痕量气体监测技术进行对流层、气溶胶、痕量反应气体、温室气体的寿命和分布及起源的研究。

(7) 水和土壤环境部　当前该部正实施的课题如下:环境污染物(萘、TCE、PCE 及放射性铯)的寿命和防护,湿地中甲烷的形成传输机理,微生物的多样性研究,利用遥感、GIS 技术研究水和物质的循环,土壤中重金属、有机物及农药和烷基氯化物的行为,土壤植物在生态系统中的作用,地下水水位及变化对地表面下沉的影响等。

(8) 环境生物部　该部现在主要进行的研究如下:生物体和生态系统中环境污染物的影响及变化,环境变化对植物生理和生态功能的影响,应用影像仪器对植物生理功能鉴别分析,植物物种的收集、储存、培育所需环境评价和改善,微生物的种群和原生物多样性,环境变化对微生物共有性的影响,水生动物和陆地环境中微生物物种的循环,湖泊和湿地过渡带环境对植物的影响,浅海海底生物的栖息地,溪流水底生物群体的食物链结构,植物适应各种环境机理分析等研究。

(9) 环境信息中心　为了满足国内外各学科、各行业、各阶层对环境信息日益增长的要求,该信息中心除通过各种先进手段和途径从国内外收集、整理、储存、管理各类环境信息外,还利用信息库资源、计算机信息管理系统、图书馆等为广大用户服务,同时开展信息收集、开发、储存、利用等方面的专项课题研究。

(10) 地球环境研究中心　该中心是 1990 年 10 月建立的,它有三个主要职能：① 环境研究的整体化；② 支持地球环境研究；③ 地球环境监测。目前在超级计算机、数据库等的配合下，主要进行扩大地球环境国际合作研究，地球环境综合研究，全球气候变化研究，大气-海洋总循环模型研究，人类活动对地球环境的影响以及地球环境变化对人类影响的评价，利用卫星遥感、多种激光雷达、微波和飞机及科学考察船等先进技术和手段，对地球环境进行长期、连续、大范围、多学科的综合立体监测（主要对象是地球植被、各类污染物、海洋、河流、湖泊、湿地、臭氧层、温室气体、大气运动等）。

3）德国主要的环境与健康研究组织

德国主要的环境与健康研究机构依托在亥姆霍兹环境研究中心。亥姆霍兹环境研究中心是德国亥姆霍兹国家研究联合会 18 个研究中心之一。德国研究中心亥姆霍兹协会于 1995 成立，原名大科学中心联合会，后改为亥姆霍兹联合会，是德国最大的科研实体，同时也是全欧洲最大的两家科研机构之一（另一家是法国国家科学研究中心）。亥姆霍兹联合会于 2002 年开始启动项目优先的经费体制及项目管理体制的全面改革，整合了联合会内部的人力及设备资源，并依据项目本身对国家发展、科技创新以及对社会、经济的贡献，本着节省经费、加大产出的要求，加强了在科研领域、科研方向以及科研课题之间的横向竞争。同时，也因此大大提高了与德国其他科研机构和高校以及国外相应科研机构之间开展实质性合作的需求。亥姆霍兹联合会的主要研究方向集中在能源、地球与环境、生命科学、关键技术、物质结构以及航空航天与交通六大领域。

环境与健康研究中心主要从环境因素和遗传因素交互作用的角度对复杂生命系统进行研究，在医学、卫生保健以及影响健康的生态系统、生活方式和环境因子等方面有较为深入的研究。

此外，世界卫生组织还在德国设有以下几个研究机构：德国水、土壤和空气卫生与健康研究所，空气质量管理与污染控制机构和环境与健康信息中心。

11.1.2.2 国内环境健康主要研究机构

我国的环境与健康研究机构主要由环保系统、卫生系统和教育系统所属的相关机构等组成。这些机构在环境健康领域为我国培养了大量科研人员，同时在该领域开展了大量卓有成效的研究，在环境治理、疾病预防和控制等方面发挥了重要的作用。

1）国家环境保护环境与健康重点实验室（太原）

国家环境保护环境与健康重点实验室（太原）依托于中国辐射防护研究院，于 2002 年 11 月 14 日经原国家环保总局批准建设，2007 年通过国家环保总局验收。重点实验室由环境流行病学研究室、环境毒理学研究室、放射医学研究室、分子生物学实验室、环境分析测试中心、疾病检测与诊断中心组成。实验室总体定位是利用中国辐射防护研究院的多学科优势,开展公害病判定技术、补偿技术及补偿政策研究,开展电离辐射健康损害防、诊、治技术研究,将该重点实验室逐步建设成为国家级环境污染相关疾病与辐射损伤防治研究基地,为环境保护主管部门在环境与健康管理及环境污染事故医学应急方面提供技术支撑。

2) 中国预防医学中心

中国预防医学中心原名为中国疾病预防控制中心(CDC),是政府所属的实施国家级疾病预防控制与公共卫生技术管理和服务的公益事业单位,成立于 1983 年 12 月 23 日,1986 年改为中国预防医学中心。该中心设有 11 个机构,即传染病预防控制所、寄生虫病预防控制所、慢性非传染性疾病预防控制中心、环境与健康相关产品安全所、辐射防护与核安全医学所、妇幼保健中心、病毒病预防控制所、性病艾滋病预防控制中心、营养与健康所、职业卫生与中毒控制所和农村改水技术指导中心。

中国疾病预防控制中心的使命是通过对疾病、残疾和伤害的预防控制,创造健康环境,维护社会稳定,保障国家安全,促进人民健康;其宗旨是以科研为依托,以人才为根本,以疾控为中心。在国家卫生健康委员会的领导下,发挥技术管理及技术服务职能,围绕国家疾病预防控制重点任务,加强对疾病预防控制策略与措施的研究,做好各类疾病预防控制工作规划的组织实施;开展食品安全、职业安全、健康相关产品安全、放射卫生、环境卫生、妇女儿童保健等各项公共卫生业务管理工作,大力开展应用性科学研究,加强对全国疾病预防控制和公共卫生服务的技术指导、培训和质量控制,在防病、应急、公共卫生信息能力的建设等方面发挥国家队的作用。

3) 其他相关机构

在我国,除了在国家层面上成立了许多环境健康科研机构,各地政府也高度重视疾病预防工作,尤其是自 2003 年"非典"之后,在公共卫生方面投入了大量的人力、物力和财力,通过整合原有疾预和疾控资源,建立健全了大量疾病预防和管理机构,例如北京市疾病预防控制中心环境卫生所、上海市疾病预防控制中心、山东省疾病预防控制中心等。此外,在教育系统,我国也建立了许多环境和健康研究机构,这里主要是指各地医学类大专院校设置的公共卫生学院,还包括一些综合类大学成立的专门的环境与健康研究机构。如北京大学公共卫生学院、华中科技大学公共卫生学院、南京医科大学公共卫生学院等。

虽然我国在环境健康方面取得了卓有成效的成就。但是,在这方面的科研基础总体而言仍然比较薄弱。而环境健康科学相较于环境卫生学和环境医学涉及范畴更为广泛,面对日益严重的环境健康问题,环境健康学科在实践中需要不断地发展。我国无论是实验条件还是科研力量及科研技术水平等都与发达国家有很大的差距。所以,我们应该积极加强在这方面的能力建设,缩短与发达国家差距的同时勇于应对未来环境健康方面的挑战。

11.2 建立健全环境与健康相关法律法规体系

为了更好地保护地球环境和关注人类健康,许多国家和地区通过了相关环境健康类法律,规范了环境污染影响人体健康的行为。这里仍然以美国、日本和德国为例,简述发达国家在环境健康法律制定方面的经验。

11.2.1 发达国家环境与健康相关法律体系

1) 美国

美国第一个关于污染防治方面的法律是 1899 年的《河流与港口法》,也称《垃圾法》。随后又颁布了《联邦杀虫剂法》《防止河流油污染法》《联邦食品、药品和化妆品法》等。20 世纪 50 年代前后,由于环境污染事件增多,美国开始重视联邦的污染防治立法,先后颁布了《联邦水污染控制法》《联邦杀虫剂、灭菌剂及灭鼠剂法》《联邦大气污染控制法》《联邦有害物质法》《鱼类和野生生物协调法》《空气质量法》等。此外,还多次修改了《水污染防治法》和《大气污染防治法》。到 1969 年,美国颁布了《国家环境政策法》,标志其环境政策和立法进入了一个新的阶段,从以治为主变为以防为主,从防治污染转变为保护整个生态环境。随后,又颁布了《环境质量改善法》《美国环境教育法》《联邦环境杀虫剂控制法》《安全饮用水法》《有毒物质运输法》《资源保护与回收法》和《有毒物质控制法》。进入 20 世纪 80 年代后,美国进一步加强了酸、能源、资源和废弃物处置方面的立法,制定了《酸雨法》《机动车燃料效益法》《生物量及酒精燃料法》《固体废物处置法》和《核废弃物政策法》等。到目前为止,美国联邦政府已经制定了几十个环境法律、上千个环境保护条例,形成了一个庞杂的和完善的环境法体系,美国是一个联邦制国家,各州也有自己的环境法,并具有重要作用。

20 世纪 70 年代是美国环境法发展史上最重要的一个时期,这一时期制定了美国当代几乎所有重要的环境法律。此后,美国保护环境的法律逐步发展,并在特定方面有所完善,很多环境法律法规充分考虑了环境对人体健康的影响。

2) 日本

20 世纪 50 年代以后,日本经济快速发展,在国民享受经济发展所带来红利的同时,深受环境污染所带来的危害。为此,日本陆续颁布了一系列全国性法律,如《工业用水法》《关于公用水域水质保护法》《关于限制工厂排水等法律》《下水道法》和《关于整顿防卫设施环境法》等。1967 年颁布了《公害对策基本法》。随后又制定了《大气污染防治法》《噪声控制法》和《城市规划法》等。《公害对策基本法》规定了一些防治公害的重要制度,但又强调环境保护与经济发展相协调,被资本家歪曲利用,致使环境污染继续恶化,国民多次举行示威游行。于是,1970 年,日本召开了第 64 届国会,制定了《防止公害事业费企业负担法》《关于处理与清理废弃物品法》《海洋污染防治法》《关于公害损害人体健康犯罪处罚法》《关于农业用地土壤污染防治法》和《水质污染防治法》6 项新的公害法,并修改了《公害对策基本法》《噪声控制法》《大气污染防治法》《道路交通法》《自然公园法》《毒品与剧毒品管理法》《下水道法》和《农药管理法》8 项已有的公害法律。1970 年《公害对策基本法》修正案删掉了环境保护与经济发展协调的条款,明确规定了保护国民健康和维护其生活环境是公害对策法所要达到的目的。1971 年日本国会又颁布了《环境厅设置法》《恶臭防治法》和《关于在特定工厂整顿防治公害组织法》。1972 年制定了《公害等调整委员会设置法》和《自然环境保护法》。1973 年颁布了《城市绿化法》和《关于公害损害健康补偿法》。此外,日本宪法中关于国民享有健康及文化生活权利的规定也用于环境保护,很多地方制定了地方性公害法规及严于国家的标准。

3) 德国

德国国土面积为 3.7×10^5 km^2,有 8 000 万居民,人口高度密集。德国大部分地区属典型的海洋性气候。20 世纪五六十年代,德国急于改变战后落后面貌,积极发展经济,忽视了环境保护。到 20 世纪 70 年代初,德国发生了一连串环境污染的灾难,二氧化碳的排放量大幅增加,水域中的生物急剧减少,垃圾堆放场周围的土壤和地下水受到污染,自然环境受到破坏,民众深受其害。环境灾难使政府和民众都认识到,人们赖以生存的土地、湖泊和河流不可能无限制地向人类提供资源。因此,人们更多地关注生活质量,而不是生活水平。环境保护成了最紧迫的问题。这一切促使联邦政府不得不耗费巨资治理环境。从 20 世纪 70 年代开始,当时的西德政府出台了一系列环境保护方面的法律和法规。《垃圾处理法》是德国的第一部环境保护法。90 年代初,德国议会将保护环境的内容写入修改后的《基本法》。在《基本法》20 条 A 款中这样写道:"国家应该本着对后代负责的精神保护自然的生存基础条件。"这一条款对德国整个政治领域产生了很大影响。目前,全德国联邦和各州的环境法律、法规有 8 000 部,除此之外,还实施欧盟的约 400 个相关法规。从 1972 年通过的第一部环保法至今,德国已拥有世界上最完备、最详细的环境保护法。

11.2.2　中国环境与健康相关法律体系

1) 中国环境与健康相关法律法规

中国政府向来非常重视环境健康问题,1994 年 3 月 25 日,经国务院第十六次常务会议审议通过的《中国 21 世纪议程——中国 21 世纪人口、环境与发展白皮书》第九章第二部分规定了减少因环境污染和公害引起的健康危害。2003 年"非典"发生后,我国决定将"环境卫生体系"建设纳入长远公共卫生体系建设目标,以促进"健康—环境—发展"的协调统一。2005年国务院《关于落实科学发展观加强环境保护的决定》中指出:"要努力让人民群众喝上干净的水,呼吸清洁的空气,吃上放心的食物,在良好的环境中生产生活。"2006年4月,温家宝总理在第六次全国环境保护大会上提出"全面推进、重点突破,着力解决危害人民群众健康的突出环境问题"。2007年11月5日,国家卫生部、原国家环保总局和国家发改委等18个部门联合启动《国家环境与健康行动计划(2007—2015)》,这是中国政府相关职能部门共同制定的我国环境与健康领域的第一个纲领性文件,它指出了我国环境健康事业的发展方向和主要任务,明确了相关部门的职责,对推进我国环境与健康工作的发展具有重要的指导意义。2012年3月,温家宝总理在政府工作报告中指出:"中国绝不靠牺牲生态环境和人民健康来换取经济增长。"

2018年1月25日,环境保护部印发了环境与经济政策研究中心技术牵头制定的《国家环境保护环境与健康工作办法(试行)》(以下简称《办法》),以加强环境健康风险管理,推动保障公众健康理念融入环境保护政策,指导和规范环境保护部门环境与健康工作。该试行办法具有如下四个特点:

(1)立足环保部门职责。在制定过程中充分把握《办法》用来"指导和规范环境保护部门环境与健康工作"这一定位,针对环境与健康工作业务特点,结合环保系统的主要职责和工作基础,界定环保系统业务范围并对需要部门间协作的工作进行规定,避免了与卫生计生等部门的职能交叉。

(2)内容设置科学合理。环境与经济政策研究中心联合中国政法大学、中南财经政法大学、湖北经济学院共同开展大量前期研究工作,系统梳理了国内外环境与健康相关法律法规和管理体制,借鉴国际先进经验和做法,同时充分考虑我国现阶段环保科技发展水平和环境治理能力,形成了"以环境健康风险管理为核心,开展环境健康风险监测、调查、风险评估和风险防控"这一编制思路,在此基础上明确了我国环保部门现阶段环境与健康工作的内容。

(3)达成广泛共识。环境与健康工作是环保部门较新的职能,各方对其工作内容和工作方式意见不一。《办法》的制定经历两次部长专题会和三次征求意见,其中,2017年3月环境保护部办公厅发函征求国务院相关部门、各省、自治区、直辖市环境保护厅(局)、环境保护部各有关直属单位和部内各司(局)共86家单位意见,并通过国务院法制办网站征求社会公众意见,编写组梳理了各方面的观点和意见,对每条意见进行认真分析,对不同意见进行反复沟通,确保《办法》条款的制定均基于最广泛的共识。

(4)衔接已有政策法规。《办法》的制定需与我国现行环境法律法规、规章和政策保持一致,编写组查阅了大量相关规章政策并积极协调相关主管业务司局,确保《办法》中的各项规定不与上位法和国家现行政策冲突。同时,对于已有法律法规涉及但是缺乏具体规定的相关工作,《办法》在与原有法律法规不矛盾的基础上,做了进一步明确和规范。

2) 中国环境与健康相关法律法规存在的问题

(1) 环境与健康孤立立法。目前我国在环境与健康方面的立法还存在条块分割、部门分割的现象,缺乏对环境与健康问题内在联系的应有考量,环境立法忽视环境问题的健康影响,健康立法忽视健康问题的环境机理因素。我国的环境立法虽然把保障人体健康作为立法目的加以规定,但保障人体健康并不是一个首要的目标,实践中往往让位于经济发展。在具体环境法律制度的设计上也没有明确地把环境污染与健康联系起来,长期着眼于环境问题的逐个解决,围绕相对单一的环境因素进行规制。污染的防治主要是防治对环境的污染和危害,忽视防治对人体健康的危害,往往形成为防治而防治,导致保障人体健康立法的实际目的落空。

(2) 环境健康影响评价的范围有限。环境影响评价制度是贯彻预防为主原则,从源头防止新的环境污染和生态破坏的一项重要的法律制度。目前我国只有《规划环境影响评价条例》中涉及对人群健康影响的评价。现行的《环境影响评价法》没有规定健康影响评价的内容,规定的环境影响评价也没有与健康影响结合起来。卫生部 2001 年颁布的《环境污染健康影响评价规范(试行)》第一条规定:"为科学准确、客观公正地评价环境污染对人群健康造成的损害,制定本规范。"该规范第二条规定:"本规范适用于环境污染造成人群健康危害或构成健康威胁的健康影响评价。"可以看出,该规范规定的健康影响评价是针对已经发生的环境污染的健康影响评价,实际上属于一种末端评价,不是真正意义上的环境健康影响评价。要真正发挥环境健康影响评价的作用,评价的对象必须是可能对环境造成不利影响的活动,并且是在该影响环境的项目处于可行性研究阶段时实施评价。

(3) 缺乏环境健康标准。环境标准是制定环境政策法律、进行环境管理与环境执法的依据。截至 2007 年,我国已制定各类环境保护标准共 1 007 项。由于我国环境标准的制定是以保证经济合理、技术可行为前提,不以保障人体健康的限定条件为依据,因而现有的环境标准没有专门涉及人体健康的内容,没有充分反映环境与健康之间的内在关系,往往"排污达标,健康超标",起不到保障人体健康的目的。缺乏专门的环境健康标准,就不能依据特定的技术指标和规范,科学地对环境污染和破坏行为可能给人体健康造成的风险与危害进行分析与评价。

11.2.3　完善环境健康问题法律规制的建议

1) 加强环境健康立法

首先,在立法的路径选择上可以是环境健康的专门立法,也可以通过修改完善已有的环境保护立法。不论采取何种模式,都需要进行环境与健康综合立法,把对人体健康的考量融入具体的环境法律制度的设计中,充分反映环境与健康之间的内在关联,加快制定和完善涉及环境与健康的法律法规,形成内在协调统一的环境健康法律规范体系。其次,以保障人体健康为环境立法的首要目的和最终目的。我国《环境保护法》第一条虽然把"保障人体健康"规定为立法目的,但在实践中,环境保护往往让位于经济发展,走"先污染、后治理"的传统发展老路。在保护和改善生活环境与生态环境,防治污染和其他公害方面,则陷入为保护而保护、为防治而防治,实质上还是为经济发展服务,脱离了保障人体健康的目的。无论是经济发展优先还是环境保护优先,抑或是生态利益优先,最终的评价标准仍应该是人体的健康,没有人体的健康,无论是经济发展、环境保护,还是生态中心主义所主张的生态利益都是空的。因而在环境立法中应该回归理性,必须明确以保障人体健康为首要目的和最终目的。

2)确立环境健康风险预防原则

环境健康问题一旦产生,不仅后果严重,而且造成的损害很难消除,因而需要确立环境健康风险预防的原则。1992年《里约宣言》明确提出了风险预防原则:"为了保护环境,各国应按照本国的能力,广泛适用预防措施。遇有严重或不可逆转损害的威胁时,不得以缺乏科学充分确实证据为理由,延迟采取符合成本效益的措施防止环境恶化。"根据风险预防原则,即使缺乏明确的或绝对的对环境造成损害的科学证据,仍应规制或禁止可能危害环境的活动和物质。我国2009年10月1日施行的《规划环境影响评价条例》中体现了风险预防原则。该条例第21条规定有下列情形之一的,审查小组应当提出不予通过环境影响报告书的意见:① 依据现有知识水平和技术条件,对规划实施可能产生的不良环境影响的程度或者范围不能做出科学判断的;② 规划实施可能造成重大不良环境影响,并且无法提出切实可行的预防或者减轻对策和措施的。在我国环境保护其他法律制度中,也应该充分认识到环境健康风险的严重性,确立环境健康风险预防原则。

3)完善环境健康影响评价制度

建议修改环境影响评价法,把对规划和建设项目实施后可能造成的环境健康影响作为分析、预测和评估的法定内容,并提出预防或者减轻不良环境健康影响的对策和措施,以及进行对人体健康影响的跟踪和监测。随着社会的发展,人们对健康的理解越来越全面。健康不仅仅是生理上的无疾病,还应包括具有良好的心理状态和社会关系。因此,环境污染的健康损害还应包括对人们心理的损害,评价环境健康影响的范围也应涵盖对心理健康的影响。

4)建立环境健康标准体系

应加快制定各类环境健康标准,建立全面的环境健康标准体系,为制定环境健康的政策和法律,以及进行环境健康的管理与执法提供明确的依据。《国家环境与健康行动计划(2007—2015)》提出,当前急需制定以下方面的标准:环境污染健康损害评价与判定;环境污染健康影响监测;环境健康影响评价与风险评估;饮用水、室内空气及电磁辐射等卫生学评价;土壤生物性污染;环境污染物与健康影响指标检测;突发环境污染公共事件应急处置。

总之,我国环境健康问题严重的原因尽管有全球环境变化和我国经济发展长期以来实施粗放型经济增长模式的大背景,但是环境健康法律规制的不足是我们面对环境健康问题无法做出及时反应的重要原因。为有效应对环境健康问题,切实保障人体健康,需要完善相关立法,建立一整套预防、预警、治理的法律机制。

11.3　鼓励公众参与环境保护

公众参与一直是推动世界环境保护运动发展的重要力量。公众作为生产者和消费者,他们的行为直接影响环境。如果公众能够认识到环境保护的重要性,并自觉采取有利于环境保护的行动,就可以大大减轻环境的压力。

但是目前我国公众参与环境保护的自觉程度还比较低。主要体现在如下几方面:① 环境保护意识不足。目前我国公众的环保意识还停留在一个较低的层次上,环境忧患意识和环保奉献精神还不足。② 自上而下的政府倡导式参与。当政府决定实施某一环保政策时,公众就会被组织起来集体参与,公众很难有自己的独立立场。③ 被动的末端参与模式。公众参与的重点集中锁定在对环境违法行为的事后监督,缺乏对环境保护的事前参与的重视,这种参与模式较为被动。

为此,我们应提高公众的环保意识:一是加强环境保护意识的教育。促进公众参与,激发公众的责任感与参与意识,首先要提高公众的认识水平。环境保护教育承担着非常重要的责任,因此,我国正规学校的教育除了学习文化知识和基本的社会知识外,还应加入环境保护方面的内容,采取课堂教学和课外实践相结合的方式,抓好对青少年的环境保护教育,这样才能有效地提高公众的环保意识,使人们能更自觉地参与环境保护。二是加强环保宣传。对于已结束正规教育和社会化过程的人来说,其环保知识的获取大多来源于政府、媒体等各种形式的宣传和知识普及。因此,我国应加强环保宣传,普及公众的环保知识及国家的环保政策、法规等。通过电视、广播、报纸等媒体传授环保科技知识;出版生活环保方面的书籍、期刊;设立经常性地提供节能知识咨询的站点,开设免费电话的环保知识服务和节能知识网站,解答人们在节能环保方面遇到的问题等。

讨论题：

（1）你觉得可以从哪些方面完善我国的环境与健康促进工作？

（2）分析讨论一下自己的生活行为习惯，哪些是对环境健康促进有利的，哪些是不利的？

主要参考文献

［1］EU. Regulation (EC) No. 1907/2006 of the European parliament and of the council of 18 December 2006，concerning the registration，evaluation，authorization，and restriction of chemicals (REACH)［S］. EU，Brussels：Official Journal of the EU，2006.

［2］Leeuwen C J van, Vermeire T G. Risk assessment of chemicals：an introduction［M］. New York：Springer Science & Business Media，2007.

［3］Howard F. Environmental health：from global to local［M］. New York：John Wiley & Sons，2016.

［4］徐顺清.环境健康科学［M］.北京：化学工业出版社,2005.

［5］高礼,袁涛,王文华.环境中有机紫外防晒剂残留及其生态毒性研究进展［J］.生态毒理学报,2013,8(4)：465-472.

［6］高礼,石丽娟,袁涛.典型抗生素对羊角月牙藻的生长抑制及其联合毒性［J］.环境与健康杂志,2013,30(6)：475-478.

［7］高礼,袁涛,王文华.基于人胚肺成纤维细胞的环境污染物毒理研究进展［J］.环境与健康杂志,2013,30(10)：936-940.

［8］白琦锋,高礼,袁涛.低浓度头孢类抗生素暴露对嗜热四膜虫超氧化物歧化酶和乳酸脱氢酶活力的影响［J］.环境与健康杂志,2012,29(9)：780-782.

［9］王朋华,袁涛.污水厂头孢类抗生素去除规律及潜在风险评估［J］.上海交通大学学报,2010,44(11)：1550-1555.

［10］敖俊杰,袁涛.室内灰尘新兴污染物污染及人体暴露水平研究进展［J］.环境与健康杂志,2014,31(7)：640-644.

［11］敖俊杰,高礼,施玉衡,等.有机紫外防晒剂与牛血清白蛋白相互作用的荧光光谱特征［J］.环境与健康杂志,2014,31(4)：305-308.

［12］高礼,袁涛,王文华.水环境中有机紫外防晒剂的生态风险评价［J］.环境与健康杂志,2015,32(4)：332-336.

［13］崔亮亮,杜艳君,李湉湉.环境健康风险评估方法［J］.环境与健康杂志,2015,32(4)：362-365.

［14］Baird S J S, Cohen J T, Graham J D, et al. Non-cancer risk assessment：a probabilistic alternative to current practice［J］. Hum Ecol Risk Assess，1996，2(1)：79-102.

［15］环境保护部.中国人群暴露参数手册(成人卷)［M］.北京：中国环境出版社,2013.

［16］王进军,刘占旗,古晓娜,等.环境致癌物的健康风险评价方法［J］.国外医学：卫生学分册,

2009,36(1)：50 - 58.

［17］王中钰，陈景文，乔显亮，等.面向化学品风险评价的计算（预测）毒理学［J］.中国科学：化学,2016,46(2)：222 - 240.

［18］Geiser K，Edwards S. Instruments and approaches for the sound management of chemicals ［R］. Global Chemicals Outlook-Towards Sound Management of Chemicals. United Nations Environment Programme，2013.

［19］贺莹莹,李雪花,陈景文.多介质环境模型在化学品暴露评估中的应用与展望［J］.科学通报,2014,59(32)：3130 - 3143.

［20］Zhang H，Xie H，Chen J，et al. Prediction of hydrolysis pathways and kinetics for antibiotics under environmental pH conditions：A quantum chemical study on cephradine ［J］. Environmental Science & Technology，2015，49(3)：1552 - 1558.

［21］Shin H M，Ernstoff A，Arnot J A，et al. Risk-based high-throughput chemical screening and prioritization using exposure models and in vitro bioactivity assays［J］. Environmental Science & Technology，2015，49(11)：6760 - 6771.

［22］Gu J，Yuan T，Ni N，et al. Urinary concentration of personal care products and polycystic ovary syndrome：A case-control study［J］. Environmental Research，2019，168：48 - 53.

［23］Ao J，Gu J，Yuan T，et al. Applying molecular modelling and experimental studies to develop molecularly imprinted polymer for domoic acid enrichment from both seawater and shellfish［J］. Chemosphere，2018，199：98 - 106.

［24］Ao J，Yuan T，Gao L，et al. Organic UV filters exposure induces the production of inflammatory cytokines in human macrophages［J］. Science of the Total Environment，2018，635：926 - 935.

［25］Ao J，Yuan T，Gu J，et al. Organic UV filters in indoor dust and human urine：a study of characteristics，sources，associations and human exposure［J］. Science of the Total Environment，2018，640：1157 - 1164.

［26］Ao J，Yuan T，Ma Y，et al. Identification，characteristics and human exposure assessments of triclosan，bisphenol-A，and four commonly used organic UV filters in indoor dust collected from Shanghai，China［J］. Chemosphere，2017，184：575 - 583.

［27］Gao L，Yuan T，Cheng P，et al. Organic UV filters inhibit multixenobiotic resistance （MXR）activity in Tetrahymena thermophila：investigations by the Rhodamine 123 accumulation assay and molecular docking［J］. Ecotoxicology，2016，25(7)：1318 - 1326.

［28］Ao J，Gao L，Yuan T，et al. Interaction mechanisms between organic UV filters and bovine serum albumin as determined by comprehensive spectroscopy exploration and molecular docking［J］. Chemosphere，2015，119：590 - 600.

［29］Gao L，Yuan T，Zhou C，et al. Effects of four commonly used UV filters on the growth，cell viability and oxidative stress responses of the Tetrahymena thermophila［J］. Chemosphere，2013，93(10)：2507 - 2513.

［30］Lv Y，Yuan T，Hu J，et al. Seasonal occurrence and behavior of synthetic musks（SMs）during wastewater treatment process in Shanghai，China［J］. Science of the Total Environment，2010，408(19)：4170 - 4176.

［31］柳丹,叶正钱,俞益武.环境健康学概论［M］.北京：北京大学出版社,2012.

［32］郭新彪.环境健康学基础［M］.北京：高等教育出版社,2011.

［33］张建宇.中国环境健康面临的问题及国外经验借鉴［J］.行政管理改革,2017,7：58-63.

［34］世界卫生组织.每年有 700 万例过早死亡与空气污染有关［EB/OL］.世界卫生组织网站：http://www.who.int/mediacentre/news/releases/2014/air-pollution/zh/2014-03-25.

［35］张辉.美国环境公众参与理论及其对中国的启示［J］.现代法学,2015,37(4)：148-156.

［36］王五一,杨林生,李海蓉,等.中国区域环境健康与发展综合分析［M］.北京：中国环境出版社,2014：1-224.

［37］于云江.环境与健康的主要研究进展与管理模式［M］.北京：中国环境出版社,2014.

［38］彭本利.环境健康问题的法律规制［J］.东北大学学报(社会科学版),2012,14(3)：239-244.

［39］Ankley G T，Edwards S W. The adverse outcome pathway：A multifaceted framework supporting 21st century toxicology［J］. Current Opinion in Toxicology 2018，9：1-7.